安全生产应急管理人员培训教材

曾 珠 编著

气象出版社
China Meteorological Press

内容简介

本书依据最新施行的标准《安全生产应急管理人员培训大纲及考核规范》(AQ/T 9008—2012),在概述应急管理的基础上,介绍了安全生产应急管理法律法规(含安全生产法 2014 年修正版应急管理相关条款解读)、安全生产应急体系、安全生产应急预案、危险分析、应急能力评估、应急演练、应急处置及事后恢复等内容,并结合实际的典型事故应急管理案例进行分析。

本书针对培训大纲和考核规范编写,附以习题和实际案例分析,可供安全生产应急管理人员培训使用,也可供相关从业人员参考。

图书在版编目(CIP)数据

安全生产应急管理人员培训教材/曾珠编著. —北京:
气象出版社,2014.7
ISBN 978-7-5029-5964-7

Ⅰ.①安… Ⅱ.①曾… Ⅲ.①安全生产-生产管理-技术培训-教材 Ⅳ.①X93

中国版本图书馆 CIP 数据核字(2014)第 144120 号

Anquan Shengchan Yingji Guanli Renyuan Peixun Jiaocai
安全生产应急管理人员培训教材
曾　珠　编著

出版发行:气象出版社			
地　址:北京市海淀区中关村南大街 46 号		**邮政编码**:100081
总编室:010-68407112		**发行部**:010-68409198
网　址:http://www.qxcbs.com		**E-mail**:qxcbs@cma.gov.cn
责任编辑:张盼娟		**终　审**:章澄昌
封面设计:燕　彤		**责任技编**:吴庭芳
印　刷:北京奥鑫印刷厂		
开　本:787 mm×1092 mm　1/16		**印　张**:14.5
字　数:372 千字		
版　次:2014 年 7 月第 1 版		**印　次**:2015 年 1 月第 2 次印刷
定　价:40.00 元		

前　言

　　安全生产应急管理是安全生产工作的重要组成部分。全面加强安全生产应急管理工作，提高防范、应对各类安全生产事故的能力，有效防范事故灾难，最大限度地减少事故给人民群众生命财产造成的损失，对促进安全生产形势的根本好转具有十分重要的意义，是维护广大人民群众的根本利益、构建社会主义和谐社会的具体体现，也是全面履行政府职能、进一步提高行政能力的重要方面。

　　结合我国当前安全生产应急管理人员素质的现状，规范安全生产应急管理培训和考核，建设高素质的安全生产应急和救援队伍，是促进安全生产应急管理工作顺利开展的重要保证。近年来，国家高度重视安全生产应急管理培训工作，提出了一系列更为严格的要求。《安全生产应急管理"十二五"规划》明确提出，在"十二五"期间各级安全生产应急管理人员、应急救援指战员培训率要达到100%，高危行业企业从业人员应急知识培训要全覆盖。国家安全生产监督管理总局最新发布施行的《安全生产应急管理人员培训大纲及考核规范》(AQ/T 9008—2012)对安全生产应急管理人员培训及考核的培训要求、培训内容、考核办法、考核要点、再培训内容及学时安排都进行了具体规定。

　　《安全生产应急管理人员培训教材》依据《安全生产应急管理人员培训大纲及考核规范》(AQ/T 9008—2012)进行编写，在概述应急管理的基础上，介绍了安全生产应急管理法律法规(含安全生产法2014年修正版应急管理相关条款解读)、安全生产应急体系、安全生产应急预案、危险分析、应急能力评估、应急演练、应急处置及事后恢复、应急现场常用个体防护与救助知识等内容，并结合实际的典型事故应急管理案例进行分析。本书针对培训大纲和考核规范编写，附以习题和实际典型案例分析，可供安全生产应急管理人员培训使用，也可供相关从业人员参考。

　　在本书的编写过程中，中国地质大学(北京)的张影、杨燕鹏、崔庆玲、崔文等在资料收集、插图绘制等方面做出了积极的贡献；本书初稿完成后，经安全生产科学研究院的王宇航等专家审定，在本书即将出版之际，向上述人员表示衷心的感谢！

　　本书参考和引用了有关专家的专著、教材和文献，在此深表感谢！

　　由于安全生产应急管理正处在不断发展的过程中，加之编者经验和水平有限，不妥之处，敬请读者批评指正！

编者

2015 年 1 月

目　录

第一章 应急管理概论

第一节 应急管理概念与术语①

（1）突发事件 emergency

是指突然发生，造成或者可能造成严重社会危害，需要采取应急处置措施予以应对的自然灾害、事故灾难、公共卫生事件和社会安全事件。

（2）应急管理 emergency management

为了迅速、有效地应对可能发生的事故，控制或降低其可能造成的后果和影响，而进行的一系列有计划、有组织的管理，包括预防、准备、响应及恢复四个阶段。

（3）应急准备 emergency preparedness

针对可能发生的事故，为迅速、有序地开展应急行动而预先进行的组织准备和应急保障。

（4）应急响应 emergency response

事故发生后，有关组织或人员采取的应急行动。

（5）应急救援 emergency rescue

在应急响应过程中，为消除、减少事故危害，防止事故扩大或恶化，最大限度地降低事故造成的损失或危害而采取的救援措施或行动。

（6）应急保障

为保障应急处置的顺利进行而采取的各项保证措施。一般按功能分为人力、财力、物资、交通运输、医疗卫生、治安维护、人员防护、通信与信息、公共设施、社会沟通、技术支撑以及其他保障。

（7）恢复 recovery

事故的影响得到初步控制后，为使生产、工作、生活和生态环境尽快恢复到正常状态而采取的措施或行动。

（8）应急响应分级

根据突发事件的等级、影响范围、严重程度和事发地的应急能力所划定的应急响应等级。

（9）应急能力评估

对某一地区、部门或者单位以及其他组织应对可能发生的突发事件的综合能力的评估。评估内容包括预测与预警能力、社会控制效能、行为反应能力、工程防御能力、灾害救援能力、资源保障能力等。

---

① 根据相关规范和文件，仅列出部分可查术语的英文表述。

(10)一案三制

为应对突发事件所编制的应急预案和建立的运作机制、组织体制以及相关法制基础的简称。

(11)应急预案 emergency response plan

针对可能发生的事故，为迅速、有序地开展应急行动而预先制定的行动方案。

(12)事故情景 accident scenario

针对生产经营过程中存在的危险源或有害因素而预先设定的事故状况（包括事故发生的时间、地点、特征、波及范围、变化趋势等）。

(13)应急演练 emergency exercise

针对事故情景，依据应急预案而模拟开展的预警行动、事故报告、指挥协调、现场处置等活动。

(14)预警

根据监测结果，判断突发事件可能或即将发生时，依据有关法律法规或应急预案相关规定，公开或在一定范围内发布相应级别的警报，并提出相关应急建议的行动。

(15)预警分级

根据突发事件发生的危害程度、紧急程度和发展态势所划定的警报等级。发布时一般用红色、橙色、黄色和蓝色表示。

(16)次生、衍生事件

某一突发事件所派生或者因处置不当而引发的其他事件。

第二节　突发事件应急管理

一、突发事件的特征、分类和分级

根据《中华人民共和国突发事件应对法》(简称《突发事件应对法》，自 2007 年 11 月 1 日起施行)，突发事件是指突然发生，造成或者可能造成严重社会危害，需要采取应急处置措施予以应对的自然灾害、事故灾难、公共卫生事件和社会安全事件。"4·20"雅安地震、"7·23"温州高铁事故、H7N9 型禽流感事件、美国波士顿爆炸案等都属于突发事件的范畴。

1. 突发事件的特征

突发事件形式多样、种类繁多，每个突发事件都以不同的形式呈现于日常生产、生活过程中，都会因环境、原因等情况不同而呈现各自的特性，对人们的生命财产和生存环境造成不同程度的伤害和破坏。尽管如此，在呈现差异性的同时，各类突发事件仍具有如下共同特征。

(1)不确定性。不确定性是突发事件的主要特征，事件发生的时间、地点、状况的不确定，在原因、发展变化、影响因素、后果等方面都很难准确地预测和掌握，很少有规律可循，使得突发事件预防机制的建立困难重重。不确定性与人类自身的能力和理性的局限使得民众和政府在突发事件来临时不知所措，这导致了更强的恐惧感的蔓延和灾害的难以控制。如"9·11"恐怖袭击发生后很长一段时间内，美国人都很少乘坐飞机，使得整个航空业遭受了严重打击，影响非常恶劣。

（2）紧迫性。突发事件的发生突如其来或者只有短时预兆,事态发展迅速,必须立即采取非常态的紧急措施加以处置和控制,否则将会造成更大的危害和损失。如"5·12"汶川地震从发生到高潮的过程相当突然、迅速、短暂,但破坏性极强。突发事件的突然发生需要应急管理人员在巨大的时间和心理压力下,立即采取紧急措施,迅速调度可以利用的人力、物力和财力,有效应对,控制事态,消除不利后果和影响。

（3）危害性。突发事件的发生威胁到公众的生命财产、社会秩序和公共安全,具有危害性。在社会生活中,不论突发事件的规模还是性质,都会在不同程度上造成对社会的正常秩序的破坏,引起恐慌和混乱,而由于其信息的不完整性和决策的不系统性,很容易导致错误决策,引起更大的损失和危害。突出表现在:民众的生命、人身受到威胁,财产蒙受损失,正常的生产生活秩序被打乱,社会恐慌和混乱。突发事件的发生并不是单独出现的,在很大程度上,一次事件的发生,容易引起更大范围的次生或者衍生灾害,导致更大的损失和危机。突发事件的危害范围和破坏力越大,造成的影响和后果就越严重。例如 2011 年 3 月 11 日的日本地震引发海啸,导致福岛核电站核泄漏,福岛县城几乎成为一座死城。

（4）复杂性。突发事件的致灾因子多种多样,包括政治的、经济的、社会的、自然的,或者是以上几种的叠加,有的难以区分具体的致灾因子,这使突发事件具有更强的复杂性。有时起因简单的问题在多种因素的共同作用下,迅速蔓延,发展为非常复杂的事件,甚至引发次生灾害。所以,突发事件应急管理是多行业、多领域、多部门、多学科的整合,防范突发事件需要取得公众的共识,需要公众的参与并团结一致,采取必要的措施阻止事态的继续扩大和发展。

2. 突发事件的分类

突发事件的分类是根据事件的特征,把各种突发事件划分为不同的类别。不同类型的突发事件造成的危急情形和社会危害不同,需要采取的应急措施也不同。科学严谨地对突发事件进行分类,是做好突发事件应急管理的基础工作之一,既可以为预防突发事件提供线索,又可以为突发事件处置提供理论依据,对于明确责任分工、制定应急预案、科学组织、整合资源具有重要意义。

突发事件的分类有多种形式,按突发事件形成原因可分为由于自然界不可抗拒力量形成的自然型突发事件和由于人为原因形成的人为型突发事件;按突发事件发生的行业领域可分为军事突发事件、经济突发事件和突发公共卫生事件;按突发事件影响范围可分为突发国际事件和突发国内事件;按突发事件的发生过程、性质和机理,可分为自然灾害、事故灾难、公共卫生事件和社会安全事件四类。

（1）自然灾害。是指由于自然因素引发的与地壳运动、天体运动、气候变化有关的灾难,主要包括水旱灾害、气象灾害、地震灾害、地质灾害、海洋灾害、生物灾害、森林草原火灾等。我国是遭受洪涝、干旱、台风、地震等自然灾害最严重的国家之一,灾害种类多、分布地域广、发生频率高、造成损失重。如 2008 年,我国 20 个省市发生大范围冰雪灾害,因灾死亡 129 人,失踪 4人,紧急转移安置 166 万人;农作物受灾面积 1.78 亿亩,成灾 8764 万亩,绝收 2536 万亩;倒塌房屋 48.5 万间,损坏房屋 168.6 万间;因灾造成的直接经济损失 1516.5 亿元人民币;森林受损面积近 2.79 亿亩,3 万只国家重点保护野生动物在雪灾中冻死或冻伤;受灾人口超过 1 亿。

（2）事故灾难。是指由于人类活动或者人类发展所导致的计划之外的事件或事故,主要包括工矿商贸等企业的各类安全事故、交通运输事故、公共设施和设备事故、环境污染和生态破坏事件等。目前我国正处于工业化进程加快发展的时期,是各类事故的"易发期"、"多发期",安全生产形势依然严峻,安全生产事故总量大、伤亡大。煤矿、交通等重特大事故频繁发生,给人民群众生命财产造成严重损失;另外,环境污染也已经成为当前中国发展进程中的一个重大问题。如2005年中石油吉化分公司"11·13"特大爆炸事故,造成5人死亡,另有1人失踪、2人重伤,21人轻伤,数万居民紧急疏散。爆炸导致松花江江面上产生一条长达80千米,主要由苯和硝基苯组成的污染带。污染带通过哈尔滨市,该市经历长达五天的停水,是一起严重的工业灾难。

(3)公共卫生事件。是指由病菌病毒引起的大面积的疾病流行等事件,主要包括传染病疫情、群体性不明原因疾病、食品安全和职业危害、动物疫情,以及其他严重影响公众健康和生命安全的事件。目前我国的重大传染性疾病形势相当严峻。全球新发的30余种传染病约半数在我国发现;重特大疫情和群体性不明原因疾病时有发生,传播速度快、波及范围广、防控难度大、造成损失重;食品、药品生产经营中的市场秩序混乱、源头污染严重、监管力量薄弱等问题尚未得到根本解决。如2002年末的非典型性肺炎(SARS)事件,短短几个月内,有32个国家和地区报告了SARS病例,患者超过了8000人,死亡人数超过了800人,其中,中国大陆是重灾区,共发生病例5327例,死亡348人。

(4)社会安全事件。是指由人们主观意愿产生、会危及社会安全的事件,主要包括恐怖袭击事件、经济安全事件、涉外突发事件等。目前影响国家安全和社会稳定的因素依然存在,主要表现为:在一些地方,群死群伤的爆炸、投毒等恶性案件时有发生,杀人、绑架等暴力犯罪不断;由人民内部矛盾引发的群体性突发事件数量持续增多,处置难度加大;国内外极端势力制造的各种恐怖事件危及国家安宁;境外涉及我国人员的突发事件增多。如2001年的"9·11"恐怖袭击事件,造成2996人死亡,价值数十亿美元的办公场所被摧毁。

近年来,突发公共事件的数量不断增多,规模和范围不断扩大,其影响和涉及的范围也不断扩大,给社会造成了巨大的损失。分析突发事件处理不力的原因,主要原因之一在于不能快速有效地识别灾情的类别和级别,导致或是处置方案的选择偏差,或是资源调配不当,从而延误救援时机。所以,对突发事件的科学分类对于根据不同的发生机理提出相应的预防和控制措施意义重大。

3. 突发事件的分级

根据各国应急管理的公共经验,在突发事件分类的基础上,再将突发事件划分为不同的级别,科学合理地采取不同的应急措施,对于提高突发事件应急管理的效率非常关键。国务院于2006年1月8日发布的《国家突发公共事件总体应急预案》中,按照各类突发公共事件的性质、严重程度、可控性、影响范围等因素,将突发事件分为四级:Ⅰ级(特别重大)、Ⅱ级(重大)、Ⅲ级(较大)和Ⅳ级(一般)。其中,社会安全事件不分级,这是因为社会安全事件不同于其他三类突发事件,其演进呈现出非线性的特点。社会安全事件经常体现出发展变化的"蝴蝶效应"。2005年发生的池州事件就体现了社会安全事件演进的特殊性。

突发事件分级规定了我国各级人民政府对突发事件的管辖范围。我国政府的行政级别越高,所掌控的应急资源越多,处置突发事件的能力也就越强。一般突发事件由县级人民政府领导,较大突发事件由设区的市级人民政府领导,重大突发事件由省级人民政府领导,特别重大的突发事件由国务院统一领导。这是由我国应急资源的配置特点所决定的,突发事件等级与响应主体的关系如表1-1所示。

表1-1 突发事件等级与响应主体的关系

等级\响应主体	Ⅰ级 红色	Ⅱ级 橙色	Ⅲ级 黄色	Ⅳ级 蓝色
国家	√			
省级	√	√		
设区的市级	√	√	√	
县级	√	√	√	√

对于突发事件的分级,必须注意以下几点:①我国对突发事件分级的具体标准有待进一步明晰化;②突发事件处于不断演进的过程,分级是动态的;③当突发事件情势不够明朗时,分级应遵循"就高不就低"的原则;④分级要突出"三敏感"的原则,即对敏感时间、敏感地点和敏感性质的事件定级要从高。

同时,《国家突发公共事件总体应急预案》规定:各地区、各部门要针对各种可能发生的突发公共事件,完善预测预警机制,建立预测预警系统,开展风险分析,做到早发现、早报告、早处置。根据预测分析结果,对可能发生和可以预警的突发公共事件进行预警。预警级别依据突发公共事件可能造成的危害程度、紧急程度和发展势态,一般划分为四级:Ⅰ级(特别严重)、Ⅱ级(严重)、Ⅲ级(较重)和Ⅳ级(一般),依次用红色、橙色、黄色和蓝色表示。

(1)红色预警(Ⅰ级)。预计将要发生特别重大的突发公共安全事件,事件会随时发生,事态在不断蔓延。

(2)橙色预警(Ⅱ级)。预计将要发生重大以上的突发公共安全事件,事件即将临近,事态正在逐步扩大。

(3)黄色预警(Ⅲ级)。预计将要发生较大以上的突发公共安全事件,事件即将临近,事态有扩大的趋势。

(4)蓝色预警(Ⅳ级)。预计将要发生一般以上的突发公共安全事件,事件即将临近,事态可能会扩大。

突发公共事件的分级与突发公共事件的预警分级之间存在密切关系,但又不完全是一回事。有时发出的是特别严重(红色)预警,而实际发生的却是较大突发事件(Ⅲ级)。在突发公共事件预警期间,预警级别是在不断地进行调整的,我们应随时关注事件预警的变化,以采取相应的对策和措施。

二、突发事件应急管理的概念、内涵和原则

1. 突发事件应急管理的概念

应急管理是近年来新生的一门综合了管理学、政治学、社会学、信息技术、运筹学以及各种专门知识的交叉学科,是针对公共危机事件决策优化的研究和管理。目前还没有一个被普遍接受的定义,比较有代表性的定义主要有以下几种。

(1)美国联邦应急管理局(FEMA)指出,应急管理是指对突发事件的一个准备、缓解、反应

和恢复的过程,是一个动态的过程。

(2)Hoetmer 认为,应急管理是应用科学、技术、计划、管理等多方面知识来处置或管理可能造成民众伤亡或财产损失,或者严重影响社会的正常生活秩序的突发事件,以减少这些突发事件所造成的冲击的一门学科。

(3)Robert Heath 认为,危机管理(即应急管理)就是通过寻找危机根源、本质及其表现形式,分析它们所造成的冲击,运用缓冲管理更好地转移或缩减危机的来源、范围和影响,提高危机初始管理的地位,改进危机冲击的反应管理,完善修复管理,从而迅速有效地减轻危机造成的损害。

(4)计雷、池宏等人认为,应急管理是指在应对突发事件的过程中,为了降低突发事件的危害,达到优化决策的目的,基于对突发事件的原因、过程及后果进行分析,有效地集成社会各方面的相关资源,对突发事件进行有效预警、控制和处理的过程。

(5)《安全生产应急管理人员培训大纲及考核规范》(AQ/T 9008—2012)将应急管理定义为:为了迅速、有效地应对可能发生的事故,控制或降低其可能造成的后果和影响,而进行的一系列有计划、有组织的管理,包括预防、准备、响应及恢复四个阶段。

(6)其他关于应急管理的定义还有:应急管理是指为了应对突发事件而进行的一系列有计划有组织的管理过程,主要任务是有效地预防和处置各种突发事件,最大限度地减少突发事件的负面影响;应急管理就是在突发公共事件的爆发前、爆发后、消亡后的整个时期内用科学的方法对其加以干预和控制,使其造成的损失最小;应急管理是基于突发事件风险分析的全过程、全方位、一体化的应对过程,通过准备、预防、反应、恢复等一系列的运作决策,以避免突发事件的发生或减少突发事件所造成的冲击的一门学科。

应急管理包括对突发事件的事前、事中、事后所有事务的管理和发现问题、解决问题的过程。从防范突发事件、化解突发事件到恢复社会秩序,应急管理是全方位、全过程的管理,是一个完整的系统工作。

2. 突发事件应急管理的内涵

应急管理是一个特殊类型的管理。一般而言,应急管理具有以下特点。

(1)突发事件的发生、发展具有突发性,需要管理者当机立断。

(2)考虑到突发事件危机管理者或其所在组织的根本利益和核心价值,因为事态的发展和管理的后果很难预料,使决策者面临很大的压力。

(3)突发事件的管理具有明显的不可逆性,可供管理者利用的时间、信息等资源非常有限,决策者必须在有限的时间里做出重大的决策和反应。

传统的突发事件应急管理注重的是事件发生后的即时响应、指挥和控制,具有较大的被动性和局限性。从 20 世纪 70 年代后期起,更具综合性的现代应急管理理论逐步形成,并在许多国家的实践中取得了重大成功。现代应急管理无论在理论上还是在实践上,都主张对突发事件实施综合性应急管理。

根据突发事件的特点,突发事件应急管理应强调对潜在突发事件实施全过程的管理,即由预防、准备、响应和恢复四个阶段组成(见图 1-1),使突发事件应急管理贯穿于各个过程,并充分体现"预防为主、常备不懈"的应急理念。

通常情况下,突发事件应急管理的四个阶段并没有严格的界限,且四个阶段之间往往是交又的，但每一个阶段都有自己明确的目标，而且每一个阶段又构筑在前一个阶段的基础之上，因而预防、准备、响应和恢复相互关联，构成了突发事件应急管理工作一个动态的循环改进过程。

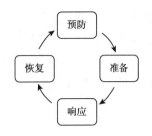

图 1-1　应急管理的四个阶段

（1）预防 precaution

预防又称缓解，或减少，是指在突发事件发生之前，为了降低突发事件发生的概率或者为了减轻突发事件可能造成的损害所做的各种预防性工作。它是突发事件应对过程的第一阶段，是"防患于未然"的阶段。

戴维·盖布勒认为，政府管理的目的是"使用少量的钱预防，而不是花大量的钱治疗"，应急管理也需要以预防为主。东汉政论家荀悦在其所著的《申鉴·杂言》中对预防思想进行了阐述。他指出："尽忠有三术：一曰防，二曰救，三曰戒。先其未然谓之防，发而止之谓之救，行而责之谓之戒。防为上，救次之，戒为下。"但在现实中，人们很难评判未发生突发事件是否是因为做了有效的预防，而对已发生的突发事件进行有效得力的救灾并将危害降至最低，却往往得到表彰记功，所以有一种"最优选择是救灾得力，次优选择才是有效防灾"的思想误区，致使人们对预防的重视不够。

预防为主的理念在《突发事件应对法》中得到了强调。在很多人看来，突发事件的应对其实就是应急处置和应急救援。但是该法的第四章，有关应急处置与救援部分的规定仅有十条，而大量的法条对预防与应急准备和监测与预警进行了规定。同时，《突发事件应对法》第五条规定："突发事件应对工作实行预防为主、预防与应急相结合的原则"。也就是说，从法律的结构体系和内容上，《突发事件应对法》都明确了我国突发事件应对的原则是预防为主，即关口前移。《国家综合减灾"十一五"规划》将这一原则细化为"以防为主，防抗救相结合"，《国务院关于全面加强应急管理工作的意见》（国发［2006］24 号文件）对这一原则也提出了明确的思路和工作目标。《突发事件应对法》这样的立法宗旨表明，突发事件的应对重点并不在突发事件发生后的应急处置，而在于先从制度上保证突发事件的应对工作关口能够前移至预防、准备、监测、预警等，力求做好突发事件的预防工作，及时消除危险因素，避免那些可以避免的突发事件的发生。同时，在常态下做好了充分的准备，一旦发生突发事件，相关方面也能够及时有效地应对，从而将各方面的损失都降到最低。

在突发事件应急管理中，预防有两个层次的含义：①突发事件的预防工作，即通过管理和技术等手段，尽可能地防止突发事件的发生；②在假定突发事件必然发生的前提下，通过预先采取一定的预防措施，达到降低或减缓其影响或后果的严重程度的目的。从长远看，低成本、高效率的预防措施是减少突发事件损失的关键。

在预防阶段，通常可以采取的措施主要包括：安全规划（如工业园区规划）、实施建筑标准（提高建筑结构的抗震等级）、制定颁布法律法规标准、推行灾害保险等。

（2）准备 preparation

准备是指针对特定的或者潜在的突发事件，为迅速、有序地开展应急行动而预先进行的各种应对准备工作。《左传》有言："居安思危，思则有备，有备无患。"因而，充分准备是应急管理的一项主要原则。

应急准备的主要措施包括：利用现代通信技术建立重大危险源、应急队伍、应急装备等信息系统；组织制订应急预案，并根据情况变化随时对预案加以修改和完善；按照预先制订的应急预案组织模拟演习和人员培训;建立突发事件应急响应级别和预警等级;与各政府部门、社会救援组织、企业等签订应急互助协议,以落实应急处置时的场地设备使用、技术支持、物资设备供应、救援人员等事项,其目标是保证突发事件应急救援所需的应急能力,为应对突发事件做好准备。准备得越充分,突发事件应急救援就越有效。

(3)响应 response

响应是指在突发事件发生发展过程中所进行的各种紧急处置和救援工作。及时响应是应急管理的又一项主要原则。

应急响应的主要措施包括:进行报警与通报,启动应急预案,开展消防和工程抢险,实施现场警戒和交通管制,紧急疏散事故可能影响区域的人员,提供现场急救与转送医疗,评估突发事件发展态势,向公众通报事态进展等,其目标是尽可能地抢救受害人员,保护可能受威胁的人群,尽可能地控制并消除突发事件。

应急响应是应对突发事件的挑战阶段,考验着政府和企业的应急处置能力,尤其需要解决好以下几个问题。①要提高快速反应能力。反应速度越快,越能减少损失。由于突发事件发生突然、扩散迅速,只有及时响应,控制住危险状况,防止突发事件的继续扩展,才能有效地减少各种损失。②应对突发事件,尤其是特别重大或重大突发事件,需要政府具有较强的组织动员能力和协调能力,使各方面的力量都参与进来,相互协作,共同应对。③要为一线应急救援人员配备必要的防护装备,以提高危险状态下的应急处置能力,并保护好一线应急救援人员。

(4)恢复 recovery

恢复是指突发事件的影响得到初步控制后,为使生产、工作、生活和生态环境尽快恢复到正常状态所进行的各种善后工作。应急恢复应在突发事件发生后立即进行。它首先应使突发事件影响区域恢复到相对安全的基本状态,然后逐步恢复到正常状态。要求立即进行的短期恢复工作包括:评估突发事件损失,进行原因调查,清理事发现场废墟,提供事故保险理赔等。在短期恢复工作中,应注意避免出现新的紧急情况。长期恢复包括:重建被毁设施和工厂,重新规划和建设受影响区域等。在长期恢复工作中,应吸取突发事件和应急救援的经验教训,开展进一步的突发事件预防工作和减灾行动。

恢复阶段应注意:①要强化有关部门,如市政、民政、医疗、保险、财政等的介入,尽快做好灾后恢复重建;②要进行客观的事故调查,分析总结应急救援与应急管理的经验教训。

3. 突发事件应急管理的原则

《国家突发公共事件总体应急预案》规定了我国突发事件应急管理的六项基本原则。

(1)以人为本,减少危害。切实履行政府的社会管理和公共服务职能,把保障公众健康和生命财产安全作为首要任务,最大限度地减少突发公共事件及其造成的人员伤亡和危害。

(2)居安思危,预防为主。高度重视公共安全工作,常抓不懈,防患于未然。增强忧患意识,坚持预防与应急相结合,常态与非常态相结合,做好应对突发公共事件的各项准备工作。

(3)统一领导,分级负责。在党中央、国务院的统一领导下,建立健全分类管理、分级负责、条块结合、属地管理为主的应急管理体制,在各级党委领导下,实行行政领导责任制,充分发挥专业应急指挥机构的作用。

(4)依法规范,加强管理。依据有关法律和行政法规,加强应急管理,维护公众的合法权益,使应对突发公共事件的工作规范化、制度化、法制化。

（5）快速反应，协同应对。加强以属地管理为主的应急处置队伍建设，建立联动协调制度，充分动员和发挥乡镇、社区、企事业单位、社会团体和志愿者队伍的作用，依靠公众力量，形成统一指挥、反应灵敏、功能齐全、协调有序、运转高效的应急管理机制。

（6）依靠科技，提高素质。加强公共安全科学研究和技术开发，采用先进的监测、预测、预警、预防和应急处置技术及设施，充分发挥专家队伍和专业人员的作用，提高应对突发公共事件的科技水平和指挥能力，避免发生次生、衍生事件；加强宣传和培训教育工作，提高公众自救、互救和应对各类突发公共事件的综合素质。

三、突发事件应急管理工作的指导思想、目标和主要内容

《国务院关于全面加强应急管理工作的意见》提出了突发事件应急管理工作的指导思想、目标和主要内容。

1. 突发事件应急管理工作的指导思想

以邓小平理论和"三个代表"重要思想为指导，全面落实科学发展观，坚持以人为本、预防为主，充分依靠法制、科技和人民群众，以保障公众生命财产安全为根本，以落实和完善应急预案为基础，以提高预防和处置突发公共事件能力为重点，全面加强应急管理工作，最大限度地减少突发公共事件及其造成的人员伤亡和危害，维护国家安全和社会稳定，促进经济社会全面、协调、可持续发展。

2. 突发事件应急管理工作的目标

建成覆盖各地区、各行业、各单位的应急预案体系；健全分类管理、分级负责、条块结合、属地为主的应急管理体制，落实党委领导下的行政领导责任制，加强应急管理机构和应急救援队伍建设；构建统一指挥、反应灵敏、协调有序、运转高效的应急管理机制；完善应急管理法律法规，建设突发公共事件预警预报信息系统和专业化、社会化相结合的应急管理保障体系，形成政府主导、部门协调、军地结合、全社会共同参与的应急管理工作格局。

3. 突发事件应急管理工作的主要内容

根据《国务院关于全面加强应急管理工作的意见》，突发事件应急管理工作的主要内容如下。

（1）加强应急管理规划和制度建设。

①编制并实施突发公共事件应急体系建设规划。

②健全应急管理法律法规。

③加强应急预案体系建设和管理。

④加强应急管理体制和机制建设。

（2）做好各类突发公共事件的防范工作。

①开展对各类突发公共事件风险隐患的普查和监控。

②促进各行业和领域安全防范措施的落实。

③加强突发公共事件的信息报告和预警工作。

④积极开展应急管理培训。

（3）加强应对突发公共事件的能力建设。

①推进国家应急平台体系建设。

②提高基层应急管理能力。

③加强应急救援队伍建设。

④加强各类应急资源的管理。

⑤全力做好应急处置和善后工作。

⑥加强评估和统计分析工作。

(4)制定和完善全面加强应急管理的政策措施。

①加大对应急管理的资金投入力度。

②大力发展公共安全技术和产品。

③建立公共安全科技支撑体系。

(5)加强领导和协调配合,努力形成全民参与的合力。

①进一步加强对应急管理工作的领导。

②构建全社会共同参与的应急管理工作格局。

③大力宣传普及公共安全和应急防护知识。

④做好信息发布和舆论引导工作。

⑤开展国际交流与合作。

第三节 安全生产应急管理

一、安全生产应急管理的特点和意义

1. 安全生产应急管理的特点

安全生产应急管理是一项长期而艰巨的工作,与自然灾害、公共卫生事件和社会安全事件相比,具有复杂性、长期性、艰巨性等特点。

(1)安全生产应急管理是一个复杂的系统工程。主要体现在:①从时间序列方面来看。安全生产应急管理在事前、事发、事中、事后四个阶段都有明确的目标和内涵,贯穿于预防、准备、响应和恢复各个过程。②从涉及的部门方面来看。安全生产应急管理涉及安全生产监督管理、卫生、消防、物资、交通、市政、财政等政府的各个部门,以及诸多社会团体或机构,如新闻媒体、志愿者组织、生产经营单位等。③从涉及的领域方面来看。安全生产应急管理涉及的领域非常广泛,如工业、交通、通信、信息、管理、心理、行为、法律等。④从应急对象方面来看。安全生产应急管理的应急对象种类繁多,涉及各种类型的事故灾难。⑤从管理体系构成方面来看。安全生产应急管理涉及应急法制、体制、机制及保障系统。⑥从层次方面来看。安全生产应急管理包括国家、省、市、县及生产经营单位应急管理。综上所述,安全生产应急管理涉及的内容十分广泛,在时间、空间、领域等方面构成了一个复杂的系统工程。

(2)安全生产应急管理要常备不懈,时刻警惕和预防重大安全生产事故的突然发生。重大安全生产事故发生所表现出的偶然性和不确定性,往往给安全生产应急管理工作带来消极的心态影响:①侥幸心理,主观认为或寄希望于这样的安全生产事故不会发生,对应急管理工作淡漠,而应急管理工作在事故灾难发生前又不能带来看得见、摸得着的实际效益,这也使得安全生产应急管理工作难以得到应有的重视;②麻痹心理,经过长时间的应急准备,而重大事故

却一直没有发生,易滋生麻痹心理而放松对应急工作的要求和警惕性,若此时突然发生重大事故,则往往导致应急管理工作前功尽弃。重大安全生产事故的偶然性和不确定性,要求安全生产应急管理工作应常备不懈。

2. 安全生产应急管理的意义

安全生产是经济发展和社会进步的永恒话题,事故灾难是突发公共事件的重要方面,安全生产应急管理是安全生产工作的重要组成部分。全面加强安全生产应急管理工作,提高应对各类生产安全事故的能力,尽可能避免和减少事故造成的伤亡和损失,对促进安全生产形势的根本好转具有十分重要的意义,是坚持"以人为本"、贯彻落实科学发展观的必然要求,也是维护广大人民群众的根本利益、构建社会主义和谐社会的具体体现。

在党中央、国务院的高度重视和正确领导下,在各地区、各部门、各单位和社会各界的共同努力下,全国安全生产形势呈现了总体稳定、趋于好转的态势,但是事故伤亡总量大、重特大事故频发、职业危害严重,安全生产形势依然严峻。目前,我国正处在工业化加速发展阶段,社会生产活动和经济规模的迅速扩大与安全生产基础薄弱的矛盾突出,处于安全生产事故的"易发期",加强安全生产应急管理工作显得尤为重要和迫切。我国安全生产应急管理工作尽管取得了一定成绩,但在体制、机制、法制和应急救援队伍及应急能力建设等方面,还存在许多问题,必须引起高度重视,采取切实措施,认真加以解决。各级安全监管部门、煤矿安全监察机构和其他有安全监管职责的部门及各类生产经营单位,团结一致,切实统一思想,提高认识,加大力度,把安全生产应急管理工作抓紧、抓细、抓实、抓好,具有重大意义。

(1)加强安全生产应急管理是加强安全生产工作的重要举措。随着安全生产应急管理各项工作的逐步落实,安全生产工作势必得到进一步的加强。

(2)工业化进程中存在的重大事故灾难风险迫切需要加强安全生产应急管理。目前,我国正处在工业化加速发展阶段,是各类事故灾难的"易发期"。社会生产规模和经济总量的急剧扩大,增加了事故的发生概率;企业生产集中化程度的提高和城市化进程的加快,加大了事故灾难的波及范围,加重了其危害程度。面对依然严峻的安全生产形势和重特大事故多发的现实,迫切需要加强安全生产应急管理工作,有效防范事故灾难,最大限度地减少事故给人民群众生命财产造成的损失。

(3)加强安全生产应急管理,提高防范、应对重特大事故的能力,是坚持"以人为本"价值观的重要体现,也是全面履行政府职能、进一步提高行政能力的重要方面。首先,安全需求是人的最基本的需求,安全权益是人民群众最重要的利益。从这个意义上说,"以人为本"首先要以人的生命为本,科学发展首先要安全发展,和谐社会首先要关爱生命。落实科学发展观,构建社会主义和谐社会,就要高度重视、切实抓好安全生产工作,强化安全生产应急管理,最大限度地减少安全生产事故及其造成的人员伤亡和经济损失。其次,在社会主义市场经济条件下,社会管理和公共服务是政府的重要职能。应急管理是社会管理和公共服务的重要内容。贯彻落实科学发展观和建设社会主义和谐社会,更需要把包括安全生产在内的应急管理作为政府十分重要的工作。

总之,加强安全生产应急管理,是加强安全生产、促进安全生产形势进一步稳定好转的得力举措,既是当前一项紧迫的工作,也是一项需要付出长期努力的艰巨任务。

二、安全生产应急管理的基本任务

1. 政府机构安全生产应急管理的主要任务

《安全生产应急管理"十二五"规划》指出了各省、自治区、直辖市及新疆生产建设兵团安全生产监督管理局、各省级煤矿安全监察局安全生产应急管理的主要任务，包括以下 10 项。

（1）完善安全生产应急管理法规、政策、标准体系。推动《安全生产应急管理条例》颁布实施，制定、修订与其配套的安全生产应急预案管理、资源管理、信息管理、科技管理、队伍建设与管理以及培训教育、运行保障等规章和标准。建设安全生产应急管理统计指标体系。完善应急救援队伍经费保障、装备器材征用补偿、装备购置税费减免以及表彰奖励等政策措施。形成国家、地方、企业及社会多元化的应急体系建设保障制度。研究探索社会捐助、保险等支持安全生产应急救援的途径。

（2）建立健全安全生产应急管理机构。建立完善省、市和重点县三级安全生产应急管理机构，加强人员、装备配置，强化技术培训，落实运行经费，制定工作制度和协调指挥程序，提高应急管理能力和救援决策水平。加强高危行业企业应急管理机构建设，落实应急管理与救援责任。

（3）理顺和完善应急管理与指挥协调机制。完善国家、省级相关部门安全生产应急救援联动机制和联络员制度，健全各级应急管理机构之间、应急管理机构与救援队伍之间的工作机制和应急值守、信息报告制度，建立健全区域间协同应对重特大生产安全事故的应急联动机制，建立完善事故现场救援队伍协调指挥制度。

（4）加强应急救援队伍体系建设。建设国家（区域）矿山、国家（区域）危险化学品应急救援队伍和部分中央企业应急救援队伍，以及矿山、危险化学品骨干应急救援队伍，建立健全高危行业企业应急救援队伍，完善队伍体系，形成区域救援能力。注重培养"一专多能"的各级救援队伍，实施社会化服务，发挥救援队伍在预防性检查、预案演练、应急培训等方面的作用。鼓励和引导各类社会力量参与应急救援。将应急救援队伍建设纳入各级经济和社会发展规划，加大资金、政策扶持力度。将矿山医疗救护体系纳入各地区医疗卫生应急救援体系和安全生产应急救援体系，同步规划、同步建设。开展化工园区、矿山企业聚集区应急救援队伍一体化示范建设。加强安全生产应急救援队伍资质管理，促进队伍素质提高。积极配合有关部门推进公路交通、铁路交通、水上搜救、船舶溢油、建筑施工、电力、旅游等行业国家级救援基地和队伍建设，配合各地公安消防部队加强综合应急救援队伍建设。

（5）完善应急预案体系。建立完善政府部门、重点行业企业应急预案体系，实现政府部门与企业应急预案有效衔接。规范预案编制内容，提高预案编制质量，加强预案审查，建立健全预案数据库。编制应急演练评估标准，完善应急预案演练制度，规范应急预案演练，提高演练效果。

（6）加快安全生产应急管理宣教和培训体系建设。将安全生产应急管理培训纳入安全生产教育培训总体规划，统一部署，充分利用各级政府和有关部门、大型企业现有的应急培训资源，完善培训设施，加强师资队伍建设，健全安全生产应急培训体系。制定培训规划和考核标准。加强各级安全生产应急管理人员和救援队伍指战员培训。充分利用各种新闻媒体，如网络等，面向从业人员和社会公众开展安全生产应急管理宣传教育，普及防灾避险、自救互救知识,增强全民应对事故灾难的意识和能力。

(7)推动应急救援科技进步。坚持以应急救援需求为导向,自主创新和引进消化吸收相结合,加强安全生产应急救援科技原始研发、创造创新、成果转化的能力和机制。鼓励应急装备和物资生产企业、教学科研机构搞好产学研结合,加强应急救援新技术、新装备的研发。扶持和培育应急救援技术装备研发机构和制造产业。积极推广应用先进适用的应急救援技术和装备,以煤矿、金属非金属矿山、危险化学品、烟花爆竹等高危行业(领域)为重点,优先推广应用紧急避险、应急救援、逃生、报警等先进适用技术和装备。强制淘汰不适应救援需要、不符合相关标准、性能不高的救援技术装备。

(8)加强应急救援支撑保障能力建设。在矿山、危险化学品等重点行业(领域)选择优势科研机构,重点建设一批安全生产应急救援技术支持保障机构,加强应急救援技术装备科技研发、检测检验等能力建设。加快国家(区域)应急救援队伍大型救援装备储备,依托有关企业、单位储备必要的物资装备和生产能力,建立安全生产应急物资储备制度和调运机制,形成布局合理、多层次、多形式的应急救援物资储备体系。支持有关大专院校加强安全生产应急管理学科建设,培养专业人才。建立和完善各类应急专家库,为应急管理和应急救援工作提供智力支持。

(9)深化应急平台体系建设和应用。加快省、市和重点县以及高危行业(领域)大中型企业应急平台建设,完善安全生产应急平台体系,强化各级平台间的互联互通,加强互联网等新技术的应用。深化应急平台在救援指挥、资源管理、重大危险源监管监控等方面的应用,注重通过应急平台体系,动态掌握各类应急资源的分布情况。

(10)加快建立重大危险源监管体系。落实企业主体责任,明确监控重点目标,建立健全企业重大危险源安全监控系统,提升重大危险源监控能力。开展重大危险源普查登记、分级分类、检测检验和安全评估。建立国家、省、市、县四级重大危险源动态数据库和分级监管系统,构建重大危险源监测预警机制。

2. 企业安全生产应急管理的基本任务

企业安全生产应急管理的基本任务主要包括应急机构和队伍的建立,应急预案的制定,应急设施、装备物资的保障,应急演练,事故救援等。

(1)应急机构和队伍的建立

企业应按规定建立安全生产应急管理机构或指定专人负责安全生产应急管理工作。

企业应建立与本单位安全生产特点相适应的专兼职应急救援队伍,或指定专兼职应急救援人员,并组织训练;无须建立应急救援队伍的,可与附近具备专业资质的应急救援队伍签订服务协议。

企业应急管理是指对企业生产经营中的各种安全生产事故和可能给企业带来人员伤亡、财产损失的各种外部突发公共事件,以及企业可能给社会带来损害的各类突发公共事件的预防、处置、恢复重建等工作,是企业管理的重要组成部分。加强企业应急管理,是企业自身发展的内在要求和必须履行的社会责任。企业是安全生产应急管理的责任主体。企业必须按照规定建立安全生产应急管理机构或指定专人负责安全生产应急管理工作。由于企业的规模、从业人员数量、所从事行业领域的危险性等的不同,安全生产应急管理的工作量也有较大的差别。企业应建立应急救援队伍或与具备专业资质的应急救援队伍签订服务协议。

（2）应急预案的制定

企业应按规定制定安全生产事故应急预案，并针对重点作业岗位制定应急处置方案或措施，形成安全生产应急预案体系。

应急预案应根据有关规定报当地主管部门备案，并通报有关应急协作单位。

应急预案应定期评审，并根据评审结果或实际情况的变化进行修订和完善。

生产安全事故应急预案是针对可能发生的事故预先制定的应对方案，是规范和指导生产安全事故应急救援工作的基础性文件。企业制定生产安全事故应急预案的目的是保证生产经营单位能够及时、有序、有效地开展各类生产安全事故应急救援。

（3）应急设施、装备、物资的保障

企业应按规定建立应急设施，配备应急装备，储备应急物资，并进行经常性的检查、维护、保养，确保其完好、可靠。

企业建立应急设施、配备应急装备、储备应急物资的具体依据主要包括：①相关行业的建设工程设计规范；②相关行业和企业的作业规程、操作规程；③有关安全生产和应急的规程、规范、标准；④生产经营单位的应急预案；⑤应急救援队伍装备配备的有关标准。企业应当对照上述依据建立应急设施、配备应急装备、储备应急物资。

应急救援保障系统，包括通信与信息保障、人力资源保障、法制体系保障、技术支持保障、物资装备保障、培训演练保障、应急经费保障等诸多系统。应急装备保障是物资装备保障的重要内容。

应急救援装备保障总体要求，主要包括种类选择、数量确定、功能要求、使用培训、检修维护等方面。

（4）应急演练

企业应组织生产安全事故应急演练，并对演练效果进行评估。根据评估结果，修订、完善应急预案，改进应急管理工作。

应急预案的演练是检验、评价和保持应急能力的一个重要手段，它的重要作用是可在事故真正发生前，暴露预案和程序的缺陷，发现应急资源的不足，改善各应急部门、机构、人员之间的协调，增强公众应对突发重大事故救援的信心和应急意识，提高应急人员的熟练程度和技术水平，进一步明确各自的岗位与职责，提高各级预案之间的协调性，提高整体应急反应能力。企业应当制定本单位应急预案演练计划，根据本单位事故预防重点，每年至少组织一次综合应急预案演练，每半年至少组织一次现场处置方案演练。这是对企业开展应急预案演练的最基本的要求。

（5）事故救援

企业发生事故后，应立即启动相关应急预案，积极开展事故救援。

启动相关应急预案，即按照相关应急预案规定的职责、程序、措施组织开展事故抢救工作。事故发生后，企业相关应急预案载明的有关负责人要及时就位组织事故抢救工作，按照预案规定各司其职、各负其责，采取相关措施，调集相关专家、队伍、装备、物资开展救援工作，全力以赴控制险情、遏制事故，并及时向有关方面报告、通报事故，必要时请求有关方面增援及启动上一级应急预案。

三、安全生产应急管理的现状

20世纪70年代以来,建立重大事故应急管理体制和应急救援系统受到国际社会的重视,多数工业化国家和国际组织制定了一系列重大事故应急救援法规和政策,明确规定了政府有关部门、企业、社区的责任人在事故应急中的职责和作用,成立了相应的应急救援机构和政府管理部门。

如应急管理起步较早、发展与建设较快的美国,经过多年的探索及许多突发灾难事故经验的总结,已经形成了运行良好的应急管理体系,包括应急管理法规、管理机构、指挥系统、应急队伍、资源保障、人员培训、信息透明、应急演练等。形成了联邦、州、市、县、社区5个层次的应急管理与响应机构,当地方政府的应急能力和资源不足时,州一级政府向地方政府提供支持;州一级政府的应急能力和资源不足时,由联邦政府提供支持。还形成了比较完善的应急救援系统,并且逐渐向标准化方向发展,使整个应急管理工作更加科学、规范和高效。

美国的应急管理体系为联邦与州的两级制。美国联邦应急管理署(FEMA)行使国家级应急管理任务,各州灾害局负责州级的应急管理任务。美国应急管理机制实行统一管理、属地为主、分级响应、标准运行。美国的联邦、州、市、县、社区都有各自的专业救援队伍,它们是紧急事务处理中心实施事故救援的主要力量。联邦紧急救援队伍被分成12个功能组:运输组、联络组、公共实施工程组、消防组、信息计划组、民众管理组、资源人力组、健康医疗组、城市搜索和救援组、危险性物品组、食品组、能源组,每组通常由一个主要机构牵头。各州、市、县、社区救援队也有各自的功能组,负责地区救援工作。

我国的应急管理工作起步较晚,但发展迅速。近年来,我国各地区、各有关部门和单位认真贯彻落实党中央、国务院关于加强安全生产应急管理工作的决策部署,牢固确立安全发展的理念,始终坚持"安全第一、预防为主、综合治理"的方针,以"一案三制"为重点,全面推进安全生产应急管理工作。"十一五"期间,安全生产应急管理工作取得了长足进步,主要有以下方面。

(1)应急管理体系初步建立。全国31个省(区、市)、新疆生产建设兵团和215个市(地)、部分县(市、区),以及安全生产任务较重的54家中央企业建立了安全生产应急管理机构,并建立了国家和区域安全生产应急救援协调机制。

(2)应急管理规章标准建设稳步推进。制定颁布了《矿山救护规程》(AQ 1008—2007)、《生产经营单位安全生产事故应急预案编制导则》(AQ/T 9002—2006)、《生产安全事故应急预案管理办法》(国家安全监管总局令第17号)和《生产安全事故应急演练指南》(AQ/T 9007—2011),以及应急救援队伍建设、应急平台体系建设、宣传教育培训等一系列规章、标准和指导性文件,为加强安全生产应急管理提供了依据。各省(区、市)制定的部分地方性法规和规章也对安全生产应急管理工作进行了规范。

(3)应急救援队伍体系建设成效明显。各地区、有关高危行业企业加强了应急救援队伍建设,救援人员增加了40%,初步形成了国家(区域)、骨干、基层救援队伍相结合的应急救援队伍体系。通过开展培训演练、技能比武等工作,应急救援队伍素质不断提高,救援能力明显加强,在3.68万余起矿山和危险化学品事故灾难的应急救援,以及汶川、玉树地震等重大自然灾害救援中发挥了重要作用。

(4)应急救援装备水平不断提高。国家级矿山和危险化学品救援队伍增配各类救援车辆

700余台,配备个体防护、救援、侦检、通信等装备8000余台(套)。骨干队伍和基层队伍所在地方政府和依托单位加大了救援装备投入力度,部分省(区、市)建立了安全生产应急物资装备储备库。

(5)应急预案和演练工作进一步加强。在国家层面,制定颁布了事故灾难应急预案42个。地方各级政府、中央企业以及煤矿、非煤矿山、危险化学品、烟花爆竹等高危行业(领域)企业实现了应急预案全覆盖。各级地方政府和高危行业企业经常举行应急预案培训和演练。

(6)应急平台建设全面启动。制定了国家安全生产应急平台体系建设指导意见。国家安全生产应急平台已经开始建设,部分省(区、市)、市(地)和中央企业安全生产应急平台基本建成并投入运行。

(7)应急管理培训和宣教工作深入开展。修订完善了安全生产应急管理培训和宣教工作制度,制定了应急管理和指挥人员培训大纲,全国每年培训30多万人次。宣教工作内容日益丰富,宣教形式不断创新,应急知识普及面不断扩大。

(8)应急科技支撑不断增强。各地区均成立了安全生产应急救援专家组。安全生产应急救援科研项目投入明显加大,科技部下达的19个应急救援重点项目研究已经完成,在煤矿瓦斯、危险化学品等事故灾难的应急救援和预测预警方面形成了一批新技术、新装备。

(9)国际交流合作不断深入。通过组织救援指战员及应急管理人员赴发达国家学习交流、参加国际矿山救援技术竞赛以及举办国际性安全生产应急管理论坛和展会等方式,加强了安全生产应急管理领域国际交流与合作。

四、安全生产应急管理的发展趋势

根据各国多年实践发现,由于应急组织体系结构过于复杂,难以应对突发的紧急状态,在重大事故应急响应实践中发现了一些突出问题,如决策层次过多、指挥任务不明、部门职能交叉、职责不清、难以统一指挥协调、救援速度缓慢、处置效果不好等。各国应结合实情陆续颁布各种相应的法律法规,进一步完善应急体系,提高应急救援能力。

"十二五"时期,是我国全面建设小康社会的重要战略机遇期,工业化、信息化、城镇化、市场化、国际化深入发展,经济发展方式加快转变,产业结构不断优化,科技自主创新能力进一步增强,安全生产应急管理工作面临难得的发展机遇。同时,"十二五"期间随着工业化、城镇化进程加快,国内经济形势进一步回升向好,能源原材料市场需求旺盛,煤矿不断向深部延伸,危险化学品领域进一步扩大产能,交通运输量增大,人流、物流和车流还将持续增长,发生重特大事故的可能性仍然存在,这些都给安全生产应急管理工作提出了新的更高的要求。

目前,由于安全生产应急救援体系初步建立,基础相对薄弱,还存在一些制约安全生产应急管理工作进一步发展的因素,主要是:《安全生产应急管理条例》尚未出台(已有草案,正在立法中);许多市(地)和大部分重点县没有建立安全生产应急管理机构,已经建立的应急管理机构人员、经费等没有落实到位;救援队伍布局已经不能满足经济社会发展的需要,缺乏处置重特大和复杂事故灾难的救援装备;应急预案的针对性和可操作性不强;应急救援经费保障困难,救援人员待遇、奖励、抚恤等政策措施缺失;重大危险源普查工作尚未全面展开,监控、预警体系建设相对滞后;缺乏高效的科技支撑,应急救援技术装备研发、应用和推广的产业链尚未形成,装备的机动性、成套性、可靠性还亟待提高;应急培训演练与实际需求还有较大差距。总体来说,应对重(特)大、复杂事故的能力不足,与党中央、国务院的要求以及人民群众的期盼还有很大差距。

　　安全生产应急管理工作长期性、艰巨性、复杂性和紧迫性的特点十分明显。在"十二五"甚至是更长的一段时期内,安全生产应急管理工作务必大力加强安全生产应急救援体系建设,大力加强各类事故灾难应急处置工作,大力加强应急技术装备保障能力建设,大力加强安全生产应急管理基础工作,大力加强规划和法制体制机制建设,大力加强各级应急救援队伍自身建设。

　　"十二五"时期,我国安全生产应急管理工作要着重开展以下七项重点工程:①国家(区域)矿山应急救援队建设工程;②高危行业、中央企业重点救援队伍建设工程;③矿山医疗救护队伍建设工程;④矿山与危险化学品应急救援骨干队伍建设工程;⑤重大应急救援技术与装备研发工程;⑥安全生产应急平台体系建设工程;⑦应急救援装备产业示范园区建设工程。以全面提升应急能力,提高应急救援效果,为实现安全生产形势根本好转的目标提供有力保障。

思考题

1. 简述突发事件、应急管理的概念。
2. 突发事件如何分类?请举例说明,并作简要分析。
3. 突发事件的特征是什么?
4. 我国对突发事件如何分级?
5. 简述突发事件应急管理的内涵。
6. 我国当前突发事件应急管理工作的基本原则是什么?
7. 突发事件应急管理工作的主要内容是什么?
8. 简述安全生产应急管理的特点和意义。
9. 安全生产应急管理的基本任务有哪些?
10. 以自己熟悉的行业为背景,说明我国安全生产应急管理的现状及发展趋势。

第二章　安全生产应急管理法律法规

第一节　应急管理法制建设概述

突发事件应急管理法律体系是指调整紧急状态下各种法律关系的法律规范的总和,它规定社会和国家的紧急状态及其权限。作为预防、调控、处理危机的法律手段,应急管理法律体系是整个国家法律体系的重要组成部分,是一个国家或地区在非常态下实施法治、规范应急管理工作的法制基础。在开展应急管理工作时,应急管理法律法规在配置协调紧急权力、调动整合应急资源、建立完善应急机制、规范应急管理过程、约束限制行政权力、保障公民合法权益等方面发挥着重要作用。

1. 应急管理法制的主要内容

应急管理法制是实施依法治国基本方略、坚持依法行政、建设法治政府的重要内容,应急管理法制建设是一项宏大的社会系统工程,其主要内容包括以下八项:

(1)完善的应急法律规范和应急预案。

(2)依法设定的应急机构及其应急权利与职责。

(3)紧急情况下国家权力之间、国家权力与公民权利之间关系的法律调整机制。

(4)紧急情况下行政授权、委托的特殊要求。

(5)紧急情况下的行政程序和司法程序。

(6)对紧急情况下违法、犯罪行为的法律约束和制裁机制。

(7)与危机管理相关的各种纠纷解决、赔偿、补偿等权力救济机制。

(8)各管理领域的特殊规定,如人力、财务资源的动员、征用和管制,对市场活动、社团活动、通信自由、新闻舆论及其他社会活动的限制与管制,紧急情况下的信息公开方式和责任,公民依法参与应急救援过程等。

2. 应急管理法制法规的特点

相对于正常状态下的法律法规,应急管理法律法规具有以下特点:

(1)应急管理法律法规主要调整应急时期国家机关如何行使紧急权力,相对于日常管理法律法规来说,应急法规一般赋予国家机关,特别是行使紧急权利的国家机关以较大的自由裁量权。

(2)应急管理法律法规更注重对社会公共利益的保护,在立法目的上更强调对权力的保障性。应急法规更强调对公民权利的保障,这是因为在紧急状态下,权力更容易被滥用,公民权利更易受到侵害。因此,一般的应急法律中都强调对公民权利的保障。

(3)应急管理法律法规在适用上具有很强的时效性,一般仅适用于应急时期,一旦应急终止,应急法规也就不再继续适用。

(4)应急管理法律法规一般都具有强制性,法律规范调整的对象,不论是行使紧急权力的国家机关还是一般的公民,都必须无条件服从应急法规的规定。

(5)应急管理法律规范具有高于非应急法规的法律效力,具有使用上的优先性。

近年来,我国高度重视突发事件应急管理法制建设,加快了应急管理立法工作的步伐,先后制定或修订了《中华人民共和国防洪法》、《中华人民共和国防震减灾法》、《中华人民共和国安全生产法》、《中华人民共和国传染病防治法》、《中华人民共和国动物防疫法》、《中华人民共和国道路交通安全法》、《中华人民共和国治安管理处罚法》、《中华人民共和国突发事件应对法》、《中华人民共和国消防法》等40余部法律,《核电厂核事故应急管理条例》、《突发公共卫生事件应急条例》、《信访条例》、《粮食流通管理条例》等40余部行政法规,《铁路行车事故处理规则》、《生产安全事故应急预案管理办法》等60余部部门规章;一些地方政府及其部门也结合地方实际,制定了相关地方法规和规章,为预防和处置相关突发事件提供了法律依据和法制保障。

《中华人民共和国突发事件应对法》为安全生产应急管理提供了法律基础。各地区、各有关部门以《中华人民共和国突发事件应对法》为依据,加快了相关法规、规章、标准的制定工作。铁道部制定的《铁路交通事故应急救援和调查处理条例》已通过国务院审议施行,并于2012年修订;交通运输部起草完成了《国家海上搜救条例》;民航局发布了《中国民用航空突发事件应急管理工作规定(征求意见稿)》;国务院发布了《电力安全事故应急处置和调查处理条例》(2011年9月1日施行);国防科工局组织编制了《国防科技军用核设施应急管理规定》;安全生产监督管理总局组织起草的《安全生产应急管理条例》草案已报国务院法制部门审查,《危险化学品安全管理条例》(修订案)、《生产安全事故应急预案管理办法》、《安全生产应急演练工作指南》等已发布实施。重庆、福建、内蒙古、湖南、海南、宁夏、西藏等省(区、市)也都加强了地方法规、标准、制度建设。

第二节　应急管理法制的原则和功能

1. 应急管理法制的建设原则

应急管理法制的建设原则包括两个层次:①从宏观层面对所有应急救援领域进行全面指导的"基本原则",如《中华人民共和国突发事件应对法》;②从微观层面对应急管理的某一领域进行单项指导的"具体原则",其适用范围仅限于应急管理的某一方面,如正在起草中的《安全生产应急管理条例》。

一般而言,应急管理法制建设的基本原则包括以下三个方面。

(1)法治原则。法治原则的基本内涵包括:①一切紧急权力的行使必须有明确的法律依据,必须严格按照法律规定执行,这里的法律既包括实体法,也包括程序法;②公共应急法律规范必须由有关部门按照宪法和有关法律授予的权限制定,低层次的国家机关不能确立其无权设定的紧急权力,低层次的法律规范不能与高层次的应急法律规范相抵触;③与紧急权力相对应的责任原则,即不但抗拒合法紧急权的公民或组织应当承担法律责任,而且不依法行使紧急权或不履行法定职责的国家机关和个人也应当承担相应的法律责任。应急法制原则表明应对突发事件并非是"法外行政",恰恰相反,它是为了保证该过程的合法性,是对正常法治的巩固和补充,是法治的应有之义。

(2)应急性原则。行政应急性原则指在某些特殊情况下,出于国家安全、社会秩序或公共利益的需要,行政机关可以采取没有法律依据的或者与法律相抵触的措施。现代行政法既讲求对行政权的控制,防止其侵害人民的基本权利,另一方面也注重行政权的效率性,在国家和社会面临一些突发事件的威胁的情况下,如战争、动乱、瘟疫、自然灾害等,只有及时地恢复、重建社会秩序,才能对人民的基本权利进行有效保障。因此,在紧急情况下,就不必恪守一些在平时情况下必须适用的程序性限制,一些措施即使没有法律依据或与法律相抵触,但只要有利于消除突发事件的不良影响,也应视为有效。政府在突发事件和公共危机应对过程中拥有人力、资源、技术、信息、体制等方面的独特优势。但是,这并不是讲,应急性原则排斥任何的法律控制。不受任何限制的行政应急权力同样为行政法治原则所不容许。一般而言,行政应急权力应符合以下条件:①存在明显无误的紧急危险;②非法定机关行使了紧急权力,事后由有权机关予以确认;③行政机关做出应急行为应受到有关机关的监督;④应急权力的行使应该适当,应将负面损害控制在最小的程度和范围内。

(3)基本权利保障原则。基本权利保障原则即一切政府应急行为都必须以保障公民基本权利为依据;公共应急法制应该设定公民基本权利保障的最低限度,从反面为政府紧急权力的行使划定明确、严格而且不得逾越的法律界限。在体现应急性原则(政府权力优先性)时,往往对应着公民权利的受限性。这种受限性不仅表现在需要接受政府权力的依法限制,而且表现在公民、法人和其他组织根据应急法制的要求负有较常态更多、更严格的法律义务,来配合紧急权力的行使,如服从征用、征调、隔离、管制等,并有义务提供各种必要的帮助,如科研、宣传、医疗等。法律救济的有限性是公民权利受限性的另一特征,它是指对于公民权利受到的合法侵害,在突发事件应对过程中由突发事件的紧迫性所决定,往往只能对此提供临时性的救济,在事后恢复阶段,基于紧急措施的公益性和损害行为及后果的普遍性、巨大性,许多情况下政府往往只可依法提供有限的救济,但应设定突发事件处置过程中特别是紧急状态下人权保障的最低标准。

作为整个法律体系的组成部分之一,应急法制要同其他法律一样,接受某些法律原则的支配,只有这样才能既坚持自身的特殊性,又保持法律体系内部精神上的统一和规范之间的协调。在具体起草制定应急管理有关法律法规、规章制度时,应从操作层面把握以下五个方面的具体原则。

(1)目的上的公益原则。目的上的公益原则即应急状态下采用的限制性措施必须以公众利益为目的。在突发事件威胁到多数人的利益时,对少数人的特别权利或者多数人的部分权利进行限制的唯一正当性,来自应急措施的公益性。

(2)手段上的比例原则。手段上的比例原则即不能仅满足于紧急权力具有法律依据,还应当保证紧急权力的行使要有一个合理的限度,尤其是限制公民权利的紧急措施,其性质、方式、强度、持续时间等必须以有效控制危机为必要条件,根据对象和情况的不同采取相应措施,不能给公民带来不必要的损害,应将利益损失和对秩序的破坏降到最低限度。

(3)手段上的科学与效率原则。在突发事件应急管理法制建设中贯彻科学性原则,就是要充分发挥专业技术人才的作用,采取科学的方法和手段进行预防和处理,从而提高应对措施的技术含量。效率原则是指在诸多足以保证应急目标顺利实现的应急途径中,政府应当选择耗时最短、投入最少、效果最佳的应急处置方案。

(4)后果上的积极责任原则。后果上的积极责任原则即通过建立健全政府的行政责任制,监督、促进紧急权力的积极规范行使,有效防止玩忽职守、逃避责任、不恰当履行职责等现象的发生。

(5)分级管理原则。分级管理原则即以法律规范的形式明确各级政府或部门的应急职责权限划分,有助于调动各级政府或部门的积极性和主动性,减轻上级政府或部门的压力,形成布局合理、职责明确、统一高效的应急领导体制,提高政府应对突发事件的整体效率。

2. 应急管理法制的功能

(1)配置协调紧急权力,调动整合应急资源。应急管理法制的一个重要功能就是通过一系列权利的配置和义务的明确,协调各种可能的力量,形成统一的合力,共同应对突发事件,以尽快平息事态。由于我国目前尚缺乏统一的应急救援法律制度,中央和地方政府的紧急权力及其界限并不清楚,导致了地方政府之间的各自为政、互相牵制,从而降低了应对公共突发事件的效率。因此,突发事件应急管理法制需要解决上下级政府之间、政府各部门之间以及政府和社会力量之间的关系,以便发生事故后,各方面职责能够明确协调,各种资源能够有效地运行,以最高的效率来处置各种突发事件。

(2)建立完善应急机制,规范应急管理过程。通过应急管理法制对突发事件发生、发展的各个阶段设立相应的制度,以实现应急管理法制规范应急管理过程的功能。主要工作包括做好应急准备,避免事故发生;迅速分析判断事故,及时控制事故;完善事故善后工作,恢复平常状态等方面。

(3)约束限制行政权力,保障公民合法权益。通过应急管理法制的功能,使行政紧急权力的运用控制在法律规定的范围之内,有权机关不能随意宣布国家或局部地区处于紧急状态,不能误用、滥用法定的紧急权力。行政机关的特殊权力以及公民权利所受到的限制,都应当设定在法律规定的特定时期、特定条件下的特定范围之内。另外,还要通过应急管理法制保证行政权力的运用符合平息紧急事态、尽快恢复秩序的原则。

应急法制作为应急管理最基本和主要的手段,对于突发事件应急管理意义重大,能够使应急管理更加有序和有效。它不仅自身是预防、调控、处置危机的手段,而且还贯穿于其他各种手段之中,规范着其他手段的运用。现代社会中,突发事件越来越体现出复杂性的特征,原来的行政手段显得越来越力不从心,这也凸显了法制手段的有序和有效,应急管理法律法规为处理突发事件提供了程序化的手段,使得在突发事件发生时,处理机构能够有法可依、有章可循。同时,应急法律法规赋予了突发事件处理手段的合法性,从而增强了其有效性。应急管理法律规范还能增加应急管理的预期,从而促进应急管理的顺利完成。

第三节 应急管理法律法规层级框架

应急法制领域中存在着不同的等级层次,每一层次的法律制度都是具有结构性、动态性和整体性的系统。在应急法制系统中,多个法律制度及其相应的法律规范的优化搭配和组合,才能在应急实践中发挥积极的调整作用。改革开放以来尤其是近年来,我国着眼于应急法制的法治化目标,应急法制建设取得长足进步。以宪法为根本,以突发事件应对法为基本,以相关单行法、行政法规、行政规章、应急预案等为依托的应急法制体系初具规模,应急法制的系统性得以初步显现。

我国安全生产应急管理法律法规体系层级框架如图 2-1 所示,主要由五个层次构成,具体内容如下。

1. 法律层面

《宪法》是我国安全生产法律的最高层级,《宪法》提出的"加强劳动保护,改善劳动条件"的规定,是我国安全生产方面最高法律效力的规定。

2007 年 11 月 1 日起施行的《中华人民共和国突发事件应对法》作为我国第一部综合性应急管理法律,为有效实施应急管理提供了法律依据和法制基础,对于进一步建立和完善我国的突发事件应急管理体制、机制和法制,预防、控制和消除突发事件的社会危害,提高政府应对突发事件的能力,落实执政为民的要求,促进经济和社会的协调发展,构建社会主义和谐社会,都具有重要意义。

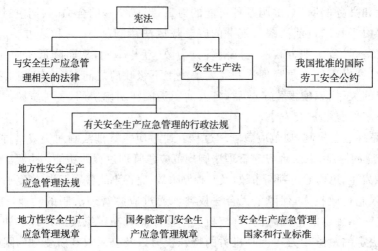

图 2-1　我国安全生产应急管理法律法规体系层级框架

2. 行政法规层面

国务院出台了《生产安全事故报告和调查处理条例》、《烟花爆竹安全管理条例》、《民用爆炸物品安全管理条例》、《危险化学品安全管理条例》等行政法规。《安全生产应急管理条例》草案已报国务院法制部门审查。

3. 地方性法规层面

地方政府应根据潜在事故灾难的风险性质与种类，结合应急资源的实际情况，制定相应的地方性法规，对突发性事故应急预防、准备、响应、恢复各阶段的制度和措施提出针对性的规定与具体要求。

4. 行政规章层面

行政规章包括部门规章和地方政府规章。有关部门应根据有关法律和行政法规，在各自权限范围内制定有关事故灾难应急管理的规范性文件，内容应是对具体管理制度和措施的进一步细化，说明详细的实施办法。各省（自治区、直辖市）人民政府、省（自治区）人民政府所在地的市人民政府及国务院批准的计划单列市应根据有关法律、行政法规、地方性法规和本地实际情况，制定本地区关于事故灾难应急管理制度和措施的详细实施办法。

目前，国务院公布了《核电厂核事故应急管理条例》，公安部出台了《消防法实施细则》，国家安全生产监督管理总局组织制定发布了《矿山救援队伍资质认定管理规定》等部门规章，农业部出台了《联合收割机及驾驶人安全监理规定》等。

另外，我国的一些地区和单位根据工作需要，制定发布了一些法规和规章、制度。全国有二十多个省（区、市）颁布了《安全生产条例》，重庆、广西、湖南、黑龙江、天津、上海等省（区、市）和中石油、中石化、中煤等中央企业对安全生产事故应急救援工作做出了专门的规定。尤其是重庆市，先后制定颁布了《突发事件应急联动条例》、《应急救援监管工作条例》等多项地方性法规，形成了较为完善的地方安全生产应急救援法规体系。

5. 标准层面

涉及专业应急救援的相关管理部门应制定有关事故灾难应急的标准，内容应覆盖事故应急管理的各个阶段与过程,主要包括应急救援体系建设、应急预案基本格式与核心要素、应急功能程序、应急救援预案管理与评审、应急救援人员培训考核、应急演习与评价、危险分析和应急能力评估、应急装备配备、应急信息交流与通信网络建设、应急恢复等标准规范。国家安全生产监督管理总局组织修订了《矿山救护规程》等国家标准,组织制定了《生产经营单位安全生产事故应急预案编制导则》等行业标准。民航总局制定并颁布了《民用航空运输机场消防站消防装备配备》等标准。

第四节　应急管理相关法律、法规、规章、标准的主要内容

目前,我国现行的多个法律、行政法规从不同方面对安全生产应急管理做出了相关规定和要求,如《中华人民共和国突发事件应对法》、《中华人民共和国安全生产法》、《中华人民共和国职业病防治法》、《中华人民共和国消防法》、《危险化学品安全管理条例》、《使用有毒物品作业场所劳动保护条例》、《特种设备安全监察条例》、《生产安全事故报告和调查处理条例》、《关于进一步加强安全生产工作的决定》等。

《中华人民共和国突发事件应对法》是安全生产应急管理的法制基础,适用于生产安全事故的预防与应急准备、监测与预警、应急处置与救援、事后恢复与重建等应对活动。

自 2002 年 11 月 1 日施行的《中华人民共和国安全生产法》,经《全国人民代表大会常务委员会关于修改〈中华人民共和国安全生产法〉的决定》进行修正,修正后的内容自 2014 年 12 月 1 日起施行。该法是我国安全生产的基本法律,其中多条条款针对安全生产中的应急管理做出规定,尤其是独立成章的第五章"生产安全事故的应急救援与调查处理"部分。下面针对具体条款进行简要解读。

(1)第十八条,明确规定生产经营单位的主要负责人的安全生产职责必须包括组织制定并实施本单位的生产安全事故应急救援预案。

(2)第二十二条,为安全生产法 2014 年修正版中的新增条款,明确规定安全生产管理机构以及安全生产管理人员的职责必须包括"组织或者参与拟订本单位安全生产规章制度、操作规程和生产安全事故应急救援预案"和"组织或者参与本单位应急救援演练"。

(3)第二十五条,作为条款中新增内容,将"了解事故应急处理措施,知悉自身安全生产方面的权利和义务"确定为生产经营单位对从业人员进行安全生产教育和培训需要保证的内容。

(4)第三十七条,要求生产经营单位的重大危险源必须制定应急预案,并告知从业人员和相关人员在紧急情况下应当采取的应急措施。另外,生产经营单位还要将其重大危险源的应急措施报有关部门备案。

(5)第四十一条,要求生产经营单位向从业人员如实告知作业场所和工作岗位存在的危险因素、防范措施以及事故应急措施。

(6)第五十条,保障了生产经营单位从业人员了解其作业场所和工作岗位存在的危险因素、防范措施及事故应急措施的权利。

(7)第五十二条,保障了生产经营单位从业人员发现直接危及人身安全的紧急情况时,有权停止作业或者在采取可能的应急措施后撤离作业场所的权利;并规定生产经营单位不得因从业人员在前款紧急情况下停止作业或者采取紧急撤离措施而降低其工资、福利等待遇或者解除与其订立的劳动合同。

(8)第五十五条,明确规定从业人员应当接受安全生产教育和培训,增强事故预防和应急

处理能力。

（9）第七十六条，为安全生产法2014年修正版中的新增条款，把生产安全事故应急能力建设作为国家义务，以法律制度形式予以确定；并要求建立健全全国统一的、相关行业和领域的生产安全事故应急救援信息系统。

（10）第七十七条，要求县级以上地方各级人民政府应当组织有关部门制定本行政区域内生产安全事故应急救援预案，建立应急救援体系。

（11）第七十八条，为安全生产法2014年修正版中的新增条款，明确规定了生产经营单位应急预案的要求，对于生产经营单位科学合理实施事故应急救援工作将起到积极作用。

（12）第七十九条，明确规定生产经营单位应当依照国家规定建立应急救援组织或者指定应急救援人员；并应当按照规定配备必要的应急救援器材、设备，进行经常性维护、保养，保证正常运转。

（13）第八十条和第八十一条，规定生产安全事故发生后，事故现场有关人员、单位负责人和负有安全生产监督管理职责的部门的上报义务。

（14）第八十二条，有新增和删减内容，要求有关地方人民政府和负有安全生产监督管理职责的部门的负责人只要接到安全生产事故报告后，就应当按照事故应急救援预案的要求立即赶到事故现场，组织事故抢救；并要求参与事故抢救的部门和单位应当服从统一指挥，加强协同联动，采取有效的应急救援措施。

（15）第九十四条，作为条款中新增内容，明确对生产经营单位的"未将事故隐患排查治理情况如实记录或者未向从业人员通报的"和"未按照规定制定生产安全事故应急救援预案或者未定期组织演练的"行为予以罚款（单位、直接负责的主管人员和其他直接责任人员）、责令停产停业整顿等处罚。

（16）第九十八条，明确对生产经营单位的"对重大危险源未登记建档，或者未进行评估、监控，或者未制定应急预案的"和"未建立事故隐患排查治理制度的"（新增）行为予以罚款（单位、直接负责的主管人员和其他直接责任人员）、责令停产停业整顿、追究刑事责任等处罚。

《中华人民共和国职业病防治法》第二十一条规定，用人单位应当采取建立、健全职业病危害事故应急救援预案的职业病防治管理措施。第二十五条规定："产生职业病危害的用人单位，应当在醒目位置设置公告栏，公布有关职业病防治的规章制度、操作规程、职业病危害事故应急救援措施和工作场所职业病危害因素检测结果。对产生严重职业病危害的作业岗位，应当在其醒目位置，设置警示标识和中文警示说明。警示说明应当载明产生职业病危害的种类、后果、预防以及应急救治措施等内容。"第三十八条规定，发生或者可能发生急性职业病危害事故时，用人单位应当立即采取应急救援和控制措施。

《中华人民共和国消防法》第十六条规定，机关、团体、企业、事业等单位应当履行的消防安全职责包括落实消防安全责任制，制定本单位的消防安全制度、消防安全操作规程，制定灭火和应急疏散预案。

《危险化学品安全管理条例》第六十九条规定："县级以上地方人民政府安全生产监督管理部门应当会同工业和信息化、环境保护、公安、卫生、交通运输、铁路、质量监督检验检疫等部门，根据本地区实际情况，制定危险化学品事故应急预案，报本级人民政府批准。"第七十条规定："危险化学品单位应当制定本单位危险化学品事故应急预案，配备应急救援人员和必要的应急救援器材、设备，并定期组织应急救援演练。危险化学品单位应当将其危险化学品事故应急预案报所在地设区的市级人民政府安全生产监督管理部门备案。"第七十一条规定："发生危险化学品事故,事故单位主要负责人应当立即按照本单位危险化学品应急预案组织救援,并向当地安全生产监督管理部门和环境保护、公安、卫生主管部门报告;道路运输、水路运输过程中发生危险化学品事故的,驾驶人员、船员或者押运人员还应当向事故发生地交通运输主管部门报告。"第七十二条规定:"发生危险化学品事故,有关地方人民政府应当立即组织安全生产监督管理、环境保护、公安、卫生、交通运输等有关部门,按照本地区危险化学品事故应急预案组织实施救援,不得拖延、推诿。"

《使用有毒物品作业场所劳动保护条例》第十六条要求:"从事使用高毒物品作业的用人单位,应当配备应急救援人员和必要的应急救援器材、设备,制定事故应急救援预案,并根据实际情况变化对应急救援预案适时进行修订,定期组织演练。事故应急救援预案和演练记录应当报当地卫生行政部门、安全生产监督管理部门和公安部门备案。"

《特种设备安全监察条例》第六十五条规定:"特种设备安全监督管理部门应当制定特种设备应急预案。特种设备使用单位应当制定事故应急专项预案,并定期进行事故应急演练。"

《关于特大安全事故行政责任追究的规定》第七条明确要求"市(地、州)、县(市、区)人民政府必须制定本地区特大安全事故应急处置预案。本地区特大安全事故应急处理预案经政府主要领导人签署后,报上一级人民政府备案"。

《生产安全事故报告和调查处理条例》第十四条规定:"事故发生单位负责人接到事故报告后,应当立即启动事故相应应急预案,或者采取有效措施,组织抢救,防止事故扩大,减少人员伤亡和财产损失。"

《关于进一步加强安全生产工作的决定》要求"建立生产安全应急救援体系。加快全国生产安全应急救援体系建设,尽快建立国家生产安全应急救援指挥中心,充分利用现有的应急救援资源,建设具有快速反应能力的专业化救援队伍,提高救援装备水平,增强生产安全事故的抢险救援能力。加强区域性生产安全应急救援基地建设";"加强国家、省(区、市)、市(地)、县(市)四级重大危险源监控工作,建立应急救援预案和生产安全预警机制"。

此外,国家安全生产监督管理总局发布了《生产安全事故应急预案管理办法》、《安全监管总局重特大事故信息报送及处置程序》、《矿山救援队伍资质认定管理规定》、《矿山救护培训办法》、《安全生产应急救援联络员工作办法》等规章制度和《关于加强安全生产应急管理工作的意见》、《国家安全生产应急平台体系建设指导意见》等文件,对安全生产应急管理工作的相关事宜作出了明确规定。这些法律、法规对加强安全生产应急管理工作,提高防范、应对生产安全重特大事故的能力,保护人民群众生命财产安全发挥了重要作用。

思考题

1. 简述应急管理法制建设的主要内容。
2. 相对于正常状态下的法律法规,应急管理法律法规具有哪些特点?
3. 简述应急管理法制建设的基本原则。
4. 结合行业实际,说明应急管理法制的主要功能。
5. 简述我国应急管理法律法规的层级框架及主要内容。

第三章 安全生产应急体系

第一节 安全生产应急体系概述

安全生产工作包括事故预防、应急救援和事故调查处理三个主要方面,其中应急救援承上启下,与事故防范和事故调查处理密切联系。由于事故灾难种类繁多、情况复杂、突发性强、覆盖面大,应急救援活动又涉及从高层管理到基层人员等各个层次,从公安、医疗到环保、交通等不同领域,这都给应急救援日常管理和应急救援指挥带来了许多困难。解决这些问题的唯一途径是建立起科学、完善的应急体系和实施规范有序的运作程序。

安全生产应急体系是指应对突发安全生产事故所需的组织、人力、财力、物力、智力等各种要素及其相互关系的总和。应急体系的基本框架是"一案三制",即为应对突发安全生产事故所编制的应急预案和建立的运作机制、组织体制以及相关法制。而应急队伍、应急物资、应急平台、应急通信、紧急运输、科技支撑等则构成安全生产应急体系的能力基础。安全生产应急体系与自然灾害应急体系、公共卫生应急体系、社会安全应急体系共同构成我国处置公共突发事件应急体系,是国家应急管理的重要支撑和组成部分。

安全生产应急体系的建立和完善是一项复杂的系统工程,需要以各级政府及有关部门为主,以国情、各地情况、行业情况为依据,以科学发展观为指导,以专项公共资源的配置、整合为手段,以社会力量为依托,以提高应急处置的能力和效率为目标,坚持常抓不懈、稳步推进。建立健全安全生产应急体系,对于强化安全生产基础,应对事故灾难,维护人民群众生命财产安全意义重大,具体体现在:①建立健全安全生产应急体系是安全生产形势发展的需要;②建立健全安全生产应急体系是加强安全生产监管体系建设的需要;③建立健全安全生产应急体系是构建和谐社会的需要。

1. 安全生产应急体系建设目标

我国安全生产应急体系的建设目标是:通过各级政府、企业和全社会的共同努力,建设一个统一协调指挥、结构完整、功能齐全、反应灵敏、运转高效、资源共享、保障有力、符合国情的安全生产应急体系,重点建立和完善应急指挥体系、应急预案体系、应急资源体系、应急救援体系和紧急状态下的法律体系,并与公共卫生、自然灾害、社会安全事件应急体系进行有机衔接,以有效应对各类安全生产事故灾难,并为应对其他灾害提供有力的支持。

2. 安全生产应急体系建设原则

(1)条块结合、以块为主

安全生产应急体系建设坚持属地为主的原则,重大事件的应急救援在当地政府的领导下进行。各地结合实际建立完善的生产安全事故应急体系,保证应急救援工作的需要。国家依托一些行业、地方和企业的骨干救援力量在一些危险性大的特殊行业或领域建立专业应急体系,对专业性较强、地方难以有效应对的特别重大事故(事件)提供应急救援支持和增援。

(2)统筹规划、合理布局

根据产业分布、危险源分布和有关交通地理条件,对应急体系的领导机构、救援队伍和应急救援的培训演练以及物资与装备等保障系统的布局、规模、功能等进行统筹规划,使各地、各领域以及我国安全生产应急体系的布局能够适应经济社会发展的要求。在一些危险性大、事故发生频率高的地区建立重点区域救援队伍。

(3)依托现有、整合资源

深入调查研究,摸清各级政府、部门和企事业单位现有的各种应急救援队伍、装备等资源状况。在盘活、整合现有资源的基础上补充和完善,建立有效的机制,做到资源共享,避免浪费资源、重复建设。

(4)一专多能、平战结合

要尽可能以现有的专业救援队伍为基础补充装备、扩展技能,建设一专多能的应急救援队伍;加强对企业的专职和兼职救援力量的培训,使其在紧急状态下能够及时有效地施救,做到平战结合。

(5)功能实用、技术先进

以能够及时、快速、高效地开展应急救援为出发点和落脚点,根据应急救援工作的现实和发展的需要设定应急救援信息网络系统的功能,采用国内外成熟的先进技术和特种装备,保证生产安全应急体系的先进性和适用性。

(6)整体设计、分步实施

根据规划和布局对生产安全应急体系的指挥机构、主要救援队伍、主要保障系统进行一次性总体设计,按轻重缓急排定建设顺序,有计划地分步实施,突出重点、注重实效。

3.安全生产应急体系结构

按照《全国安全生产应急救援体系总体规划方案》的要求,我国安全生产应急体系主要由组织体系、运行机制、支持保障系统以及法律法规体系等部分构成。

(1)组织体系是我国安全生产应急体系的基础,主要包括应急救援的领导决策层、管理与协调指挥系统、应急救援队伍及力量。

(2)运行机制是我国安全生产应急体系的重要保障,目标是实现统一领导、分级管理,条块结合、以块为主,分级响应、统一指挥,资源共享、协同作战,一专多能、专兼结合,防救结合、平战结合,以及动员公众参与,以切实加强安全生产应急体系内部的应急管理,明确和规范响应程序,保证应急体系运转高效、应急反应灵敏、取得良好的抢救效果。

(3)支持保障系统是安全生产应急体系的有机组成部分,是体系运转的物质条件和手段,主要包括通信信息系统、技术支持保障系统、物资与装备保障系统、培训演练系统等。

(4)法律法规体系是应急体系的法制基础和保障,也是开展各项应急活动的依据,与应急有关的法律法规主要包括立法机关通过的法律,政府和有关部门颁布的规章、规定,以及与应急救援活动直接有关的标准或管理办法等。

同时,应急体系还包括与其建设相关的资金、政策支持等,以保障应急体系建设和体系正常运行。

我国安全生产应急体系的结构如图 3-1 所示。

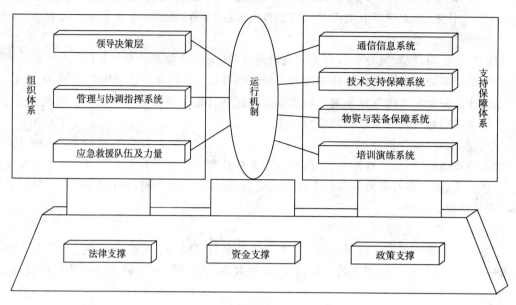

图 3-1　我国安全生产应急体系结构示意图

<h1 style="text-align:center">第二节　安全生产应急组织体系</h1>

安全生产应急组织体系是安全生产应急体系的基础之一。根据《全国安全生产应急救援体系总体规划方案》的要求,通过建立和完善应急救援的领导决策层、管理与协调指挥系统、应急救援队伍及力量,形成完整的安全生产应急救援组织体系。

安全生产应急组织体系应设计为动态联动组织,以政府应急管理法律法规为基础,以各级应急救援指挥中心为核心,通过紧密的纵向与横向联系形成强大的应急组织网络。网络式组织以事故的类型和级别作为任务的结合点,常态下各联动单位根据本单位的职责对突发事故进行预测预控,非常态下快速响应。

在构建应急组织体系时,既要遵循"分级负责,属地管理"的基本原则,更要注重组织体系的完备性和本地区、外组织之间的协调性,从纵横两个角度分别构建应急组织体系的等级协调机制和无等级协调机制运作模式,形成"纵向一条线,横向一个面"的组织格局。其中,纵向角度主要是指以明确的上下级关系为核心,以行政机构为特点的命令式解决办法;横向角度主要是指以信息沟通为核心的解决办法,部门平等相待,无明确的上下级关系。

我国安全生产应急组织体系如图 3-2 所示。

一、领导机构

按照统一领导、分级管理的原则,我国安全生产应急救援领导决策层由国务院安全生产委员会(以下简称国务院安委会)及其办公室、国务院有关部门、省人民政府、省安委会(省安全监督管理局)、地市地方人民政府组成。

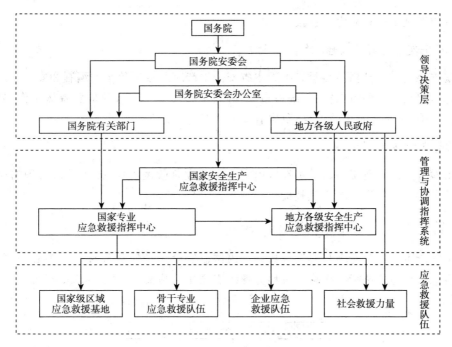

图 3-2　我国安全生产应急组织体系示意图

1．国务院安委会

国务院安委会统一领导我国安全生产应急救援工作,负责研究部署、指导协调我国安全生产应急救援工作;研究提出我国安全生产应急救援工作的重大方针政策;负责应急救援重大事项的决策,对涉及多个部门或领域、跨多个地区的影响特别恶劣事故灾难的应急救援实施协调指挥;必要时协调总参谋部和武警总部调集部队参加安全生产事故应急救援;建立与协调同自然灾害、公共卫生和社会安全突发事故应急救援机构之间的联系,并相互配合。

2．国务院安委会办公室

国务院安委会办公室承办国务院安委会的具体事务,负责研究提出安全生产应急管理和应急救援工作的重大方针政策和措施;负责我国安全生产应急管理工作,统一规划我国安全生产应急救援体系建设,监督检查、指导协调国务院有关部门和各省(自治区、直辖市)人民政府安全生产应急管理和应急救援工作,协调指挥安全生产事故灾难应急救援;督促、检查安委会决定事项的贯彻落实情况。

3．国务院有关部门

国务院有关部门在各自的职责范围内领导有关行业或领域的安全生产应急管理和应急救援工作,监督检查、指导协调有关行业或领域的安全生产应急救援工作,负责本部门所属的安全生产应急救援协调指挥机构、救援队伍的行政和业务管理,协调指挥本行业或领域应急救援队伍和资源参加重特大安全生产事故应急救援。

4．省人民政府

省人民政府统一领导本省区域内安全生产应急救援工作,按照分级管理的原则统一指挥本省区域内安全生产事故应急救援。

5. 省安委会(省安全监督管理局)

省安委会(省安全监督管理局)组织本省安全生产应急救援预案的编制和安全生产应急体系建设,并指导、协调和组织实施;统一指挥、协调特大安全生产事故应急救援工作;分析预测特大事故风险,及时发布预警信息;负责省安全生产专家组工作。

6. 地市地方人民政府

地市地方人民政府统一领导本地区内安全生产应急救援工作,按照分级管理的原则统一指挥本地区内安全生产事故应急救援。

二、管理部门

我国安全生产应急管理与协调指挥系统由国家安全生产应急救援指挥中心、有关专业安全生产应急管理与协调指挥机构以及地方各级安全生产应急管理与协调指挥机构组成,如图3-3所示。

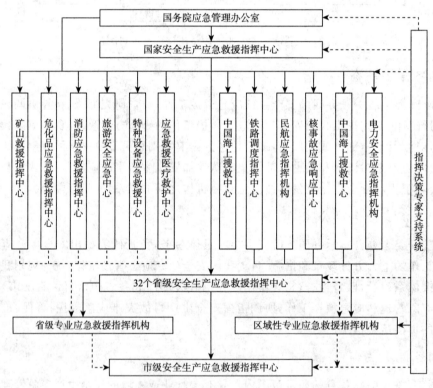

图 3-3　我国安全生产应急管理与协调指挥系统示意图

1. 国务院应急管理办公室

作为承担国务院应急管理的日常工作和国务院总值班工作的机构,国务院应急管理办公室在应急管理与协调指挥系统中发挥着重要作用。国务院应急管理办公室作为国务院应对各类突发公共事件的综合协调机构,其主要职责有以下方面。

(1)承担国务院总值班工作,及时掌握和报告国内外相关重大情况和动态,办理向国务院报送的紧急重要事项,保证国务院与各省(自治区、直辖市)人民政府、国务院各部门联络畅通,指导我国政府系统值班工作。

(2)负责协调和督促检查各省(自治区、直辖市)人民政府、国务院各部门应急管理工作,协调、组织有关方面研究提出的国家应急管理政策、法规和规划建议。

(3)负责组织编制国家突发公共事件总体应急预案和审核专项应急预案,协调指导应急预案体系和应急体制、机制、法制建设,指导各省(自治区、直辖市)人民政府、国务院有关部门应急体系、应急信息平台建设等工作。

(4)协助国务院领导处置特别重大突发公共事件,协调指导特别重大和重大突发公共事件的预防预警、应急演练、应急处置、调查评估、信息发布、应急保障、国际救援等工作。

(5)组织开展信息调研和宣传培训工作,协调应急管理方面的国际交流与合作。

2. 国家安全生产应急救援指挥中心

根据中央机构编制委员会的有关文件规定,国家安全生产应急救援指挥中心为由国务院安全生产委员会办公室领导、国家安全生产监督管理总局管理的事业单位,履行我国安全生产应急救援综合监督管理的行政职能,按照国家突发安全生产事故应急预案的规定,协调、指挥安全生产事故灾难应急救援工作。其主要职责有以下方面。

(1)参与拟定、修订我国安全生产应急救援方面的法律法规和规章,制定国家安全生产应急救援管理制度和有关规定,并负责组织实施。

(2)负责我国安全生产应急救援体系建设,指导、协调地方及有关部门安全生产应急救援工作。

(3)组织编制和综合管理我国安全生产应急救援预案。对地方及有关部门安全生产应急预案的实施进行综合监督管理。

(4)负责我国安全生产应急救援资源综合监督管理和信息统计工作,建立我国安全生产应急救援信息数据库,统一规划我国安全生产应急救援通信信息网络。

(5)负责我国安全生产应急救援重大信息的接收、处理和上报工作;负责分析重大危险源监控信息并预测特别重大事故风险,及时提出预警信息。

(6)指导、协调特别重大安全生产事故灾难的应急救援工作;根据地方或部门应急救援指挥机构的要求,调集有关应急救援力量和资源参加事故抢救;根据法律法规的规定或国务院授权组织指挥应急救援工作。

(7)组织、指导我国安全生产应急救援培训工作;组织、指导安全生产应急救援训练、演练;协调指导有关部门依法对安全生产应急救援队伍实施资质管理和救援能力评估工作。

(8)负责安全生产应急救援科技创新、成果推广工作;参与安全生产应急救援国际合作与交流。

(9)负责国家投资形成的安全生产应急救援资产的监督管理,组织对安全生产应急救援项目投入资产的清理和核定工作。

(10)完成国务院安委会办公室交办的其他事项。

另外,根据中央机构编制委员会的文件规定,国家安全生产应急救援指挥中心经授权履行安全生产应急救援综合监督管理和应急救援协调指挥职责。

各省(自治区、直辖市)建立的安全生产应急救援指挥中心,在本省(自治区、直辖市)人民政府及其安委会领导下负责本地安全生产应急管理和事故灾难应急救援协调指挥工作。

各省(自治区、直辖市)根据本地实际情况和安全生产应急救援工作的需要,建立有关专业安全生产应急管理与协调指挥机构,或依托国务院有关部门设立在本地的区域性专业应急管理与协调指挥机构,负责本地相关行业或领域的安全生产应急管理与协调指挥工作。

在我国各市(地)规划建立市(地)级安全生产应急管理与协调指挥机构,在当地政府的领导下负责本地安全生产应急救援工作,并与省级专业应急救援指挥机构和区域性专业应急救援指挥机构相协调,组织指挥本地安全生产事故的应急救援。

市(地)级专业安全生产应急管理与协调指挥机构的设立,以及县级地方政府安全生产应急管理与协调指挥机构的设立,由各地根据实际情况确定。

三、职能部门

依托国务院有关部门现有的应急救援调度指挥系统,建立完善矿山、危险化学品、消防、铁路、民航、核工业、海上搜救、电力、旅游、特种设备10个国家级专业安全生产应急管理与协调指挥机构,负责本行业或领域安全生产应急管理工作,负责相应的国家专项应急预案的组织实施,调动指挥所属应急救援队伍和资源参加事故抢救。依托国家矿山医疗救护中心建立国家安全生产应急救援医疗救护中心,负责组织协调我国安全生产应急救援医疗救护工作,组织协调我国有关专业医疗机构和各类事故灾难医疗救治专家进行应急救援医疗抢救。

各省(自治区、直辖市)根据本地安全生产应急救援工作的特点和需要,建立的矿山、危险化学品、消防、旅游、特种设备等专业安全生产应急管理与协调指挥机构,是本省(自治区、直辖市)安全生产应急管理与协调指挥系统的组成部分,也是相应的专业安全生产应急管理与协调指挥系统的组成部分,同时接受相应的国家级专业安全生产应急管理与协调指挥机构的指导。

国务院有关部门根据本行业或领域安全生产应急救援工作的特点和需要,建立海上搜救、铁路、民航、核工业、电力等区域性专业应急管理与协调指挥机构,是本行业或领域专业安全生产应急管理与协调指挥系统的组成部分,同时接受所在省(自治区、直辖市)安全生产应急管理与协调指挥机构的指导,也是所在省(自治区、直辖市)安全生产应急救援管理与协调指挥系统的组成部分。

(1)矿山和危险化学品事故应急管理与协调指挥系统由国家安全生产应急救援指挥中心和各省(自治区、直辖市)安全生产监督管理部门建立的安全生产应急救援指挥机构、市(地)及重点县(市、区)安全生产应急救援指挥机构组成。

(2)消防应急管理与协调指挥系统由公安部设立的国家消防应急救援指挥中心和县级以上地方人民政府公安部门设立的消防应急救援指挥机构共同构成。

(3)铁路事故应急管理与协调指挥系统由铁道部设立的国家铁路调度指挥中心和各铁路局、铁路分局、铁路沿线站段的铁路行车调度机构构成。

(4)国家民航总局设立的国家民航应急救援指挥机构,北京、上海、广州、成都、沈阳、西安和乌鲁木齐7个地区民航管理局设立的区域搜寻救援协调中心,以及我国各机场设立的应急救援指挥中心,形成我国民航三级搜寻救援管理与协调指挥系统。

(5)国防科工委设立的国家核事故应急响应中心,广东、浙江、江苏3个核电厂所在省和北京、四川、甘肃、内蒙古、辽宁、陕西6个核设施集中的省(自治区、直辖市)建立的核事故应急指挥中心,核电厂营运单位设立的核事故应急响应中心,构成三级核事故应急管理与协调指挥系统。

(6)交通部设立的中国海上搜救指挥中心,辽宁、河北、天津、山东、江苏、上海、浙江、福建、广东、广西、海南 11 个沿海省(自治区、直辖市)设立的区域海上搜救指挥中心和在武汉设立的长江水上搜救指挥中心,形成我国水上搜救管理与协调指挥系统。

(7)国家电力监管委员会设立电力安全应急救援指挥机构,在电网企业和各级电力调度机构的基础上建立我国电力安全应急管理与协调指挥组织体系。

(8)国家旅游局建立中国旅游应急救援指挥中心,各省(自治区、直辖市)设立省级旅游应急救援中心,194 个优秀旅游城市设立旅游应急救援中心,形成我国旅游安全应急管理与协调指挥系统。

(9)国家质检总局建立特种设备应急管理与协调指挥机构,与地方各级质检部门的应急管理与协调指挥机构、监测检验机构构成我国特种设备事故应急管理与协调指挥系统,与国家安全生产应急救援指挥中心建立通信信息网络联系,实现应急救援信息共享、统一协调指挥。

(10)国家安全生产监督管理总局在国家矿山医疗救护中心的基础上设立国家安全生产应急救援医疗救护中心,依托各省级卫生部门的医疗救治中心和特殊行业(领域)的安全生产应急救援医疗救护中心,形成我国安全生产应急救援医疗救护管理与协调调度系统,掌握和协调专业的医疗救护资源,配合安全生产应急救援开展现场急救。它既是我国安全生产应急体系的组成部分,也是我国医疗卫生救治体系中的一个专业医疗救护体系,接受卫生部的指导。

四、救援队伍

根据矿山、石油化工、铁路、民航、核工业、水上交通、旅游等行业或领域的特点、危险源分布情况,通过整合资源、调整区域布局、补充人员和装备,形成以企业应急救援队伍为基础,以国家级区域专业应急救援基地和地方骨干专业应急救援队伍为中坚力量,以应急救援志愿者等社会救援力量为补充的安全生产应急救援队伍体系。

我国安全生产应急救援队伍体系主要包括四个方面。

(1)国家级区域应急救援基地。依托国务院有关部门和有关大中型企业现有的专业应急救援队伍进行重点加强和完善,建立国家安全生产应急救援指挥中心管理指挥的国家级综合性区域应急救援基地、国家级专业应急救援指挥中心管理指挥的专业区域应急救援基地,保证特别重大安全生产事故灾难应急救援和实施跨省(自治区、直辖市)应急救援的需要。

(2)地区骨干专业应急救援队伍。根据有关行业或领域安全生产应急救援需要,依托有关企业现有的专业应急救援队伍进行加强、补充、提高,形成地区骨干专业应急救援队伍,保证本行业或领域重特大事故应急救援和跨地区实施救援的需要。

(3)企业应急救援队伍。各类企业严格按照有关法律、法规的规定和标准建立专业应急救援队伍,或按规定与有关专业救援队伍签订救援服务协议,以保证企业的自救能力。鼓励企业应急救援队伍扩展专业领域,向周边企业和社会提供救援服务。企业应急救援队伍是安全生产应急救援队伍体系的基础。

(4)社会救援力量。引导、鼓励、扶持社区建立由居民组成的应急救援组织和志愿者队伍,事故发生后能够立即开展自救、互救,协助专业救援队伍开展救援;鼓励各种社会组织建立应急救援队伍,按市场运作的方式参加安全生产应急救援,作为安全生产应急救援队伍的补充。

矿山、危化、电力、特种设备等行业或领域的事故灾难,应充分发挥本行业或领域的专家作用,依靠相关专业救援队伍、企业救援队伍和社会救援力量开展应急救援。通过事故所属专业安全生产应急管理与协调指挥机构同相关安全生产应急管理与协调指挥机构建立的业务和通信信息网络联系,调集相关专业队伍实施救援。

各级各类应急救援队伍承担所属企业(单位)以及有关管理部门划定区域内的安全生产事故灾难应急救援工作,并接受当地政府和上级安全生产应急管理与协调指挥机构的协调指挥。

五、民间组织及志愿者

民间组织及志愿者是非政府组织的一种。非政府组织一般指除政府组织之外的所有社会组织,其相近的名称有第三部门、非营利组织等。这就是说,在实际使用这一概念时,并没有把营利组织包括在内,对非政府组织的定义也不统一。有的把任何民间组织,只要其目的是扶贫济困、维护穷人利益,保护环境,提供基本社会服务,或促进社会发展的组织都定义为非政府组织;有的认为非政府组织就是非营利组织;有的认为非政府组织是以促进发展为目的的非营利组织。无论如何定义,其基本的取舍标准是不带有政治色彩,并且具有公益性。

民间组织及志愿者是社会力量的一部分。当今社会发展的一个明显趋势是社会自治程度日益提高,体现社会自治的标志之一就是市民社会与各种非政府组织的发展。志愿者作为其中的一种典型的组织形式,在突发事件的应急处置过程中发挥着日益重要的作用。

在西方国家,组织与发动各种类型的志愿者参与突发事件的应急处置,已经成为发动群众与人力资源组织方面的一大特色,在官方的有关文件中也把其作为一个重要的组成部分。"9·11"恐怖袭击事件发生之后,美国公众和卫生服务部门向全国发出救灾动员令,很快就有7000多名医疗工作者和80多支受过专门训练的城市救灾队伍参加应急处置工作。在洛克比空难的应急过程中,大约有40多个志愿者组织参加了应急救援行动,其中包括妇女皇家服务组织、教会与慈善组织、红十字会组织与无线电爱好者组织等。2002年10月12日印尼巴厘岛遭到爆炸袭击之后,许多志愿者自发组织起来传递信息,送水与食物,献血,照顾伤员,其中由中国人组织的华人百家姓协会特别引人注目。志愿者的主动参与,不仅有效地缓解了政府资源不足的问题,而且对于减少损失、弘扬人道主义精神,都起到了重要的作用。

目前,我国在民间组织及志愿者参与突发事件应急处置工作方面还处于起步阶段。在汶川地震的应急救援中,民间组织及志愿者组织的作用初见成效。作为一种发展趋势,志愿应急队伍参与突发事件应急处置需要建立完善的志愿者组织、管理和培训制度,使他们在危机应对中发挥更大的作用,并充分保障自身的安全。

在志愿应急队伍建设中,要充分发挥共青团、红十字会、行业协会、民间组织、青年志愿者协会的作用,加强应急志愿者队伍的招募选拔、组织管理、教育培训和应急演练。通过建立政府支持、项目化管理、社会化运作的应急志愿者服务机制,为志愿应急队伍的物资装备、工作经费、人身保险提供保障。

具有应急管理职能的相关部门,要根据本领域的实际需要,发挥各自优势,组织具有相关专业知识和技能的人员建立各类志愿者队伍,协助开展应急救援工作。应急志愿者组建单位要建立志愿者信息库,并加强对志愿者的培训和管理。乡镇人民政府(街道办事处)要鼓励、引导现有各类志愿者组织在工作范围内充实和加强应急志愿服务内容,支持民间组织建立自筹资金、自我管理、自我发展的应急志愿者队伍或组织,畅通社会各界力量参与应急志愿服务的渠道。此外,还应采取各种方式,积极鼓励应急志愿者投身应急管理科普宣教、应急救援和恢复重建等工作。

<h2>第三节　安全生产应急体系运行机制</h2>

安全生产应急体系运行机制是应急工作成功的关键,应急机制始终贯穿于应急准备、初级反应、扩大应急、应急恢复等应急活动中。在涉及应急救援的众多运行机制中,最关键的是统一指挥、分级响应、属地为主和公众动员机制。

统一指挥是应急指挥的最基本原则。应急指挥一般可分为几种形式,如集中指挥与现场指挥,或场外指挥与场内指挥等,但无论采用哪一种指挥形式都必须实行统一指挥的模式。尽管应急救援活动涉及单位的行政级别高低和隶属关系不同,但都必须在应急指挥部的统一组织协调下行动,有令则行,有禁则止,统一号令,步调一致。

分级响应是指在初级反应到扩大应急的过程中实行分级响应的机制。扩大或提高应急级别的主要依据是事故灾难的危害程度、影响范围和控制事态能力,而控制事态能力是升级的最基本条件。扩大应急救援主要是提高指挥级别,扩大应急范围等。

属地为主是强调"第一反应"的思想和以现场应急指挥为主的原则。在国家的整个应急体系中,地方政府和地方应急力量是开展事故应急救援工作的主要生力军,地方政府应充分调动地方的应急资源和力量开展应急救援工作。现场指挥以地方政府为主,部门和专家参与,充分发挥企业的自救作用。

公众动员机制是应急机制的基础,也是整个应急体系的基础,是指在应急体系的建立及应急救援过程中要充分考虑并依靠民间组织、社会团体以及个人的力量,营造良好的社会氛围,使公众都参与到救援过程中,人人都成为救援体系的一部分。当然,这并不是要求公众承担事故救援的任务,而是希望充分发挥社会力量的基础性作用,建立健全组织和动员人民群众参与应对事故灾难的有效机制,增强公众的防灾减灾意识,在条件允许的情况下发挥其应有的作用。

一、日常管理机制

1. 行政管理

国家安全生产应急救援指挥中心在国务院安委会及其办公室的领导下,负责综合监督管理我国安全生产应急救援工作。各地安全生产应急管理与协调指挥机构在当地政府的领导下负责综合监督管理本地安全生产应急救援工作。各专业安全生产应急管理与协调指挥机构在所属部门领导下负责监督管理本行业或领域的安全生产应急救援工作。各级、各专业安全生产应急管理与协调指挥机构的应急准备、预案制定、培训、演练等救援工作接受上级应急管理与协调指挥机构的监督检查和指导,应急救援时服从上级应急管理与协调指挥机构的协调指挥。

各地、各专业安全生产应急管理与协调指挥机构、队伍的行政隶属关系和资产关系不变,由其设立部门(单位)负责管理。

2. 信息管理

为使各级安全生产应急管理与协调指挥机构以及安全生产应急救援队伍以规范的信息格式、内容、时间、渠道进行信息传递,国家安全生产应急救援指挥中心建立了我国安全生产应急救援通信信息网络,统一了信息标准和数据平台,以实现资源共享和及时有效的监督管理。

应急救援队伍的有关应急救援资源信息(人员、装备、预案、危险源监控情况以及地理信息等)要及时上报所属安全生产应急管理与协调指挥机构,发生变化要及时更新;下级安全生产应急管理与协调指挥机构掌握的有关应急救援资源信息要报上一级安全生产应急管理与协调指挥机构;国务院有关部门的专业安全生产应急救援指挥中心和各省(自治区、直辖市)安全生产应急救援指挥中心掌握的有关应急救援资源信息要报国家安全生产应急救援指挥中心;国家安全生产应急救援指挥中心、国务院有关部门的专业安全生产应急救援指挥中心和地方各级安全生产应急管理与协调指挥机构之间必须保证信息畅通,并保证各自所掌握的应急救援队伍、装备、物资、预案、专家、技术等信息要能够互相调阅,实现信息共享,为应急救援、监督检查和科学决策创造条件。

3. 预案管理

生产经营单位应当结合实际制定本单位的安全生产应急预案,各级人民政府及有关部门应针对本地、本部门的实际编制安全生产应急预案。生产经营单位的安全生产应急预案报当地的安全生产应急管理与协调指挥机构备案;各级政府所属部门制定的安全生产应急预案报同级政府安全生产应急管理与协调指挥机构,同时报上一级专业安全生产应急管理与协调指挥机构备案;各级地方政府的安全生产应急预案报上一级政府安全生产应急管理与协调指挥机构备案。各级、各专业安全生产应急管理与协调指挥机构对备案的安全生产应急预案进行审查,对预案的实施条件、可操作性、与相关预案的衔接、执行情况、维护、更新等进行监督检查。建立应急预案数据库,上级安全生产应急管理与协调指挥机构可以通过通信信息系统查阅。

各级安全生产应急管理与协调指挥机构负责按照有关应急预案组织实施应急救援。

4. 队伍管理

国家安全生产应急救援指挥中心和国务院有关部门的专业安全生产应急救援指挥中心制定行业或领域各类企业安全生产应急救援队伍配备标准,对危险行业或领域的专业应急救援队伍实行资质管理,确保应急救援安全有效地进行。有关企业应当依法按照标准建立应急救援队伍,按标准配备装备,并负责所属应急队伍的行政、业务管理,接受当地政府安全生产应急管理与协调指挥机构的检查和指导。省级安全生产骨干专业应急救援队伍接受省级政府安全生产应急管理与协调指挥机构的检查和指导。国家级区域安全生产应急救援基地接受国家安全生产应急救援指挥中心和国务院有关部门的专业安全生产应急管理与协调指挥机构的检查和指导。

各级、各专业安全生产应急管理与协调指挥机构有计划地组织所属应急救援队伍在其所负责的区域进行预防性检查和针对性训练,保证应急救援队伍熟悉所负责的区域的安全生产环境和条件,既体现预防为主的原则,又为事故发生时开展救援做好准备,提高应急救援队伍的战斗力,保证应急救援顺利有效地进行。加强对企业的兼职救援队伍的培训,使其在平时从事生产活动,在紧急状态下能够及时有效地施救,做到平战结合。

国家安全生产应急救援指挥中心、国家级专业安全生产应急救援指挥中心和省级安全生产应急救援指挥中心根据应急准备检查和应急救援演习的情况对各级、各类应急救援队伍的能力进行评估。

二、预测预警机制

预测预警机制是指根据有关事故的预测信息和风险评估结果,依据事故可能造成的危害程度、紧急程度和发展态势,确定相应预警级别,标示预警颜色,并向社会发布相关信息的机制。预测预警机制是在突发安全生产事故实际发生之前对事件的预报、预测及提供预先处理操作的重要机制,主要包括以下内容。

(1)对预警范围的确定。需要严格规定监控的时间范围、空间范围和对象范围。

(2)预警级别的设定及表达方法的规定。

(3)紧急通报的次序、范围和方式。明确规定一旦发生突发安全生产事故,第一时间以及之后应按顺序通知哪些机构、人员,以何种方式通知。

(4)突发安全生产事故范畴与领域预判。对突发安全生产事故涉及的范畴和领域进行预判,初步对突发安全生产事故给出一个类别和级别,以匹配应对预案。

我国突发安全生产事故的预警级别分为一至四级,分别用红色、橙色、黄色和蓝色标示,一级为最高级别。预警级别的确定往往是预测性的,一般是突发安全生产事故还处于未然状态,而突发安全生产事故的分级则是确定的,是基于突发安全生产事故已然状态的划分。预警级别和实际发生的突发安全生产事故的应急响应级别分级不一定一致,需要负责统一领导或者处置的人民政府根据实际情况及时调整和确定。同时,确定预警级别的要素主要是突发安全生产事故的紧急程度、发展态势和可能造成的危害程度,而突发安全生产事故的分级主要是按照社会危害程度、影响范围来划分。

1. 信息监测

加强监测制度建设,建立健全监测网络和体系,是提高政府信息收集能力,及时做好突发安全生产事故预警工作,有效预防、减少事故的发生,控制、减轻、消除突发安全生产事故引发的严重社会危害的基础。

(1)根据事故的种类和特点,建立健全基础信息库。所谓突发安全生产事故基础信息库,是指应对突发安全生产事故所必备的有关危险源、风险隐患、应急资源(物资储备、设备及应急救援队伍)、应急避难场所(分布、疏散路线、容纳能量等)、应急专家咨询、应急预案、突发安全生产事故案例等基础信息的数据库。建立完备、可共享的基础信息库是应急管理、监控和辅助决策必不可少的支柱。目前,我国突发安全生产事故的基础信息调查还比较薄弱,信息不完整、"家底"不清现象还普遍存在,信息分割现象还比较严重。建立健全基础信息库,要求各级政府开展各类风险隐患、风险源、应急资源分布情况的调查并登记建档,为各类突发安全生产事故的监测预警和隐患治理提供基础信息。要统一数据库建设标准,实现基础信息的整合和资源共享,提高信息的使用效率。

(2)完善监测网络,划分监测区域,确定监测点,明确监测项目,提供必要的设备、设施,配备专职或者兼职人员,对可能发生的突发安全生产事故进行监测,这是对监测网络系统建设的规定。此外还应建立危险源、危险区域的实时监控系统和危险品跨区域流动动态监控系统,加强监测设施、设备建设,配备专职或者兼职的监测人员。

2. 信息发布

信息发布是应急管理的关键步骤之一,全面、准确地收集、传递、处理和发布突发安全生产事故预警信息,一方面有利于应急处置机构对事态发展进行科学分析和最终做出准确判断,从而采取有效措施将危机消灭在萌芽状态,或者为突发安全生产事故发生后具体应急工作的展开赢得宝贵的准备时间;另一方面有利于社会公众知晓突发安全生产事故的发展态势,以便及时采取有效防护措施避免损失,并做好有关自救、他救准备。

突发安全生产事故预警信息的发布、报告和通报工作,是建立健全突发安全生产事故预警机制的关键性环节。一般来说,建立完整的突发安全生产事故预警信息制度,主要包括以下内容。

(1)建立完善的信息监控制度。有关政府要针对各种可能发生的突发安全生产事故,不断完善监控方法和程序,建立完善事故隐患和危险源监控制度,并及时维护更新,确保监控质量。

(2)建立健全信息报告制度。一方面要加强地方各级政府与上级政府、当地驻军、相邻地区政府的信息报告、通报工作,使危机信息能够在有效时间内传递到行政组织内部的相应层级,有效发挥应急预警的作用;另一方面要拓宽信息报告渠道,建立社会公众信息报告和举报制度,鼓励任何单位和个人向政府及其有关部门报告危机事件隐患。同时要不断尝试新的社会公众信息反映渠道,如在网络和手机普及的情况下,开通网上论坛,设立专门的接待日、民情热线、直通有关领导的紧急事件专线连接等。

(3)建立严格的信息发布制度。一方面要完善预警信息发布标准,对可能发生和可以预警的突发安全生产事故要进行预警,规范预警标识,制定相应的发布标准,同时明确规定相关政府、主要负责单位、协作单位应当履行的职责和义务;另一方面要建立广泛的预警信息发布渠道,充分利用广播、电视、报纸、电话、手机短信、街区显示屏、互联网等多种形式发布预警信息,确保广大人民群众在第一时间掌握预警信息,使他们有机会采取有效防范措施,达到减少人员伤亡和财产损失的目的。同时还要确定预警信息的发布主体,信息的发布要有权威性和连续性,这是由危机事件发展的动态性特点决定的。作为预警信息发布主体的有关政府要及时发布、更新有关危机事件的新信息,让公众随时了解事态的发展变化,以便主动参与和配合政府的应急管理。因此,可以预警的突发安全生产事故即将发生或者发生的可能性增大时,有关政府应当依法发布相应级别的警报,决定并宣布有关地区进入预警期,同时向上一级政府、当地驻军和可能受到危害的毗邻或者相关地区的政府报告或通报。

3. 三、四级预警措施

三、四级预警是比较低的预警级别。发布三、四级预警后,预警工作的作用主要是及时、全面地收集、交流有关突发安全生产事故的信息,并在组织综合评估和分析判断的基础上,对突发安全生产事故可能出现的趋势和问题,由政府及其有关部门发布警报,决定和宣布进入预警期,并及时采取相应的预警措施,有效消除产生突发安全生产事故的各种因素,尽量避免突发安全生产事故的发生。

发布三、四级警报后,政府主要采取的是一些预防、警示和劝导性措施,目的在于尽可能避免突发安全生产事故的发生,或者是提前做好充分准备,将损失减至最小。三、四级预警期间政府可以采取的预防、警示和劝导性措施主要包括以下几项。

（1）立即启动应急预案。"凡事预则立、不预则废。"各国应急法制都比较重视应急预案制度的建立，即在平常时期就进行应急制度设计，规定一旦出现危机状态，政府和全社会如何共同协作，共同应对危险局势。完善的应急管理预案以及其他各项预备、预警准备工作，有利于政府依法采取各项应对措施，从而最大限度地减少各类危机状态所造成的损失。

（2）要求政府有关部门、专业机构和负有特定职责的人员注意随时收集、报告有关信息，加强对突发安全生产事故发生、发展情况的监测和预报工作。信息的收集、监测和预报工作有利于有关机构和人员根据突发安全生产事故发生、发展的情况，制定监测计划，科学分析、综合评价监测数据，并对早期发现的潜在隐患以及突发安全生产事故可能发生的时间、危害程度、发展态势，依照规定的程序和时限及时上报，为应急处置工作提供依据。

（3）组织有关业务主管部门和专业机构工作人员、有关专家学者，随时对获取的有关信息进行分析、评估，预测突发安全生产事故发生的可能性、影响范围和强度。对即将发生的突发安全生产事故的信息的分析和评估，有利于有关部门和应急处理技术机构准确掌握危机事件的客观规律，并为突发安全生产事故的分级和应急处理工作方案提供可靠依据。

（4）定时向社会发布有关突发安全生产事故发展情况的信息和政府的分析评估结果，并加强对相关信息报道的管理。发布预报和预警信息是政府的一种权力，也是它的一项重要责任。一方面，基于突发安全生产事故的紧迫性和对人民生命财产的重大影响性，及时、准确的灾害预报、预警信息往往能成为挽救人民生命财产的有效保障，这也是满足公民知情权的需要。另一方面，我国目前已经初步建立了预报、预警信息发布机制和体系，但是缺乏明确的问责规定，不能充分遏制有关机构和人员在灾害预报、预警工作中不依法及时发布预报、预警信息的现象，因此还应当加强对相关信息报道的管理。

（5）及时向社会发布可能受到突发安全生产事故危害的警告，宣传应急和防止、减轻危害的常识。突发安全生产事故的来临和可能造成的危害一般都有一定的可预见性，因此充分向社会发布相关警告，宣传应急和防止、减轻危害的常识，有利于社会各方面做好预备工作，正确处理危机，稳定社会秩序，尽可能减少损失。

4．一、二级预警措施

发布一、二级预警后，政府的应对措施主要是对即将面临的灾害、威胁、风险等做好早期应急准备，并实施具体的防范性、保护性措施，如预案实施、紧急防护、工程治理、搬迁撤离以及调用物资、设备、人员和占用场地等。

一、二级预警相对于三、四级预警而言级别更高，突发安全生产事故即将发生的时间更为紧迫，事件已经一触即发，人民生命财产安全即将面临威胁。因此，有关政府除了继续采取三、四级预警期间的措施外，还应当及时采取有关先期应急处置措施，努力做好应急准备，避免或减少人员伤亡和财产损失，尽量减少突发安全生产事故所造成的不利影响，并防止其演变为重大事件。发布一、二级预警后，政府主要采取的是一些防范、部署、保护性的措施，目的在于选择、确定切实有效的对策，做出有针对性的部署安排，采取必要的前期措施，及时应对即将到来的危机，并保障有关人员、财产、场所的安全。一、二级预警期间政府可以采取的应对措施包括以下内容。

（1）要求有关应急救援队伍、负有特定职责的人员进入待命状态，动员后备人员做好参加应急救援工作的准备工作。

（2）调集应急所需物资、设备、设施、工具，准备应急所需场所，并检查其是否处于良好状况、能否投入正常使用；采取必要措施，加强对核心机关、要害部门、重要基础设施、生命线工程等的安全防护。

（3）向其他地方人民政府预先发出提供支援的请求。

（4）根据可能发生的突发安全生产事故的性质、严重程度、影响大小等因素，制定具体的应急方案。

（5）及时关闭有关场所，转移有关人员、财产，尽量减少损失；及时向社会发布采取特定措施防止、避免或者减轻损害的建议、劝告或者指示等。

5. 预警的调整和解除

突发安全生产事故具有不可预测性，当紧急情势发生转变时，行政机关的应对行为应当适时作出调整并让公众知晓，这不仅是应对突发安全生产事故的需要，也是降低危机管理成本、保护行政相对人权益的措施之一。任何突发安全生产事故的应对，不能只考虑行政机关控制和消除紧急危险的应对需求和应对能力，更重要的着眼点在于如何避免行政紧急权力对现存国家体制、法律制度和公民权利的消极影响。行政紧急权力的设计和使用应当受到有效性和正当性两方面的制约，离开具体应急情形的改变而一成不变地采取应急措施，既不能有效地应对危机，还会增大滥用行政紧急权力的可能性。因此，有关应对机关应当根据危机状态的发展态势分别规定相应的应对措施，并根据事件的发展变化情况进行适时的调整。

总的来说，在应急预警阶段，预警级别的确定、警报的宣布和解除、预警期的开始和终止、有关措施的采取和解除，都要与紧急危险等级及相应的紧急危险阶段保持一致。即使是具有极其严重社会危害的最高级别突发安全生产事故，也有不同的发展阶段，并不需要在每一个阶段都采取同样严厉的应对措施。因此，一旦突发安全生产事故的事态发展出现了变化，以及有事实证明不可能发生突发安全生产事故或者危险已经解除的，发布突发安全生产事故警报的人民政府应当适时调整预警级别并重新发布，同时立即宣布解除相应的预警警报或者终止预警期，解除已经采取的有关措施，这既是有效应对突发安全生产事故、提高行政机关应对能力的要求，也是维护应急法制原则和公民权利的需要。

三、应急响应机制

根据安全生产事故灾难的可控性、严重程度和影响范围，实行分级响应。安全生产应急救援接警响应程序如图 3-4 所示。

1. 报警与接警

重大以上安全生产事故发生后，企业首先组织实施救援，并按照分级响应的原则报企业上级单位、企业主管部门、当地政府有关部门以及当地安全生产应急救援指挥中心。企业上级单位接到事故报警后，应利用企业内部应急资源开展应急救援工作，同时向企业主管部门、政府部门报告事故情况。

当地（市、区、县）政府有关部门接到报警后，应立即组织当地应急救援队伍开展事故救援工作，并立即向省级政府部门报告。省级政府部门接到特大安全生产事故的险情报告后，应立即组织救援并上报国务院安委会办公室。

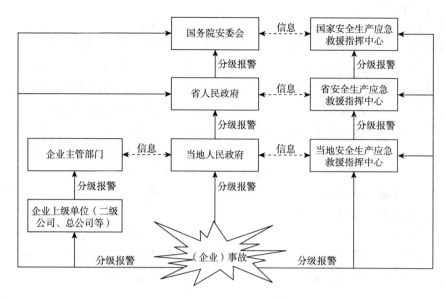

图 3-4 安全生产应急救援接警响应程序

当地安全生产应急救援指挥中心(应急管理与协调指挥机构)接到报警后,应立即组织应急救援队伍开展事故救援工作,并立即向省级安全生产应急救援指挥中心报告。省级安全生产应急救援指挥中心接到特大安全生产事故的险情报告后,应立即组织救援并上报国家安全生产应急救援指挥中心和有关国家级专业应急救援指挥中心。国家安全生产应急救援指挥中心和国家级专业应急救援指挥中心接到事故险情报告后应通过智能接警系统立即响应,根据事故的性质、地点和规模,按照相关预案,通知相关的国家级专业应急救援指挥中心、相关专家和区域救援基地进入应急待命状态,开通信息网络系统,随时响应省级应急救援指挥中心发出的支援请求,建立并开通与事故现场的通信联络与图像实时传送。在报警与接警过程中,各级政府部门与各级安全生产应急救援指挥中心之间要及时进行沟通联系,共同参与事故应急救援活动,确保能够快速、高效、有序地控制事态,减少事故损失。

事故险情和支援请求的报告原则上按照分级响应的原则逐级上报,必要时,在逐级上报的同时可以越级上报。

2. 协调与指挥

应急救援指挥坚持条块结合、属地为主的原则,由地方政府负责,根据事故灾难的可控性、严重程度和影响范围,按照预案由相应的地方政府组成现场应急救援指挥部,由地方政府负责人担任总指挥,统一指挥应急救援行动。

某一地区或某一专业领域可以独立完成的应急救援任务,由地方或专业应急救援指挥机构负责组织;发生专业性较强的事故,由国家级专业应急救援指挥中心协同地方政府指挥,国家安全生产应急救援指挥中心跟踪事故的发展,协调有关资源配合救援;发生跨地区、跨领域的事故,国家安全生产应急救援指挥中心协调调度相关专业和地方应急管理与协调指挥机构调集相关专业应急救援队伍增援,现场的救援指挥仍由地方政府负责,有关专业应急救援指挥中心配合。

各级地方政府安全生产应急管理与协调指挥机构根据抢险救灾的需要有权调动辖区内的

各类应急救援队伍实施救援,各类应急救援队伍必须服从指挥。需要调动辖区以外的应急救援队伍应报请上级安全生产应急管理与协调指挥机构协调。按照分级响应的原则,省级安全生产应急救援指挥中心响应后,调集、指挥辖区内各类相关应急救援队伍和资源开展救援工作,同时上报国家安全生产应急救援指挥中心并随时报告事态发展情况;专业安全生产应急救援指挥中心响应后,调集、指挥本专业安全生产应急救援队伍和资源开展救援工作,同时上报国家安全生产应急救援指挥中心并随时报告事态发展情况;国家安全生产应急救援指挥中心接到报告后进入戒备状态,跟踪事态发展,通知其他有关专业、地方安全生产应急救援指挥中心进入戒备状态,随时准备响应。根据应急救援的需要和请求,国家安全生产应急救援指挥中心协调指挥专业或地方安全生产应急救援指挥中心,调集、指挥有关专业和有关地方的安全生产应急救援队伍和资源进行增援。

涉及范围广、影响特别大的事故灾难的应急救援,经国务院授权由国家安全生产应急救援指挥中心协调指挥,必要时,由国务院安委会领导组织协调指挥。需要部队支援时,通过国务院安委会协调解放军总参作战部和武警总部调集部队参与应急救援。

四、信息发布机制

信息发布是指政府向社会公众传播公共信息的行为。突发安全生产事故的信息发布就是指由法定的行政机关依照法定程序将其在行使应急管理职能的过程中所获得或拥有的突发安全生产事故信息,以便于知晓的形式主动向社会公众公开的活动。信息发布的主体是法定行政机关,具体指由有关信息发布的法律、法规所规定的行政部门;信息发布的客体是广大的社会公众;信息发布的内容是有关突发安全生产事故的信息,主要指公共信息,涉及国家秘密、商业秘密和个人隐私的政府信息不在发布的内容之列;信息发布的形式是行政机关主动地向社会公众公开,而且以便于公众知晓的方式主动公开。

按照突发公共事件演进的顺序,应急管理由预防、准备、响应和恢复四个阶段组成。社会公众在不同阶段有不同的信息需求,信息发布应贯穿应急管理的全程。在预防和准备阶段,突发安全生产事故信息发布的内容包括与突发安全生产事故相关的法律、法规、政府规章、突发安全生产事故应急预案、预测预警信息等。这些信息发布的目的是:首先,让公众了解突发安全生产事故的相关法律、法规,明确自身在应急管理中的权利与义务;其次,让公众了解应急预案,知晓周围环境中的危险源、风险度、预防措施及自身在处置中的角色;最后,让社会公众接受预测预警信息,敦促其采取相应的措施,以避免或减轻突发安全生产事故可能造成的损失。在响应阶段,突发安全生产事故信息发布的内容包括:突发安全生产事故的性质、程度和范围,初步判明的原因,已经和正在采取的应对措施,事态发展趋势,受影响的群体及其行为建议等。这些信息发布的目的是:传递权威信息,避免流言、谣言引起社会恐慌;使社会公众掌握突发安全生产事故的情况,并采取一定的措施,避免出现更大的损失;让社会公众了解、监督政府在突发安全生产事故处置过程中的行为;便于应急管理社会动员的实施。在恢复阶段,突发安全生产事故信息发布的内容包括:突发安全生产事故处置的经验和教训,相关责任的调查处理,恢复重建的政策规划及执行情况,灾区损失的补偿政策与措施,防灾、减灾新举措等。这些信息发布的目的是:与社会公众一起,反思突发安全生产事故的教训,总结应急管理的经验,进而加强全社会的公共安全意识;接受社会公众监督,实现救灾款物分配、发放的透明化,并强化突发安全生产事故责任追究制度;吸纳社会公众,使其参与到灾后恢复重建活动之中。

突发安全生产事故信息发布的流程包括以下四个关键性的环节。

(1)收集、整理、分析、核实突发安全生产事故的相关信息,确保信息客观、准确与全面。

(2)根据舆情监控,确定信息发布的目的、内容、重点和时机。其中,有关行政机关要对拟发布的信息进行保密审查,剔除涉及国家秘密、商业秘密和个人隐私的内容或作一定的技术处理。

(3)确定信息发布的方式,并以适当的方式适时向社会公众发布。现代社会是信息社会,行政机关可以通过多种手段发布突发安全生产事故的信息,也可以根据需要选择一种或几种手段来完成信息发布的任务。在选择信息发布手段的过程中,行政机关应综合考虑突发安全生产事故的性质、严重程度、影响范围等情况,以及传播媒体的特点,目标受众的范围与接受心理等因素,以确保信息发布的有效性。突发安全生产事故信息发布的常用方式主要包括以下五种。

①发布政府公报。行政机关可以政府公报的形式,向社会公众正式发布有关突发安全生产事故应急管理的预案、通知、办法等。

②举行新闻发布会。新闻发布会一般是指政府或部门发言人举行的定期、不定期或临时的新闻发布活动。行政机关可以定期或不定期召开新闻发布会,通过新闻发言人向媒体发布突发安全生产事故与应急管理的相关信息,回答媒体的提问,解答社会公众所关心的热点问题。

③拟写新闻通稿。行政机关拟定关于突发安全生产事件的新闻稿件,并通过具有一定权威性的广播、电视、报纸等媒体进行发布。

④政府网站发布。行政机关利用受众广泛、传播迅速的政府网站发布信息,并与受众进行信息交流。

⑤发送宣传单,发送手机短信等。

(4)根据信息发布后的舆情,进行突发安全生产事故信息的后续发布或补充发布。

五、经费保障机制

安全生产应急救援工作属于公益性事业,关系到国家财产和人民生命安全,有关应急救援的经费按事权划分应由中央政府、地方政府、企业和社会保险共同承担。各级财政部门要按照现行事权、财权划分原则,分级负担预防与处置突发安全生产事件中需由政府负担的经费,并纳入本级财政年度预算;健全应急资金拨付制度,对规划布局内的重大建设项目给予重点支持;建立健全国家、地方、企业、社会相结合的应急保障资金投入机制,适应应急队伍、装备、交通、通信、物资储备等方面建设与更新维护资金的要求。

国家安全生产应急救援指挥中心和矿山、危险化学品、消防、民航、铁路、核工业、海上搜救、电力、特种设备、旅游、医疗救护等专业应急管理与协调指挥机构、事业单位的建设投资从国家正常基建或国债投资中解决,运行维护经费由中央财政负担,列入国家财政预算。

地方各级政府安全生产应急管理与协调指挥机构、事业单位的建设投资按照地方为主、国家适当补助的原则解决,其运行维护经费由地方财政负担,列入地方财政预算。

建立企业安全生产的长效投入机制,企业依法设立的应急救援机构及队伍的建设投资和运行维护经费原则上由企业自行解决;同时承担省内应急救援任务的队伍的建设投资和运行经费由省政府给予补助;同时承担跨省任务的区域应急救援队伍的建设投资和运行经费由中央财政给予补助。

积极探索应急救援社会化、市场化的途径,逐步建立和完善与应急救援经费相关的法律法规,制定相关政策,鼓励企业应急救援队伍向社会提供有偿服务,鼓励社会力量通过市场化运作建立应急救援队伍,为应急救援服务。逐步探索和建立安全生产应急体系,在应急救援过程中,各级应急管理与协调指挥机构调动的应急救援队伍和物资必须依法给予补偿,资金来源首先由事故责任单位承担,参加保险的由保险机构依照有关规定承担;按照以上方法无法解决的,由当地政府财政部门视具体情况给予一定的补助。政府采取强制性行为(如强制搬迁等)造成的损害,应给予补偿;政府征用个人或集体财物(如交通工具、救援装备等),应给予补偿。无过错的危险事故造成的损害,按照国家有关规定予以适当补偿。

第四节　安全生产应急体系支持保障系统

安全生产应急体系支持保障系统主要包括通信信息系统、技术支持保障系统、物资与装备保障系统、培训演练系统等。

一、通信信息系统

国家安全生产应急救援通信信息系统是国家安全生产应急体系的组成部分,是国家安全生产应急管理和应急救援指挥系统运行的基础平台。

安全生产应急救援通信信息系统是依托于国家安全生产信息系统网络和电信公网资源建立的。国家安全生产应急救援通信信息网络系统是一个覆盖全国的通信信息系统,实现国家安全生产应急救援指挥中心与国务院、国务院安委会成员单位、各专业安全生产应急管理与协调指挥机构、地方各级政府安全生产应急管理与协调指挥机构及区域性应急救援基地之间的信息传输和信息共享,实现端到端的数据通信,实现救援现场移动用户接入国家安全生产应急救援信息网。

国家安全生产应急救援通信信息系统主要包括国家安全生产应急救援通信系统、国家安全生产应急救援信息系统、省级安全生产应急救援通信系统、省级安全生产应急平台等。下面主要介绍前两种。

1. 国家安全生产应急救援通信系统

通信系统将国务院、国务院安委会各成员单位、国家安全生产应急救援指挥中心、各专业安全生产应急管理与协调指挥机构、省级安全生产应急管理与协调指挥机构和救援指挥现场的移动终端有机地连接起来,实现信息传输和信息共享,并能为各有关部门、企业及公众提供多种联网方式和服务。实现国家安全生产应急救援指挥中心与各级、各专业安全生产应急管理与协调指挥机构以及企业和事故现场进行数据(包括文字、声音、图像资料等)实时交换的功能,在与不同层次用户进行数据交换时,实行分层管理,以保证数据的安全性和有效性。

2. 国家安全生产应急救援信息系统

国家安全生产应急救援信息系统是与国家安全生产信息系统资源共享的专业信息系统,依托国家安全生产信息系统,架构安全生产应急救援信息系统。国家安全生产应急救援信息系统具备如下基本功能。

（1）信息共享功能。建立统一数据交换平台的应急救援信息网络,实现国务院安委会各成员单位、国家安全生产应急救援指挥中心、各专业安全生产应急管理与协调指挥机构、省级安全生产应急管理与协调指挥机构及事故现场之间的信息资源共享。

（2）资源信息管理功能。对指挥机构及救援队伍的人员、设施、装备、物资以及专家等资源进行有效管理,并能随时掌握、调阅、检查这些资源的所处地点、数量、特征、性能、状态等信息和有关人员、队伍的培训、演练情况;对应急预案、重大危险源的信息、危险物品的理化性质、事故情况记录、办公文件等信息进行动态管理。

（3）信息传输和处理功能。自动接收事故报警信息,按照有关规定、程序自动向有关方面传输,实现视频、音频传输。

（4）实时交流功能。进行图像和声音实时传输,以便国务院安委会成员单位、国家安全生产应急救援指挥中心、专业安全生产应急管理与协调指挥机构、地方各级安全生产应急管理与协调指挥机构及事故现场之间及时、真实、直观地进行信息交流。

（5）决策支持功能。针对事故地点、类型和特点及时收集、整理、提供相关的预案、队伍、装备、物资、专家、技术等信息,输出备选处理方案,对事故现场有关数据进行模拟分析,为指挥决策提供快捷、有效的支持。

（6）安全保密功能。由于应急救援工作的特殊性,上述功能必须满足安全、保密的要求,保证数据运行不间断、不丢失、自动备份,病毒不侵入,信号不失真,信息不泄露,以及防止信息被干扰、阻塞和非法截取。

二、技术支持保障系统

技术支持保障系统是应急体系一个必不可少的组成部分,这是因为安全生产应急救援工作是一项非常专业化的工作,涉及的专业领域面比较宽,应急准备、现场救援决策、监测与后果评估以及现场恢复等各个方面都可能需要专家提供咨询和技术支持。

目前,我国应急救援工作的技术支持保障系统的构成现状是:国家安全生产应急救援指挥中心建立安全生产应急救援专家组,各级地方安全生产监督管理部门、煤矿安全监察机构及各级、各专业安全生产应急管理与协调指挥机构设立相应的安全生产应急救援专家组,为事故灾难应急救援提供技术咨询和决策支持。企业应根据自身应急救援工作需要,建立应急救援专家组。

同时,以国家安全生产技术支持保障体系和矿山、危险化学品、消防、交通、民航、铁路、核工业等行业或领域以及高校、部队的有关科研院所等为依托,建立各专业安全生产应急救援技术支持保障系统。针对安全生产应急救援工作的具体需求,开展应急救援重大装备和关键技术的研究与开发,重点针对矿井瓦斯爆炸、透水,危险化学品泄漏、爆炸,重大火灾等突发性灾害,开展事故灾难应急抢险、应急响应、应急信息共享与集成、人员定位和搜救、应急决策支持、社会救助、专业处置技术等应急救援技术与装备的研究与开发,增强应急救援能力,并在相关领域和地方开展应急救援技术推广示范。

三、物资与装备保障系统

各企业按照有关规定和标准针对本企业可能发生的事故特点在本企业内储备一定数量的应急物资,各级地方政府针对辖区内易发重特大事故的类型和分布,在指定的物资储备单位或物资生产、流通、使用企业和单位储备相应的应急物资,形成分层次、覆盖本区域各领域各类事故的应急救援物资保障系统,保证应急救援需要。

应急救援队伍根据专业和服务范围,按照有关规定和标准配备装备、器材;各地在指定应急救援基地、救援队伍或培训演练基地内储备必要的特种装备,保证本地应急救援特殊需要。

国家在国家安全生产应急救援培训演练基地、各专业安全生产应急救援培训演练中心和国家级区域性救援基地中储备一定数量的特种装备,特殊情况下对地方和企业提供支援。建立特种应急救援物资与装备储备数据库,各级、各专业安全生产应急管理与协调指挥机构可在业务范围内调用应急救援物资和特种装备实施支援。特殊情况下,依据有关法律、规定及时动员和征用社会相关物资。

同时,依托各级安全生产应急平台,统计构建安全生产信息资源数据库,按照条块结合、属地为主、充分集成的原则,依据"自建+集成"的建设指导思想,通过以下四个途径进行物资与装备保障系统建设。

(1)围绕"安全生产应急救援指挥"的主题,针对直接指挥业务内容,结合平台应用功能需求,通过合理规划、设计,重点依靠自身力量建设应急专用数据库。

(2)依托各级安全生产信息管理系统进行项目的安全生产监督和管理信息库建设,充分利用现有安全生产行政管理业务数据,设计统一数据交换接口,实现跨平台数据互联互通。

(3)集成各级政府应急平台和各地市应急基础信息资源,建立与政府其他部门纵向数据交换机制,构建应急基础数据库。

(4)制定企业安全生产应急救援信息上传下达统一标准,动态集成各个企业的安全生产应急管理相关信息。集成方式有以下两种:

①收集、存储和管理管辖范围内与安全生产应急救援有关的信息和静态、动态数据,建设满足应急救援和管理要求的安全生产综合共用基础数据库和安全生产应急救援指挥应用系统的专用数据库。建设要遵循组织合理、结构清晰、冗余度低、便于操作、易于维护、安全可靠、扩充性好的原则。

②建立纵向、横向与各级、各有关部门和各个安全生产应急管理与协调指挥机构之间的数据共享机制,充分考虑到数据互联互通和信息资源整合。纵向设计统一数据交换接口,与国家局、省政府应急办、地市局、区县局、监控企业互联,横向与其他专业指挥部门或机构连接,形成纵横交织的应急指挥信息资源网,充分发挥资源最大效应。国家安全生产监督管理总局应急救援指挥中心和省政府应急平台通过数据共享和交换系统与本应急平台进行数据交换;本应急平台根据权限从省政府应急平台获取共享数据,通过数据共享与交换机制获取其他职能管理部门、机构和其他专业应急救援指挥系统的数据。

四、培训演练系统

目前,我国的应急管理培训演练系统主要包括国家安全生产应急救援培训演练基地、专业安全生产应急救援培训演练机构,以及地方安全生产应急救援培训演练机构等。

1. 国家安全生产应急救援培训演练基地

国家安全生产应急救援培训演练基地主要负责对省级安全生产应急管理与协调指挥机构和有关部门的专业安全生产应急管理与协调指挥机构的管理人员以及地市级安全生产应急管

理与协调指挥机构负责人员的业务培训;负责为安全生产区域应急救援基地训练业务骨干;承担全国性跨专业安全生产应急救援演习和特种装备储备职能。

对应急救援队伍业务骨干的训练可采取组队训练方式,从我国安全生产应急救援基地和骨干队伍中抽调不同专业的业务骨干组成机动的特种应急救援队伍,采取服役制训练一段时间,培训、训练和实战相结合,熟悉特种装备的应用,特殊情况下参加抢险救援。

2. 专业安全生产应急救援培训演练机构

(1)国家级矿山救援技术培训中心,负责我国矿山救护中队以上指挥员的培训。

(2)国家级区域矿山救援基地,承担区域内矿山应急救援骨干队伍的培训。

(3)国家级危险化学品应急救援培训中心和一、二级安全生产培训机构及国家级危险化学品应急救援基地,负责危险化学品应急救援演练和培训。

同时,加强和完善现有国家消防培训、铁路救援、民航应急救护、海上搜救、医疗救护等专业培训演练机构,使其承担相应专业的培训演练。

3. 地方安全生产应急救援培训演练机构

地方安全生产应急救援培训演练机构的设置由各省(自治区、直辖市)根据实际情况确定,可由设在当地的安全生产培训机构和应急救援基地承担。

思考题

1. 当前我国各省(区、市)在进行安全生产应急体系建设时应遵循哪些基本原则?
2. 分析当前我国安全生产应急体系的总体构成及各组成部分的作用。
3. 结合实例,分析领导机构在安全生产应急组织体系中的作用。
4. 简要分析我国安全生产应急体系的运行机制。
5. 安全生产应急体系支持保障系统由哪几部分组成?
6. 简要分析通信信息系统在安全生产应急体系中的作用。

第四章　安全生产应急预案

第一节　应急预案的概念、目的和作用

生产经营活动中存在许多不确定因素,生产经营过程中的生产安全事故不可能完全避免,因此,需要制定生产安全事故应急预案,以便组织及时有效的应急救援行动,控制和降低事故造成的后果和影响。

1. 应急预案的概念

应急预案的最早期雏形是第二次世界大战期间出现的民防计划,当时由于空袭等战争行为给平民造成巨大伤亡,造成基础设施严重破坏,英国等参战国纷纷制定了以保护公众安全为目标的民防战略或计划。战争结束后,这一做法又演变、扩展到应对自然灾害、技术灾难等领域。20世纪70年代末,美国组建了联邦应急管理署(FEMA),应急管理模式逐渐由分散向集中统一方向转变。联邦应急管理署组织来自全美的科学家和政府官员对应急预案的形式、内容及其分类做了多次的全面调研和深入分析,其代表性成果是在1992颁布的美国联邦应急响应预案(FRP)。

应急预案是针对可能发生的突发事件,为保证迅速、有序地开展应急与救援行动、降低事故损失而预先制定的有关行动计划或方案,又称应急计划或应急救援预案。应急预案是事故应急救援活动的行动指南,它是在辨识和评估潜在的重大危险、事故类型、发生的可能性及发生过程、事故后果及影响严重程度的基础上,对应急机构职责、人员、技术、装备、设施(备)、物资、救援行动及其指挥与协调等方面预先做出的具体安排。应急预案明确了在突发事件发生之前、发生过程中以及刚刚结束之后,谁负责做什么,何时做,以及相应的策略、资源准备等。

应急预案实际上是一个透明和标准化的反应程序,以使应急救援活动能够迅速、有序地按照预先周密的计划和最有效的实施步骤有条不紊地进行。这些计划和步骤是快速响应和有效救援的基本保证。它有八个方面的含义。

(1)应急预案明确了突发事件应急处置的政策法规依据、工作原则、应对重点等基本内容。

(2)应急预案明确了突发事件应对工作的组织指挥体系与职责,规范了应急指挥机构的响应程序和内容,并对有关组织应急救援的责任进行了规定。

(3)应急预案明确了突发事件的预防预警机制和应急处置程序及方法,能快速反应处理故障或将突发事件消除在萌芽状态,防止突发事件扩大或蔓延。

(4)应急预案明确了突发事件分级响应的原则、主体、程序,以及组织管理流程框架、应对策略选择和资源调配的原则。

(5)应急预案明确了突发事件的抢险救援、处置程序,采用预先规定的方式,在突发事件中

实施迅速、有效的救援,以减少人员伤亡,拯救人员的生命和财产。

(6)应急预案明确了处置突发事件过程中的应急保障措施,为突发事件的处置提供了有力保障,如应急处置过程中的人力、财力、物资、交通运输、医疗卫生、治安维护、人员防护、通信与信息、公共设施、社会沟通、技术支撑等。

(7)应急预案对事后恢复重建与善后管理进行了规范,在突发事件处置完毕后,人们的生产生活、社会秩序和生态环境能尽快恢复正常状态。应急预案还对突发事件发生后的情况调查,应急处置过程总结、评估及人员奖惩等所采取的一系列行动进行了规范。

(8)应急预案明确了突发事件应急管理日常性事务,为防范应对突发事件所做的宣传、培训、演练、调查评估,以及应急预案本身的修订完善等动态管理内容进行了规范。

应急预案应该有系统完整的设计、标准化的文本文件、行之有效的操作程序和持续改进的运行机制。应急预案主要包括三个方面的内容。

(1)事故预防。通过危险辨识、事故后果分析,采用技术和管理手段降低事故发生的可能性,或将已经发生的事故控制在局部,防止事故蔓延,并预防次生、衍生事故的发生。

(2)应急处置。一旦发生事故,通过应急处理程序和方法,可以快速反应并处置事故或将事故消除在萌芽状态。

(3)抢险救援。通过编制应急预案,采用预先的现场抢险和救援方式,对人员进行救护并控制事故发展,从而减少事故造成的损失。

2. 应急预案的目的

应急预案是应急救援不可缺少的组成部分,是应急管理的文本体现,是应急管理工作的指导性文件,是及时、有序、有效地开展应急救援工作的重要保障。在目前的安全生产条件下,突发事故危害不可能完全避免,完善的应急预案可以避免小事故的发生、控制重大事故发生发展并作出及时处理。通过编制安全生产应急预案,规范安全生产事故灾难的应急管理和应急响应程序,及时有效地实施应急救援工作,最大限度地减少人员伤亡、财产损失,维护人民群众的生命安全和社会稳定。

应急预案体系是事故预防系统的重要组成部分,同时也是安全生产工作中的事故预防(上游)、应急预案(中游)和事故调查处理(下游)三个主要阶段中的重要环节,承前启后,对于控制事故发展,减少损失,保障人民群众生命安全具有重要意义。编制安全生产应急预案是安全生产应急管理的重要环节,是开展应急救援的一项基础性工作。

应急预案的总目标是控制紧急事件的发展,并尽最大可能消除事故,将事故对人员、财产和环境所造成的损失减到最低程度。其具体的目的有以下几项。

(1)采取预防措施使事故控制在局部,消除蔓延条件,防止突发性重大或连锁事故发生。

(2)能在事故发生后,立即组织营救受害人员,组织撤离或者采取其他措施保护危害区域内的其他人员。

(3)迅速控制危险源,并对事故造成的危害进行检验、监测,测定事故的危害区域、危害性质及危害程度,尽可能减轻事故对人员及财产的影响,保障人员生命和财产安全。

(4)做好现场清洁,消除危害后果。

(5)查清事故原因,评估危害程度。

3. 应急预案的作用

应急预案是应急体系的主要组成部分，是应急救援准备工作的核心内容之一，是及时、有序、有效地开展应急救援工作的重要保障。应急预案的作用主要体现在以下五个方面。

(1)应急预案确定了应急救援的范围和体系，使应急准备和应急管理不再是无据可依、无章可循。尤其是通过培训和演习，可以使应急响应人员熟悉自己的责任，具备完成指定任务所需的相应技能，并检验预案和行动程序，评估应急人员的技能和整体协调性。

(2)应急预案有利于做出及时的应急响应，降低事故后果。应急行动对时间的要求十分敏感，不允许有任何拖延。应急预案预先明确了应急各方的职责和响应程序，在应急力量、应急资源等方面做了大量的先期准备，可以指导应急救援迅速、高效、有序地开展，将事故的人员伤亡、财产损失和环境破坏降到最低限度。此外，如果预先制定了应急预案，重大事故发生后必须快速解决的一些应急恢复问题，也很容易解决。

(3)应急预案是应对各类突发事故的应急基础。通过编制应急预案，可保证应急预案具有足够的灵活性，对那些事先无法预料到的突发事故起到基本的应急指导作用，成为开展应急救援的"底线"。在此基础上，可以针对特定事故类别编制专项应急预案，并有针对性地制定应急措施、进行专项应急准备和演习。

(4)应急预案建立了与上级单位和部门应急体系的衔接。通过编制应急预案，可以确保当发生超过本级应急能力的重大事故时，及时与有关应急机构进行联系与协调。

(5)应急预案有利于提高全社会风险防范意识。应急预案的编制、评审、发布、宣传、演练、教育和培训，强调各方的共同参与，有利于各方了解可能面临的重大风险及其相应的应急措施，有利于促进各方提高风险防范意识和能力。

第二节　我国应急预案体系框架

2003年春夏之际的非典疫情，严重影响了我国经济发展和人民群众的社会生活，让我们切身感受到建立突发公共事件应急机制的重要性与紧迫性。党中央、国务院于2003年7月提出了加快突发公共事件应急机制建设的重大课题。从此，建立突发公共事件应急机制成为中央和地方政府工作日程表里的重要内容，制定和修订应急预案也成为应急机制建设中的一项重要工作。

国务院办公厅于2003年12月成立了国务院办公厅应急预案工作小组，负责制定、修订国家突发公共事件应急预案。2004年是全国应急预案的编制之年，制定完善突发公共事件应急预案是2004年政府工作的一项重要任务。这一年内，国务院办公厅先后召开了国务院各部门和部分重点省(区、市)预案工作会议，印发《国务院有关部门和单位制定和修订突发公共事件应急预案框架指南》和《省(区、市)人民政府突发公共事件总体应急预案框架指南》，有力推动了全国突发公共事件应急预案制定、修订工作的开展，国家总体应急预案和专项、部门预案的编制工作取得重大进展，国务院主持召开专项应急预案审核会，审阅了105件专项和部门预案。各省(自治区、直辖市)和各有关部门的应急预案编制工作也全面启动。这为后续进一步推动"一案三制"工作奠定了基础。2005年是全面推进"一案三制"的工作之年，在预案方面，国务院印发了包括《国家突发公共事件总体应急预案》和应对自然灾害、事故灾难、公共卫生事件、社会安全事件四大类的 25 项专项应急预案、80 项部门预案,共计 106 项,基本覆盖了我国经常发生的突发公共事件的主要方面。

目前,我国突发公共事件应急预案编制工作已基本完成,全国应急预案框架体系初步建立。如今,国家层面的专项预案和部门预案进一步健全,地方层面上安全生产应急预案进一步向基层延伸,企业层面上中央企业总部及其所属单位全部完成了预案编制工作,全国高危行业生产经营单位的预案覆盖率达到 100%。

一、突发事件应急预案体系

应急预案体系是应急管理体系的重要组成部分,为了健全完善应急预案体系,形成"横向到边,纵向到底"的预案体系,根据"统一领导、分类管理、分级负责"的原则,按照不同的责任主体,我国各级政府、各企事业单位及其他社团组织基本建立了覆盖自然灾害、事故灾难、公共卫生、社会安全等各类突发事件的应急预案体系。

我国的突发公共事件应急预案体系划分为突发公共事件总体应急预案、突发公共事件专项应急预案、突发公共事件部门应急预案、突发公共事件地方应急预案、企事业单位应急预案、大型活动应急预案六个层次,如图 4-1 所示。

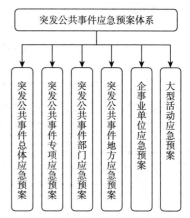

图 4-1　我国突发公共事件应急预案体系

(1)突发公共事件总体应急预案是指国家或者某个地区、部门、单位为应对所有可能发生的突发公共事件而制定的综合性应急预案。总体应急预案是全国应急预案体系的总纲,是国务院为应对特别重大突发公共事件而制定的综合性应急预案和指导性文件,是政府组织管理、指挥协调相关应急资源和应急行动的整体计划和程序规范,由国务院制定,国务院办公厅组织实施。

(2)突发公共事件专项应急预案主要是国务院及其有关部门为应对某一类型或某几个类型的特别重大突发公共事件而制定的涉及多个部门(单位)的应急预案,是总体预案的组成部分,由国务院有关部门牵头制定,由国务院批准发布实施。

(3)突发公共事件部门应急预案是国务院有关部门(单位)根据总体应急预案、专项应急预案和职责为应对某一类型的突发公共事件或履行其应急保障职责的工作方案,由部门(单位)制定,报国务院备案后颁布实施。

(4)突发公共事件地方应急预案主要指各省(区、市)人民政府及其有关部门(单位)的突发公共事件总体预案、专项应急预案和部门应急预案;此外,还包括各地(市)、县人民政府及其基层政权组织的突发公共事件应急预案等。预案确定了各地政府是处置发生在当地突发公共事件的责任主体,是各地按照分级管理原则,应对突发公共事件的依据。

(5)企事业单位应急预案是各企事业单位根据有关法律、法规,结合各单位特点制定,主要是本单位应急救援的详细行动计划和技术方案。预案确立了企事业单位是其内部发生突发事件的责任主体,是各单位应对突发事件的操作指南,当事故发生时,事故单位立即按照预案开展应急救援。

（6）大型活动应急预案是指举办大型会展、文化体育等重大活动,主办单位制定的应急预案。

二、突发事件总体应急预案

1. 预案编制的意义和目的

《国家突发公共事件总体应急预案》的编制目的是提高政府保障公共安全和处置突发公共事件的能力,最大限度地预防和减少突发公共事件及其造成的损害,保障公众的生命财产安全,维护国家安全和社会稳定,促进经济社会全面协调、可持续发展。

总体预案的编制,是在认真总结我国历史经验和借鉴国外有益做法的基础上,经过集思广益、科学民主化的决策过程,按照依法行政的要求,并注重结合实践而形成的。应该说,预案的编制凝聚了几代人的经验,既是对客观规律的理性总结,也是一项制度创新。

2. 工作原则

《国家突发公共事件总体应急预案》明确提出了应对各类突发公共事件的六条工作原则。

（1）以人为本,减少危害。切实履行政府的社会管理和公共服务职能,把保障公众健康和生命财产安全作为首要任务,最大限度减少突发公共事件及其造成的人员伤亡和危害。

（2）居安思危,预防为主。高度重视公共安全工作,常抓不懈,防患于未然。增强忧患意识,坚持预防与应急相结合,常态与非常态相结合,做好应对突发公共事件的各项准备工作。

（3）统一领导,分级负责。在党中央、国务院的统一领导下,建立健全分类管理、分级负责,条块结合、属地管理为主的应急管理体制,在各级党委领导下,实行行政领导责任制,充分发挥专业应急指挥机构的作用。

（4）依法规范,加强管理。依据有关法律和行政法规,加强应急管理,维护公众的合法权益,使应对突发公共事件的工作规范化、制度化、法制化。

（5）快速反应,协同应对。加强以属地管理为主的应急处置队伍建设,建立联动协调制度,充分动员和发挥乡镇、社区、企事业单位、社会团体和志愿者队伍的作用,依靠公众力量,形成统一指挥、反应灵敏、功能齐全、协调有序、运转高效的应急管理机制。

（6）依靠科技,提高素质。加强公共安全科学研究和技术开发,采用先进的监测、预测、预警、预防和应急处置技术及设施,充分发挥专家队伍和专业人员的作用,提高应对突发公共事件的科技水平和指挥能力,避免发生次生、衍生事件;加强宣传和培训教育工作,提高公众自救、互救和应对各类突发公共事件的综合素质。

3. 预测与预警

总体预案规定,各地区、各部门要针对各种可能发生的突发公共事件,完善预测预警机制,建立预测预警系统,开展风险分析,做到早发现、早报告、早处置。

根据预测分析结果,对可能发生和可以预警的突发公共事件进行预警。预警级别依据突发公共事件可能造成的危害程度、紧急程度和发展势态,一般划分为四级:I级(特别严重)、II级(严重)、III级(较重)和IV级(一般),依次用红色、橙色、黄色和蓝色表示。

预警信息内容应包括突发公共事件的类别、预警级别、起始时间、可能影响范围、警示事项、应采取的措施、发布机关等。

预警信息的发布、调整和解除，可通过广播、电视、报刊、通信、信息网络、警报器、宣传车或组织人员逐户通知等方式进行，对老、幼、病、残、孕等特殊人群以及学校等特殊场所和警报盲区应当采取有针对性的公告方式。

4. 信息报告

特别重大或者重大突发公共事件发生后，省（区、市）级人民政府、国务院有关部门要按照《分级标准》立即如实向国务院报告，最迟不得超过 4 小时，不得迟报、谎报、瞒报和漏报，同时通报有关地区和部门。应急处置过程中，还要及时续报有关情况。在报告的同时，事发地的省（区、市）级人民政府或者国务院有关部门还必须根据职责和规定的权限启动相关应急预案，及时、有效地进行处置，控制事态。对于在境外发生的涉及中国公民和机构的突发事件，总体预案要求，我国驻外使领馆、国务院有关部门和有关地方人民政府要采取措施控制事态发展，组织应急救援。

5. 应急响应

对于先期处置未能有效控制事态，或者需要国务院协调处置的特别重大突发公共事件，根据国务院领导同志指示或者实际需要提出，或者应事发地省（区、市）级人民政府的请求或国务院有关部门的建议，国务院应急管理办公室提出处置建议向国务院分管领导和协助分管的副秘书长报告，经国务院领导同志批准后启动相关预案，必要时提请国务院常务会议审议决定。国务院处置的突发公共事件，由国务院相应指挥机构或国务院工作组统一指挥或指导有关地区、部门开展处置工作。

6. 信息发布

突发公共事件的信息发布应当及时、准确、客观、全面。要在事件发生的第一时间向社会发布简要信息，随后发布初步核实情况、政府应对措施、公众防范措施等，并根据事件处置情况做好后续发布工作。

信息发布形式主要包括授权发布、散发新闻稿、组织报道、接受记者采访、举行新闻发布会等。这意味着社会公众有了获得权威信息的渠道。

7. 应急管理

国务院是突发公共事件应急管理工作的最高行政领导机构。在国务院总理领导下，由国务院常务会议和国家相关突发公共事件应急指挥机构负责突发公共事件的应急管理工作；必要时，派出国务院工作组指导有关工作。

国务院办公厅设国务院应急管理办公室，履行值守应急、信息汇总和综合协调职责，发挥运转枢纽作用；国务院有关部门依据有关法律、行政法规和各自职责，负责相关类别突发公共事件的应急管理工作；地方各级人民政府是本行政区域突发公共事件应急管理工作的行政领导机构。同时，根据实际需要聘请有关专家组成专家组，为应急管理提供决策建议。

8. 责任追究与奖惩

突发公共事件应急处置工作实行责任追究制。对迟报、谎报、瞒报和漏报突发公共事件重要情况或者应急管理工作中有其他失职、渎职行为的，依法对有关责任人给予行政处分；构成犯罪的，依法追究刑事责任。

对在突发公共事件应急管理工作中做出突出贡献的先进集体和个人,总体预案也明确要给予表彰和奖励。

三、突发事件专项应急预案

目前,已发布的国家专项应急预案分为四类:自然灾害类、事故灾难类、公共卫生事件类、社会安全事件类。《国家安全生产事故灾难应急预案》是事故灾难类应急预案之一。

下面对《国家安全生产事故灾难应急预案》的主要内容进行简要介绍。

1. 编制目的

《国家安全生产事故灾难应急预案》的编制目的在于规范安全生产事故灾难的应急管理和应急响应程序,及时有效地实施应急救援工作,最大限度地减少人员伤亡、财产损失,维护人民群众的生命安全和社会稳定。

2. 适用范围

不同类型和不同级别的应急预案的适用范围也往往不同。《国家安全生产事故灾难应急预案》适用于下列安全生产事故灾难的应对工作。

(1)造成 30 人以上死亡(含失踪),或危及 30 人以上生命安全,或者 100 人以上中毒(重伤),或者需要紧急转移安置 10 万人以上,或者直接经济损失 1 亿元以上的特别重大安全生产事故灾难。

(2)超出省(区、市)人民政府应急处置能力,或者跨省级行政区、跨多个领域(行业和部门)的安全生产事故灾难。

(3)需要国务院安全生产委员会处置的安全生产事故灾难。

3. 安全生产事故应急响应分级标准

按照安全生产事故灾难的可控性、严重程度和影响范围,安全生产事故应急响应分级标准分为四级。

(1)出现下列情况之一启动Ⅰ级响应:造成 30 人以上死亡(含失踪),或危及 30 人以上生命安全,或者 100 人以上中毒(重伤),或者直接经济损失 1 亿元以上的特别重大安全生产事故灾难;需要紧急转移安置 10 万人以上的安全生产事故灾难;超出省(区、市)人民政府应急处置能力的安全生产事故灾难;跨省(区、市)行政区、跨领域(行业)的安全生产事故灾难;国务院领导同志认为需要国务院安委会响应的安全生产事故灾难。

(2)出现下列情况之一启动Ⅱ级响应:造成 10 人以上、30 人以下死亡(含失踪),或危及 10 人以上、30 人以下生命安全,或者 50 人以上、100 人以下中毒(重伤),或者直接经济损失 5000 万元以上、1 亿元以下的安全生产事故灾难;超出市(地、州、盟)人民政府应急处置能力的安全生产事故灾难;跨市、地级行政区的安全生产事故灾难;省(区、市)人民政府认为有必要响应的安全生产事故灾难。

(3)出现下列情况之一启动Ⅲ级响应:造成 3 人以上、10 人以下死亡(含失踪),或危及 10 人以上、30 人以下生命安全,或者 30 人以上、50 人以下中毒(重伤),或者直接经济损失 1000 万元以上、5000 万元以下的安全生产事故灾难;超出县级人民政府应急处置能力的安全生产事故灾难;发生跨县级行政区安全生产事故灾难;市(地、州、盟)人民政府认为有必要响应的安全生产事故灾难。

（4）发生或者可能发生一般事故时启动Ⅳ级响应：造成 3 人以下死亡，或者 10 人以下重伤，或者 1000 万元以下直接经济损失的事故。

4．工作原则

各级人民政府及其工作人员在预防和处置安全生产事故过程中，要坚持以下五项工作原则。

（1）以人为本，安全第一。把保障人民群众的生命安全和身体健康、最大限度地预防和减少安全生产事故灾难造成的人员伤亡作为首要任务。切实加强应急救援人员的安全防护。充分发挥人的主观能动性，充分发挥专业救援力量的骨干作用和人民群众的基础作用。

（2）统一领导，分级负责。在国务院统一领导和国务院安委会组织协调下，各省（区、市）人民政府和国务院有关部门按照各自职责和权限，负责有关安全生产事故灾难的应急管理和应急处置工作。企业要认真履行安全生产责任主体的职责，建立安全生产应急预案和应急机制。

（3）条块结合，属地为主。安全生产事故灾难现场应急处置的领导和指挥以地方人民政府为主，实行地方各级人民政府行政首长负责制。有关部门应当与地方人民政府密切配合，充分发挥指导和协调作用。

（4）依靠科学，依法规范。采用先进技术，充分发挥专家作用，实行科学民主决策。采用先进的救援装备和技术，增强应急救援能力。依法规范应急救援工作，确保应急预案的科学性、权威性和可操作性。

（5）预防为主，平战结合。贯彻落实"安全第一，预防为主，综合治理"的方针，坚持事故灾难应急与预防工作相结合。做好预防、预测、预警和预报工作，做好常态下的风险评估、物资储备、队伍建设、完善装备、预案演练等工作。

5．组织体系及相关机构职责

（1）组织体系

全国安全生产事故灾难应急救援组织体系由国务院安委会、国务院有关部门、地方各级人民政府安全生产事故灾难应急领导机构、综合协调指挥机构、专业协调指挥机构、应急支持保障部门、应急救援队伍和生产经营单位组成。

国家安全生产事故灾难应急领导机构为国务院安委会，综合协调指挥机构为国务院安委会办公室，国家安全生产应急救援指挥中心具体承担安全生产事故灾难应急管理工作，专业协调指挥机构为国务院有关部门管理的专业领域应急救援指挥机构。

地方各级人民政府的安全生产事故灾难应急机构由地方政府确定。

应急救援队伍主要包括消防部队、专业应急救援队伍、生产经营单位的应急救援队伍、社会力量、志愿者队伍及有关国际救援力量等。

国务院安委会各成员单位按照职责履行本部门的安全生产事故灾难应急救援和保障方面的职责，负责制定、管理并实施有关应急预案。

（2）现场应急救援指挥部及职责

现场应急救援指挥以属地为主，事发地省（区、市）人民政府成立现场应急救援指挥部。现场应急救援指挥部负责指挥所有参与应急救援的队伍和人员，及时向国务院报告事故灾难事态发展及救援情况，同时抄送国务院安委会办公室。

涉及多个领域、跨省级行政区或影响特别重大的事故灾难,根据需要由国务院安委会或者国务院有关部门组织成立现场应急救援指挥部,负责应急救援协调指挥工作。

6. 预警预防机制

(1)事故灾难监控与信息报告

国务院有关部门和省(区、市)人民政府应当加强对重大危险源的监控,对可能引发特别重大事故的险情,或者其他灾害、灾难可能引发安全生产事故灾难的重要信息应及时上报。

特别重大安全生产事故灾难发生后,事故现场有关人员应当立即报告单位负责人,单位负责人接到报告后,应当立即报告当地人民政府和上级主管部门。中央企业在上报当地政府的同时应当上报企业总部。当地人民政府接到报告后应当立即报告上级政府,国务院有关部门、单位、中央企业和事故灾难发生地的省(区、市)人民政府应当在接到报告后2小时内,向国务院报告,同时抄送国务院安委会办公室。

自然灾害、公共卫生和社会安全方面的突发事件可能引发安全生产事故灾难的信息,有关各级、各类应急指挥机构均应及时通报同级安全生产事故灾难应急救援指挥机构,安全生产事故灾难应急救援指挥机构应当及时分析处理,并按照分级管理的程序逐级上报,紧急情况下,可越级上报。

发生安全生产事故灾难的有关部门、单位要及时、主动向国务院安委会办公室、国务院有关部门提供与事故应急救援有关的资料。事故灾难发生地的安全监管部门提供事故前监督检查的有关资料,为国务院安委会办公室、国务院有关部门研究制订救援方案提供参考。

(2)预警行动

各级、各部门安全生产事故灾难应急机构接到可能导致安全生产事故灾难的信息后,按照应急预案及时研究确定应对方案,并通知有关部门、单位采取相应行动预防事故发生。

7. 应急响应

(1)分级响应

Ⅰ级应急响应行动由国务院安委会办公室或国务院有关部门组织实施。当国务院安委会办公室或国务院有关部门进行Ⅰ级应急响应行动时,事发地各级人民政府应当按照相应的预案全力以赴组织救援,并及时向国务院及国务院安委会办公室、国务院有关部门报告救援工作进展情况。

Ⅱ级及以下应急响应行动的组织实施由省(区、市)人民政府决定。地方各级人民政府根据事故灾难或险情的严重程度启动相应的应急预案,超出其应急救援处置能力时,及时报请上一级应急救援指挥机构启动上一级应急预案实施救援。

①国务院有关部门的响应。Ⅰ级响应时,国务院有关部门启动并实施本部门相关的应急预案,组织应急救援,并及时向国务院及国务院安委会办公室报告救援工作进展情况。需要其他部门应急力量支援时,及时提出请求。根据发生的安全生产事故灾难的类别,国务院有关部门按照其职责和预案进行响应。

②国务院安委会办公室的响应:及时向国务院报告安全生产事故灾难基本情况、事态发展和救援进展情况;开通与事故灾难发生地的省级应急救援指挥机构、现场应急救援指挥部、相关专业应急救援指挥机构的通信联系,随时掌握事态发展情况;根据有关部门和专家的建议,通知相关应急救援指挥机构随时待命,为地方或专业应急救援指挥机构提供技术支持;派出有

关人员和专家赶赴现场参加、指导现场应急救援,必要时协调专业应急力量增援;对可能或者已经引发自然灾害、公共卫生和社会安全突发事件的,国务院安委会办公室要及时上报国务院,同时负责通报相关领域的应急救援指挥机构;组织协调特别重大安全生产事故灾难应急救援工作;协调落实其他有关事项。

(2)指挥和协调

进入Ⅰ级响应后,国务院有关部门及其专业应急救援指挥机构立即按照预案组织相关应急救援力量,配合地方政府组织实施应急救援。

国务院安委会办公室根据事故灾难的情况开展应急救援协调工作。通知有关部门及其应急机构、救援队伍和事发地毗邻省(区、市)人民政府应急救援指挥机构,相关机构按照各自应急预案提供增援或保障。有关应急队伍在现场应急救援指挥部统一指挥下,密切配合,共同实施抢险救援和紧急处置行动。

现场应急救援指挥部负责现场应急救援的指挥,现场应急救援指挥部成立前,事发单位和先期到达的应急救援队伍必须迅速、有效地实施先期处置,事故灾难发生地人民政府负责协调,全力控制事故灾难发展态势,防止次生、衍生和耦合事故(事件)发生,果断控制或切断事故灾害链。

中央企业发生事故灾难时,其总部应全力调动相关资源,有效开展应急救援工作。

(3)紧急处置

现场处置主要依靠本行政区域内的应急处置力量。事故灾难发生后,发生事故的单位和当地人民政府按照应急预案迅速采取措施。

根据事态发展变化情况,出现急剧恶化的特殊险情时,现场应急救援指挥部在充分考虑专家和有关方面意见的基础上,依法及时采取紧急处置措施。

(4)医疗卫生救助

事发地卫生行政主管部门负责组织开展紧急医疗救护和现场卫生处置工作。

卫生部或国务院安委会办公室根据地方人民政府的请求,及时协调有关专业医疗救护机构和专科医院派出有关专家、提供特种药品和特种救治装备进行支援。

事故灾难发生地疾病控制中心根据事故类型,按照专业规程进行现场防疫工作。

(5)应急人员的安全防护

现场应急救援人员应根据需要携带相应的专业防护装备,采取安全防护措施,严格执行应急救援人员进入和离开事故现场的相关规定。

现场应急救援指挥部根据需要具体协调、调集相应的安全防护装备。

(6)群众的安全防护

现场应急救援指挥部负责组织群众的安全防护工作,主要工作内容如下:企业应当与当地政府、社区建立应急互动机制,确定保护群众安全需要采取的防护措施;决定应急状态下群众疏散、转移和安置的方式、范围、路线、程序;指定有关部门负责实施疏散、转移;启用应急避难场所;开展医疗防疫和疾病控制工作;负责治安管理。

(7)社会力量的动员与参与

现场应急救援指挥部组织调动本行政区域社会力量参与应急救援工作。

超出事发地省(区、市)人民政府处置能力时,省(区、市)人民政府向国务院申请本行政区域外的社会力量支援,国务院办公厅协调有关省级人民政府、国务院有关部门组织社会力量进行支援。

（8）现场检测与评估

根据需要，现场应急救援指挥部成立事故现场检测、鉴定与评估小组，综合分析和评价检测数据，查找事故原因，评估事故发展趋势，预测事故后果，为制定现场抢救方案和事故调查提供参考。检测与评估报告要及时上报。

（9）信息发布

国务院安委会办公室会同有关部门具体负责特别重大安全生产事故灾难信息的发布工作。

（10）应急结束

当遇险人员全部得救，事故现场得以控制，环境符合有关标准，导致次生、衍生事故隐患消除后，经现场应急救援指挥部确认和批准，现场应急处置工作结束，应急救援队伍撤离现场。由事故发生地省（区、市）人民政府宣布应急结束。

8. 后期处置

（1）善后处置

省（区、市）人民政府会同相关部门（单位）负责组织特别重大安全生产事故灾难的善后处置工作，包括人员安置、补偿，征用物资补偿，灾后重建，污染物收集、清理与处理等事项。尽快消除事故影响，妥善安置和慰问受害及受影响人员，保证社会稳定，尽快恢复正常秩序。

（2）保险

安全生产事故灾难发生后，保险机构及时开展应急救援人员保险受理和受灾人员保险理赔工作。

（3）事故灾难调查报告、经验教训总结及改进建议

特别重大安全生产事故灾难由国务院安全生产监督管理部门负责组成调查组进行调查；必要时，国务院直接组成调查组或者授权有关部门组成调查组。

安全生产事故灾难善后处置工作结束后，现场应急救援指挥部分析总结应急救援经验教训，提出改进应急救援工作的建议，完成应急救援总结报告并及时上报。

9. 保障措施

（1）通信与信息保障

建立健全国家安全生产事故灾难应急救援综合信息网络系统和重大安全生产事故灾难信息报告系统；建立完善救援力量和资源信息数据库；规范信息获取、分析、发布、报送格式和程序，保证应急机构之间的信息资源共享，为应急决策提供相关信息支持。

有关部门应急救援指挥机构和省级应急救援指挥机构负责本部门、本地区相关信息收集、分析和处理，定期向国务院安委会办公室报送有关信息，重要信息和变更信息要及时报送，国务院安委会办公室负责收集、分析和处理全国安全生产事故灾难应急救援有关信息。

（2）应急支援与保障

①救援装备保障。各专业应急救援队伍和企业根据实际情况和需要配备必要的应急救援装备。专业应急救援指挥机构应当掌握本专业的特种救援装备情况，各专业队伍按规程配备救援装备。

②应急队伍保障。矿山、危险化学品、交通运输等行业或领域的企业应当依法组建和完善

救援队伍。各级、各行业安全生产应急救援机构负责检查并掌握相关应急救援力量的建设和准备情况。

③交通运输保障。发生特别重大安全生产事故灾难后，国务院安委会办公室或有关部门根据救援需要及时协调民航、交通、铁路等行政主管部门提供交通运输保障。地方人民政府有关部门对事故现场进行道路交通管制，根据需要开设应急救援特别通道，道路受损时应迅速组织抢修，确保救灾物资、器材和人员运送及时到位，满足应急处置工作需要。

④医疗卫生保障。县级以上各级人民政府应当加强急救医疗服务网络的建设，配备相应的医疗救治药物、技术、设备和人员，提高医疗卫生机构应对安全生产事故灾难的救治能力。

⑤物资保障。国务院有关部门和县级以上人民政府及其有关部门、企业，应当建立应急救援设施、设备、救治药品、医疗器械等储备制度，储备必要的应急物资和装备。各专业应急救援机构根据实际情况，负责监督应急物资的储备情况，掌握应急物资的生产加工能力的储备情况。

⑥资金保障。生产经营单位应当做好事故应急救援必要的资金准备。安全生产事故灾难应急救援资金首先由事故责任单位承担，事故责任单位暂时无力承担的，由当地政府协调解决。国家处置安全生产事故灾难所需工作经费按照《财政应急保障预案》的规定解决。

⑦社会动员保障。地方各级人民政府根据需要动员和组织社会力量参与安全生产事故灾难的应急救援。国务院安委会办公室协调调用事发地以外的有关社会应急力量参与增援时，地方人民政府要为其提供各种必要保障。

⑧应急避难场所保障。直辖市、省会城市和大城市人民政府负责提供特别重大事故灾难发生时人员避难需要的场所。

（3）技术储备与保障

国务院安委会办公室成立安全生产事故灾难应急救援专家组，为应急救援提供技术支持和保障。要充分利用安全生产技术支撑体系的专家和机构，研究安全生产应急救援重大问题，开发应急技术和装备。

（4）宣传、培训和演习

①公众信息交流。国务院安委会办公室和有关部门组织应急法律法规和事故预防、避险、避灾、自救、互救常识的宣传工作，各种媒体提供相关支持。地方各级人民政府结合本地实际，负责本地相关宣传、教育工作，提高全民的危机意识。企业与所在地政府、社区建立互动机制，向周边群众宣传相关应急知识。

②培训。有关部门组织各级应急管理机构以及专业救援队伍的相关人员进行上岗前培训和业务培训。有关部门、单位可根据自身实际情况，做好兼职应急救援队伍的培训，积极组织社会志愿者的培训，提高公众自救、互救能力。地方各级人民政府将突发公共事件应急管理内容列入行政干部培训的课程。

③演习。各专业应急机构每年至少组织一次安全生产事故灾难应急救援演习。国务院安委会办公室每两年至少组织一次联合演习。各企事业单位应当根据自身特点，定期组织本单位的应急救援演习。演习结束后应及时进行总结。

（5）监督检查

国务院安委会办公室对安全生产事故灾难应急预案实施的全过程进行监督检查。

四、突发事件部门应急预案

目前,我国突发公共事件部门应急预案100余项,并将根据需要适时地制定、修订。国家安全生产监督管理总局负责制定的7项部门应急预案,分别是:《矿山事故灾难应急预案》、《危险化学品事故灾难应急预案》、《陆上石油天然气开采事故灾难应急预案》、《陆上石油天然气储运事故灾难应急预案》、《海洋石油天然气作业事故灾难应急预案》、《冶金事故灾难应急预案》、《尾矿库事故灾难应急预案》。

1. 七项部门应急预案的定位和编制原则

为应对重大事故灾难,国家安全生产监督管理总局针对行业生产安全事故特点,根据职责分工制定了七项部门应急预案。七项部门应急预案是《国务院突发公共事件应急预案框架体系》的组成部分,由国家安全生产监督管理总局负责起草、发布和实施,报国务院审核和备案。

七项部门应急预案编制工作依据《国家突发公共事件总体应急预案》和《国家安全生产事故灾难应急预案》总体要求,遵循“以人为本、安全第一,统一领导、分级负责,条块结合、属地为主,资源共享、协同应对,依靠科学、依法规范,预防为主、平战结合”的工作原则,建立健全危险源管理和事故预防预警工作机制,全面提高应对事故灾难和风险的能力,最大限度地预防重大事故,减少重大事故造成的损失和危害,保护劳动者生命安全,维护社会稳定,促进经济社会持续快速、协调健康发展。

2. 七项部门应急预案的基本框架和主要内容

按照《国务院有关部门和单位制定和修订突发公共事件应急预案框架指南》和《国家突发公共事件总体应急预案》,七项部门应急预案都分为八个方面的内容,即总则、组织指挥体系与职责、预警和预防机制、应急响应、后期处置、应急保障、附则和附件。

按照《国家突发公共事件总体应急预案》和《国家安全生产事故灾难应急预案》总体要求,七项部门应急预案都包括八个方面的内容。

(1)适用范围和响应分级标准,包括预案编制的工作原则。

(2)应急组织机构和职责,包括现场应急指挥机构和专家组的建立及主要职责。

(3)事故监测与预警,包括重大危险源管理和预警的建立。

(4)信息报告与处理,包括信息报告程序、处理原则和新闻发布。

(5)应急处置,包括先期处置、分级负责、指挥与协调、现场救助和应急结束。

(6)应急保障措施,包括人力资源、财力保障、医疗卫生、交通运输、通信与信息、公共设施、社会治安、技术和各种应急物资的储备与调用等。

(7)恢复与重建,包括及时由非常态转为常态、善后处置、调查评估、恢复等工作。

(8)应急预案监督与管理,包括预案演练、培训教育、预案更新等。

第三节 安全生产事故应急预案

安全生产事故应急预案是针对可能发生的事故,为迅速、有序地开展应急行动而预先制定的行动计划或方案。安全生产事故应急预案是国家安全生产应急预案体系的重要组成部分。生产经营单位制定安全生产事故应急预案是贯彻落实“安全第一、预防为主、综合治理”方针,规范生产经营单位应急管理工作,提高应对和防范风险与事故的能力,保证职工安全健康和公众生命安全,最大限度地减少财产损失、环境损害和社会影响的重要措施。

一、应急预案体系的组成

应急管理是一项系统工程,生产经营单位的组织体系、管理模式、风险大小以及生产规模不同,应急预案体系构成也不完全一样。生产经营单位应结合本单位的实际情况,从公司、企业(单位)到车间、岗位分别制定相应的应急预案,形成体系,互相衔接,并按照统一领导、分级负责、条块结合、属地为主的原则,同地方人民政府和相关部门应急预案相衔接。

为了贯彻落实《国务院关于全面加强应急管理工作的意见》,指导生产经营单位做好安全生产事故应急预案编制工作,解决目前生产经营单位应急预案要素不全、操作性不强、体系不完善、与相关应急预案不衔接等问题,规范生产经营单位应急预案编制工作,提高生产经营单位应急预案的编写质量,根据《中华人民共和国安全生产法》和《国家安全生产事故灾难应急预案》,国家安全生产应急救援指挥中心组织编制了《生产经营单位安全生产事故应急预案编制导则》(AQ/T 9002—2006,简称《导则》)。根据《导则》中的规定,生产经营单位安全生产事故应急预案应形成体系,可以由综合应急预案、专项应急预案和现场应急处置方案构成,明确生产经营单位在事前、事发、事中、事后的各个过程中相关部门和有关人员的职责。生产经营单位结合本单位的组织结构、管理模式、风险种类、生产规模等特点,可以对应急预案主体结构等要素进行调整。

除上述三个主体组成部分外,生产经营单位应急预案需要有充足的附件支持,主要包括:有关应急部门、机构或人员的联系方式;重要物资装备的名录或清单;规范化格式文本;关键的路线、标识和图纸;相关应急预案名录;有关协议或备忘录(包括与相关应急救援部门签订的应急支援协议或备忘录等)。

二、综合应急预案

综合应急预案是从总体上阐述事故的应急方针、政策,包括本单位的应急组织机构及相关应急职责、预案体系及响应程序、事故预防及应急保障、预案管理等内容,是应对各类事故的综合性文件。风险种类多、可能发生多种事故类型的生产经营单位,应当组织编制综合应急预案。

1.综合应急预案的适用范围及编制要求

综合应急预案与专项应急预案和现场处置方案不同,综合应急预案侧重于各项职责的规定和应急救援活动的组织协调,为制定专项应急预案和现场处置方案提供了框架和指导。一般规模比较大、存在多种不同类型的危险源的企业,比较适于编制这种预案。规模小、危险因素少的生产经营单位,综合应急预案、专项应急预案和现场处置方案可以合并编写。所有存在潜在事故的生产经营单位都应编制综合应急预案,但不一定要编制专项应急预案和现场处置方案。

编写综合应急预案时,首先要保证其具有全面性和系统性,综合应急预案要考虑公司(集团)内部的所有危险源,要涵盖本企业可能或易发、频发的各类突发事件,基本内容包括组织保障、应急队伍组建、信息报告、群众预防和自救、处置工作分工、处置工作流程、应急保障、灾后恢复重建和善后处理等。且综合应急预案内容要简洁明了、职责分工明确,必须明确应急队伍和应急值班的职责、装备配备具体数量及存放地点、处置工作的具体步骤和流程等,具有针对性、适用性、可操作性,突出实用、管用、实效,并注意与上级预案进行有效衔接。

其次,综合应急预案不对具体的应急救援程序和应急处置做出详细的规定(综合应急预案、专项应急预案以及现场处置方案合并编写的除外),而是侧重于应急救援活动的组织协调,对各项救援活动做出概括和提炼,为编写其他预案提供框架。

2. 综合应急预案的编制内容

综合应急预案的主要内容包括:总则、生产经营单位的危险性分析、组织机构及职责、预防与预警、应急响应、信息发布、后期处置、保障措施、培训与演练、奖惩、附则 11 个部分。

(1)总则

总则简要描述编制应急预案的目的,所依据和参照的法律、法规、部门规章、技术标准、规范性文件、相关应急预案等,应说明应急预案适用范围、事故类型和等级,应急预案体系的构成,应急工作原则等内容。

①编制目的:简述应急预案编制的目的、作用等。

②编制依据:简述应急预案编制所依据的法律法规、规章,以及有关行业管理规定、技术规范、标准等。

近年来国家颁布的有关应急预案的法律有《中华人民共和国安全生产法》、《中华人民共和国消防法》、《中华人民共和国职业病防治法》、《中华人民共和国环境保护法》以及《中华人民共和国突发事件应对法》等。

相关的法规有《危险化学品安全管理条例》、《国务院关于特大安全事故行政责任追究的规定》、《安全生产违法行为行政处罚办法》、《使用有毒物品作业场所劳动保护条例》、《安全生产许可证条例》、《特种设备安全监察条例》、《建设工程安全生产管理条例》、《核电厂核事故应急管理条例》等。

有关应急预案编制的标准有《生产经营单位安全生产事故应急预案编制导则》。

③适用范围:说明应急预案适用的区域范围,如某厂、某车间、某方位、某装置、某场所等;还应说明事故的类型、级别,事故类型如火灾、爆炸、泄漏、中毒、透水等。

④应急预案体系:说明本单位应急预案体系的构成情况,如针对某具体的事故类别、危险源、装置、场所或设施等制定的专项应急预案或现场处置方案以及上级主管部门制定的应急预案,应将所有的这些应急预案列出,并说明每个预案的适用范围和执行者。

⑤应急工作原则:说明本单位应急工作的原则,内容应简明扼要、明确具体。应急工作必须有明确的原则和方针作为开展应急救援工作的纲领。原则与方针应体现应急救援工作的优先原则。如保护人员安全优先,防止和控制事故蔓延优先,保护环境优先。此外,原则与方针还应体现事故损失控制、高效协调以及持续改进的思想。

(2)生产经营单位的危险性分析

生产经营单位的危险性分析包括描述本单位存在或可能发生的事故风险、事故发生的可能性以及严重程度和影响范围等内容。

①生产经营单位概况:主要包括单位地址、从业人数、隶属关系、主要原材料、主要产品、产量等内容,以及周边重大危险源、重要设施、目标、场所和周边布局情况。必要时,可附平面图进行说明。

②危险源与风险分析：主要阐述本单位存在的危险源及风险分析结果。包括主要危险物质的种类、数量及特性；重大危险源的数量及分布；危险物质运输路线分布；潜在的重大事故、灾害类型、影响区域及后果。

（3）组织机构及职责

明确本单位的应急组织形式、组成单位或人员以及构成部门的应急工作职责。应急组织机构根据事故类型和应急工作需要，可设置相应的应急工作小组，并明确各小组的工作任务及职责。

①应急组织体系

为保证应急救援工作反应迅速、协调有序，必须建立完善的应急组织体系，按照应急救援的需要，事故应急组织体系一般应分为5个核心应急功能机构，即指挥、行动、策划、后勤以及行政/财政。事故应急组织体系的基本运作原则就是事故应急总指挥负责所有的行动，直到指挥权转移到其他特定人员。企业在划分应急组织体系时，应明确每个应急功能机构组成部门或人员。应急组织体系的结构如图4-2所示。

②指挥机构及职责

企业应明确各职能机构的职责。一般有如下机构及职责。

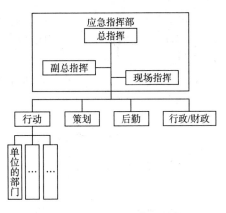

图 4-2 事故应急组织体系结构

a. 应急指挥部。应急指挥部协调各部门的应急响应行动，包括确定事故目标和管理所有的事故行动。归纳起来，指挥部的职责主要为：负责应急指挥；协调有效的通信；协调资源；确定事故的优先级别；建立相互一致的事故目标及批准应急策略；将事故目标落实到相应部门或机构；审查和批准事故行动计划；确保响应人员和公众的健康与安全；通知媒体。

应急指挥部内包括应急总指挥、应急副总指挥及现场指挥，应急总指挥一般由企业第一负责人担任，副总指挥由生产副总经理或行政副总经理担任，现场指挥由事发单位第一负责人（如车间主任）或生产副总经理担任。应急总指挥只能有一人，副总指挥或现场指挥可以是一人或多人，但其职责分工要明确。各岗位人员及分工都要予以明确，并要规定出当某岗位人员不在事发现场时，由谁承担该岗位的职责。

应急总指挥的职责主要是确定事故优先级别、审查和批准事故行动计划等，并对整个应急救援行动负责。

应急副总指挥的职责是协助总指挥开展应急指挥，也可以是分工负责行动、策划、后勤或行政中的一个或多个职能。

应急现场指挥的职责主要是负责应急救援现场的组织指挥工作，及时向总指挥部报告现场抢险救援工作情况，保证现场抢险救援行动与总指挥部的指挥和各保障系统的工作协调。

b. 行动部。行动部负责所有响应任务的运作，主要包括：接警与通知；消防与抢险（泄漏物控制）；医疗救护；人员疏散。

c. 策划部。策划部负责收集、评价及发布事故相关的信息，主要包括：事态发展情况的监测与评估；与新闻媒体的沟通。

d. 后勤部。后勤部负责为事故应急响应提供工具、设备、服务及材料，主要职责包括：应急设备、物资的供应；警戒与治安；交通运输保障；疏散人员的安置。

e. 行政/财政部。行政/财政部负责事故应急的所有行政、财政费用方面的工作,包括为应急提供需要的经费,善后处理等工作。

企业何时或如何扩展事故应急组织体系并没有严格的规定,很多事故可能并不需要启动策划、后勤或行政/财政模块,而有些事故则可能需要启动其中的某个或全部功能。对于某些事故,在某些场合,只是需要组织体系中的少数几个功能要素。

事故应急组织体系的参加者会因事故不同而异,其成员的构成通常是基于事故的需求。成员及其数量完全取决于事故的大小和复杂程度,没有绝对的标准可循。

以上是通常情况下各职能机构的职责,企业还应进一步明确职能机构中各单位或个人的职责,但需要注意的是,应急组织中的有关单位或个人的应急职责可根据企业正常生产管理系统职位来分配紧急时的任务。这样会减少培训以保证紧急时正确指挥,因为他们平时就是这样工作,以便紧急情况发生时能够减少混乱。

(4)预防与预警

预警根据企业监测监控系统数据变化状况、事故险情紧急程度、发展态势或有关部门提供的预警信息进行,应明确预警的条件、方式、方法和信息发布的程序等内容。信息报告应明确事故及重大事故险情信息报告程序、24小时应急值守电话、事故信息报告流程、内容、时限、责任人等内容。

①危险源监控:明确本单位对危险源监测监控的方式、方法,以及采取的预防措施。对危险源特别是重大危险源进行全面监控,严密监控其安全状态,以及向事故临界状态转化的各种参数的变化趋势,及时发出预警信息或应急指令,把事故隐患消灭在萌芽状态。

②预警行动:根据危险源监控设备和监控人员提供的信息,按照"早发现、早报告、早处置"的原则,有关人员将信息汇总、分析后,报应急指挥部,应急指挥部及时组织有关人员分析事故发生发展态势,及时研究确定应对方案,根据事故的发生态势,发出预警预报,并通知有关应急组织机构和公众采取相应行动预防事故发生。企业在确定预警行动时,应明确事故预警的条件、方式、方法和信息的发布程序。

③信息报告与处置:按照有关规定,明确事故及未遂伤亡事故信息报告与处置办法。

a. 信息报告与通知。明确24小时应急值守电话、事故信息接收和通报程序。

b. 信息上报。明确事故发生后向上级主管部门和地方人民政府报告事故信息的流程、内容和时限。

c. 信息传递。明确事故发生后向有关部门或单位通报事故信息的方法和程序。

(5)应急响应

①响应分级:针对事故危害程度、影响范围和单位控制事态的能力,将事故分为不同的等级。按照分级负责的原则,明确应急响应级别。应急响应级别可按照事故得到控制的时间、人员伤亡情况、单位的应急救援设备、人员的能力等确定。企业应急响应一般可分为车间级和公司级。

②响应程序:根据事故的大小和发展态势,需要启动应急响应程序。应急响应一般流程如图4-3所示。

③应急结束:明确应急终止的条件。事故现场得以控制,环境符合有关标准,次生、衍生事故隐患消除后,经事故现场应急指挥机构批准后,现场应急结束。应急结束后,应明确以下几点。

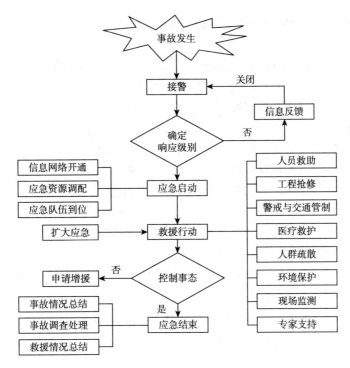

图 4-3　应急响应流程

a. 事故情况上报事项。按照《生产安全事故报告和调查处理条例》（国务院令第 49 号），事故发生,事故单位负责人接到报告后,应当于 1 小时内向事故发生地县级以上人民政府安全生产监督管理部门和负有安全生产监督管理职责的有关部门报告。并自事故发生之日起 30 日内,事故造成的伤亡人数发生变化的,应当及时补报。报告的内容应包括:事故发生单位概况;事故发生的时间、地点以及事故现场情况;事故的简要经过;事故已经造成或者可能造成的伤亡人数(包括下落不明的人数)和初步估计的直接经济损失;已经采取的措施;其他应当报告的情况。

b. 需向事故调查处理小组移交的相关事项。未造成人员伤亡的一般事故,事故发生单位可以自行组织事故调查组进行调查。特别重大事故由国务院或者国务院授权有关部门组织事故调查组进行调查;重大事故由事故发生地省级人民政府组织事故调查组进行调查,或授权有关部门组织事故调查组进行调查;较大事故由设区的市级人民政府或授权或委托有关部门组织事故调查组进行调查;造成人员伤亡的一般事故由县级人民政府负责调查,也可以授权或者委托有关部门组织事故调查组进行调查。事故发生单位应提供有关资料、数据等配合调查组进行调查。

c. 事故应急救援工作总结报告。应急结束后,应由事故应急总指挥组织有关救援人员和企业内其他管理人员对事故救援情况进行总结,编写救援工作总结报告。事故应急救援总结主要从:应急预案的实施情况;应急反应的及时性;应急组织的协调配合情况;应急设备的充分性;人员的疏散情况;应急医疗救护情况;人员伤亡情况几方面进行。

（6）信息发布

重大事故发生后,不可避免地会引起新闻媒体和公众的关注。所以,事故发生单位应明确事故信息发布的部门,发布原则。事故信息应由事故现场指挥部及时准确地向新闻媒体通报,以消除公众的恐慌心理,避免公众的猜疑和不满。

(7)后期处置

当应急阶段结束后,需要进行后期处置,以从紧急情况恢复到正常状态。通常情况下,后期处置主要包括污染物处理、事故后果影响消除、生产秩序恢复、善后赔偿、抢险过程和应急救援能力评估及应急预案的修订等内容。

(8)保障措施

①通信与信息保障。明确与应急工作相关联的单位或人员通信联系方式和方法,并提供备用方案。建立信息通信系统及维护方案,确保应急期间信息通畅。

②应急队伍保障。明确各类应急响应的人力资源,包括专业应急队伍、兼职应急队伍的组织与保障方案。

③应急物资装备保障。明确应急救援需要使用的应急物资和装备的类型、数量、性能、存放位置、管理责任人及其联系方式等内容。

④经费保障。明确应急专项经费来源、使用范围、数量和监督管理措施,保障应急状态时生产经营单位应急经费及时到位。

⑤其他保障。根据本单位应急工作需求而确定的其他相关保障措施(如:交通运输保障、治安保障、技术保障、医疗保障、后勤保障等)。

(9)培训与演练

①培训。明确对本单位人员开展的应急培训计划、方式和要求。如果预案涉及社区和居民,要做好宣传教育、告知等工作。

②演练。明确应急演练的规模、方式、频次、范围、内容、组织、评估、总结等内容。

(10)奖惩

明确事故应急救援工作中奖励和处罚的条件和内容。

(11)附则

①术语和定义。对应急预案涉及的一些术语进行定义。

②应急预案备案。明确本应急预案的报备部门。

③维护和更新。明确应急预案维护和更新的基本要求,定期进行评审,实现可持续改进。

④制定与解释。明确应急预案负责制定与解释的部门。

⑤应急预案实施。明确应急预案实施的具体时间。

三、专项应急预案

专项应急预案是针对具体的事故类别(如煤矿瓦斯爆炸、危险化学品泄漏等事故)、危险源和应急保障而制定的计划或方案,是综合应急预案的组成部分,应按照综合应急预案的程序和要求组织制定,并作为综合应急预案的附件。专项应急预案应制定明确的救援程序和具体的应急救援措施。

专项应急预案的主要内容包括:事故类型和危害程度分析、应急处置基本原则、组织机构及职责、预防与预警、信息报告程序、应急处置、应急物资与装备保障七个部分。具体内容如下。

(1)事故类型和危害程度分析

在危险源评估的基础上,对其可能发生的事故类型和可能发生的季节及事故严重程度进行确定。

（2）应急处置基本原则

明确处置该类特殊风险和安全生产事故应当遵循的基本原则。

（3）组织机构及职责

根据事故类型，明确应急救援指挥机构总指挥、副总指挥以及各成员单位或人员的具体职责。应急救援指挥机构可以设置相应的应急救援工作小组，明确各小组的工作任务及主要负责人的职责。

①应急组织体系。明确应急组织形式，构成单位或人员，并尽可能以结构图的形式表示出来。

②指挥机构及职责。根据事故类型，明确应急救援指挥机构总指挥、副总指挥以及各成员单位或人员的具体职责。应急救援指挥机构可以设置相应的应急救援工作小组，明确各小组的工作任务及主要负责人职责。

（4）预防与预警

①危险源监控。明确本单位对危险源监测监控的方式、方法，以及采取的预防措施。

②预警行动。明确具体事故预警的条件、方式、方法和信息的发布程序。

（5）信息报告程序

①确定报警系统及程序。

②确定现场报警方式，如电话、警报器等。

③确定 24 小时与相关部门的通信、联络方式。

④明确相互认可的通告、报警形式和内容。

⑤明确应急反应人员向外求援的方式。

（6）应急处置

明确事故报告程序和内容、报告方式、责任人等内容。根据事故响应级别，具体描述事故接警报告和记录、应急指挥机构启动、应急指挥、资源调配、应急救援、扩大应急等应急响应程序。

①响应分级。针对事故危害程度、影响范围和单位控制事态的能力，将事故分为不同的等级。按照分级负责的原则，明确应急响应级别。

②响应程序。根据事故的大小和发展态势，明确应急指挥、应急行动、资源调配、应急避险、扩大应急等响应程序。

③处置措施。针对本单位事故类别和可能发生的事故特点、危险性，制定的应急处置措施（如：煤矿瓦斯爆炸、冒顶片帮、火灾、透水等事故应急处置措施，危险化学品火灾、爆炸、中毒等事故应急处置措施）。

（7）应急物资与装备保障

明确应急处置所需的物质与装备数量、管理和维护、正确使用等。

四、现场处置方案

现场处置方案是根据不同事故类别，针对具体的重大技术装置、工作场所或设施、重点工作岗位所制定的应急处置措施，应当包括危险性分析、可能发生的事故特征、应急处置程序、应急处置要点、注意事项等内容。现场处置方案应根据风险评估、岗位操作规程以及危险性控制措施,组织现场作业人员进行编制,做到现场作业人员应知应会,熟练掌握,并经常进行演练。

现场处置方案作为生产经营单位整体应急预案文件之一,是基于风险分析及危险控制措施基础上并应用于应对各种危险情况时的具体做法,强调在应急活动过程中承担应急功能的组织、部门、人员的具体责任和行动。因此,现场处置方案应具体、简单、针对性强。现场处置方案应根据风险评估及危险性控制措施逐一编制,做到事故相关人员应知应会,熟练掌握,并通过应急演练,做到迅速反应、正确处置。

对于可能发生事故的岗位或承担各类应急功能的负责部门、人员,都应该有相应的现场处置方案,为本部门或个人履行应急职责和任务提供详细指导,使应急人员在出现紧急情况时能做到有条不紊、高效地开展各项应急工作。

(1)现场处置方案的基本要求

生产经营单位的全体成员通过综合应急预案和专项应急预案可以了解本单位的应急原则、应急体系、应急过程、应急程序等。但对于具体的个人或部门,需要具体掌握的应急信息和方法指导是由现场处置方案来表达的。

对综合应急预案中规定的许多职责来说,需要明确将它们分配给某个部门或某些人并规定责任人的义务。如综合应急预案中的职责描述将灭火的责任交给消防部门保卫部门,则不必详细说明保卫部门在现场应该怎样做或应使用什么灭火设备是最合适的,因为在专项应急预案和现场处置方案中会进行详细的描述。

现场处置方案不一定要规定完全一致的格式和固定的要求,但应该强调的是,针对可能发生事故的装置、场所、设施以及岗位,担负有关应急职责的部门或人员都必须编制现场处置方案。现场处置方案应提供事故特征、应急职责、应急处置措施或方法,以及一些安全注意事项,以便能满足应急活动的需求,并能够把应急各项任务分配转变成具体的应急行动检查表,而这种应急行动检查表在应急行动中非常实用和重要。现场处置方案应说明每个责任单位或人员怎样完成分配给他们的任务。通常,现场处置方案中包括应急行动检查表、点名册、资源清单、地图、图表等,并且提供了采取下述应急行动的过程:通知相关人员,获得并使用应急设备、应急供应资源和车辆进行互助,向应急指挥中心和现场应急指挥中心及时报告相关信息,联络在其他地点工作的人员。

现场处置方案编制的目的和作用决定其基本要求。一般来说,现场处置方案的基本要求如下。

①可操作性。现场处置方案就是为应急部门或人员提供详细、具体的应急指导,必须具有可操作性。现场处置方案应明确针对的事故,执行任务的主体、时间和地点,具体的应急行动、行动步骤、行动标准等,使应急部门或个人参照现场处置方案都可以快速有效地开展应急工作,而不会受到紧急情况的干扰导致手足无措,甚至出现错误的行为。

②协调一致性。在应急救援过程中会有不同的应急部门或应急人员参与,并承担不同的应急职责和任务,开展各自的应急行动,因此现场处置方案在应急职责及其他人员配合方面,必须要考虑相互之间的接口,应与综合应急预案的要求、专项应急预案的应急内容、支持附件提供的信息资料以及其他现场处置方案协调一致,不应该有矛盾或逻辑错误。如果应急活动可能扩展到单位外部,在相关现场处置方案中应留有与外部应急救援组织机构的接口。

③针对性。应急救援活动由于事故发生的种类、地点和环境、时间、事故演变过程的差异而呈现出复杂性,现场处置方案是依据危险源与风险分析的结果和风险管理要求,结合应急部

门或个人的应急职责和任务而编制相应的程序。每个现场处置方案必须紧紧围绕现场可能发生的事故状况、应急主体的应急功能和任务来描述应急行动的具体实施内容和步骤,要有针对性。

④连续性。应急救援活动包括应急准备、初期响应、应急扩大、应急恢复等阶段,是连续的过程。为了指导应急部门或人员能在整个应急过程中发挥其应急作用,现场处置方案必须具有连续性。同时,随着事态的发展,参与应急的组织和人员会发生较大变化,因此还应注意现场处置方案中应急功能的连续性。

(2)现场处置方案内容

现场处置方案的主要内容包括:事故特征、应急组织与职责、应急处置、注意事项四个部分。具体内容如下。

①事故特征包括:

a. 危险性分析,可能发生的事故类型。

b. 事故发生的区域、地点或装置的名称。

c. 事故可能发生的季节和造成的危害程度。

d. 事故前可能出现的征兆。

②应急组织与职责

a. 基层单位应急自救组织形式及人员构成情况。

b. 应急自救组织机构、人员的具体职责,应同单位或车间、班组人员工作职责紧密结合,明确相关岗位和人员的应急工作职责。

③应急处置内容包括:

a. 事故应急处置程序。根据可能发生的事故类别及现场情况,明确事故报警、各项应急措施启动、应急救护人员的引导、事故扩大及同企业应急预案的衔接的程序。

b. 现场应急处置措施。针对可能发生的火灾、爆炸、危险化学品泄漏、坍塌、水患、机动车辆伤害等,从操作措施、工艺流程、现场处置、事故控制、人员救护、消防、现场恢复等方面制定明确的应急处置措施。

c. 报警电话及上级管理部门、相关应急救援单位联络方式和联系人员,事故报告基本要求和内容。

④注意事项包括:佩戴个人防护器具、使用抢险救援器材、采取救援对策或措施、现场自救和互救、现场应急处置能力确认和人员安全防护、应急救援结束后和其他需要特别警示的事项。

(3)现场处置方案编制

①现场处置方案的编制程序

现场处置方案的编制是生产经营单位建立应急预案体系的重要部分,在满足整个应急预案体系的编制要求和时间进度安排的前提下,按照如下步骤进行现场处置方案的编制。

a. 成立现场处置方案编制小组,进行人员培训。由于现场处置方案涉及各个应急部门、人员和所有的应急功能,因此,现场处置方案编制小组的人员覆盖面要尽量广,应包括领导层的有关领导、负责应急的有关应急部门的代表、各个专业的技术人员、专家以及关键应急岗位人员。同时,应对小组成员进行培训,使其了解和掌握现场处置方案的目的和作用、基本要求及编制的内容、格式等要求,为顺利编制现场处置方案奠定基础。

b. 收集和分析资料,策划现场处置方案框架。在编制现场处置方案前,应收集相关资料,包括应急方面的法律法规和标准、规范、应急组织机构设置、应急职责分配、危险源与风险分析的结果、应急能力评估结果、特殊风险应急的基本要求、内部和外部救援力量等。对收集的资料进行分析整理，并结合企业的管理模式和应急的运行方式进行现场处置方案框架策划，确定编制的现场处置方案目录、主要内容、格式等。

c. 编制小组内部分工，进行现场处置方案编制。结合现场处置方案编制小组人员各自承担的应急职责、专业背景等，进行现场处置方案编制任务分工。如果一个现场处置方案涉及两个或两个以上部门，可由一个部门为主牵头进行编制，便于协调。编制小组人员按照确定的要求、内容、应急处置流程和格式进行编写。

d. 现场处置方案评审、修改。编制完的现场处置方案应由编制小组组长、各部门领导、专家以及公司领导进行逐级评审，由编制人员按照评审意见进行修改并完善。

e. 现场处置方案定稿、发布。最终修订的现场处置方案定稿后，应由企业主要负责人审批发布，要求企业内部全体员工都遵照实施。

编制完成的现场处置方案应进行定期或不定期的演习、评审，不断进行修订，以满足企业内部和外部的各种变化，确保现场处置方案持续有效、不断改进。

②现场处置方案的基本格式

现场处置方案没有严格固定的标准格式，但为了有利于方案的衔接、管理和实施，在编制现场处置方案时企业应尽量统一格式。本书通过实践，借鉴了一些企业好的做法，总结了以下的现场处置方案格式，以供参考。

示例：×××现场处置方案

a. 事故特征。

b. 应急组织与职责。

c. 应急处置。

d. 注意事项。

e. 其他。

上述现场处置方案的"e. 其他"可以包括：应急物资和资源的保障、现场处置方案的管理要求、现场恢复、一些支持性的附件/附录，如事故后果模拟计算结果、涉及的危险化学品的危险特性、区域或场所的平面布置图等。

③现场处置方案的策划

现场处置方案应结合生成经营单位的事故类别、危险源的具体情况和作业场所的布置情况，策划本单位需要编制的现场处置方案。

现场处置方案可以针对某一装置/设施或场所潜在的事故或紧急情况编制现场处置方案。例如，油库可以结合自身实际情况编制以下现场处置方案：油罐区泄漏现场处置方案，油罐区火灾、爆炸事故现场处置方案，油灌装设施泄漏现场处置方案，油管线泄漏现场处置方案，变配电室电气故障现场处置方案。

此外，生产经营单位也可以结合本单位的岗位应急职责或应急功能设置情况，编制某岗位或班组的现场处置方案。例如，油库可按照应急职责和功能编制现场处置方案：灌区巡检/管理人员现场处置方案、灌装工现场处置方案、设备维修工现场处置方案、电工现场处置方案，但不仅限于此。

每一个现场处置方案编制的时候，应充分考虑应急功能的相关要求，并将其要求结合现场处置实际情况,落实到现场处置方案中。现场处置方案中应考虑的应急功能主要包括:报警、接警与通知,应急指挥,警报和紧急公告,通信联络,警戒、治安与交通管制,事态监测与评估,应急物资和设备设施供应,人群疏散、安置,医疗救护,消防及工程抢险,泄漏物控制,公共信息发布,应急结束与恢复,事故处理与善后等。

④现场处置方案的审核

现场处置方案编制完成后,应组织有关部门及单位领导进行现场处置方案的审核,定稿后发布。

借鉴一些优秀公司在应急工作方面的成果经验,应急行动检查表可以用于对现场处置方案的审核,确定该现场处置方案编制的内容是否完善、是否全面。同时应急行动检查表将应急任务按照应急的流程和步骤在检查表中进行描述,一旦出现紧急情况,可为应急人员提供详细的指导,即可对照应急行动检查表中的事项逐一实施,避免出现应急任务遗漏或差错。应急行动检查表可以做成卡片式,便于携带和使用。

通用应急行动检查表包括的一般信息如下。

应急准备阶段:

a. 应急部门、人员的安排,明确各自的应急职责和任务。

b. 制定、评审并更新本现场处置方案。

c. 有关人员的应急知识和技能的教育、培训。

d. 识别、准备并核对应急所需的设备、设施、物资,包括检测仪表等。

e. 准备应急时使用的通信联络名单等资料。

f. 与其他应急组织或部门、人员协作、协调、配合的沟通和交流。

初始响应阶段:

a. 如何获得紧急情况或事故情况的警报或紧急公告。

b. 如何召集有关人员到位实施应急活动。

c. 根据自身的应急职责如何判断危害状况及所需要采取的具体措施。

d. 应携带或使用哪些应急设备、设施和物资,包括个体防护装备。

e. 如何与指挥人员或应急功能负责人及时联络沟通。

扩大应急阶段:

a. 如何获取或知道扩大应急。

b. 如何与指挥中心及其他相关部门、人员进行紧急联络。

c. 扩大应急阶段需要采取的应急行动。

d. 与外部救援队伍的联络、配合。

e. 如何确保应急人员的安全。

f. 在必要时根据指挥的指令进行疏散。

恢复阶段:

a. 如何明确应急结束,进入恢复阶段。

b. 识别事故现场的残余危害。

c. 实施恢复阶段承担的恢复行动。

d. 进行应急设备、设施等的清点、清理、维护和保养。

e. 评价现场处置方案的有效性并在授权范围内进行修改。

每一应急行动检查表除了包括一般性信息外,还有各自不同的应急作用和特点。

第四节　应急预案编制

应急预案编制是应急救援工作的核心内容之一,是开展应急救援工作的重要保障。我国政府近年来相继颁布的一系列法律法规,如《中华人民共和国安全生产法》、《中华人民共和国突发事件应对法》、《中华人民共和国职业病防治法》、《危险化学品安全管理条例》、《特种设备安全监察条例》、《使用有毒物品作业场所劳动保护条例》、《生产安全事故报告和调查处理条例》等,对安全生产事故应急预案的编制提出了相应的要求,是各级政府、企事业单位编制应急预案的法律法规基础。

一、应急预案编制的基本要求

应急预案的制定是应急管理的核心环节之一。生产经营单位安全生产事故应急预案的实用性和可操作性直接关系到生产经营单位发生事故时,能否及时得到控制和救治,生产经营单位安全生产事故应急预案的体系建设和编写质量直接影响应急资源的充分利用和重大事故的及时处理,对于消除事故隐患,有效控制重大事故发生,减少事故危害和财产损失,保护环境,保障劳动者安全与健康具有重大意义。

生产经营单位安全生产事故应急预案内容粗略,操作性不强,相关预案衔接不够是目前存在的主要问题。为规范和指导生产经营单位安全生产事故应急预案编写工作的开展,提高生产经营单位安全生产应急预案编写质量,国家安全生产监督管理总局第 17 号令《生产安全事故应急预案管理办法》中提出了编制应急预案的基本要求:①符合有关法律、法规、规章和标准的规定;②结合本地区、本部门、本单位的安全生产实际情况;③结合本地区、本部门、本单位的危险性分析情况;④应急组织和人员的职责分工明确,并有具体的落实措施;⑤有明确、具体的事故预防措施和应急程序,并与其应急能力相适应;⑥有明确的应急保障措施,并能满足本地区、本部门、本单位的应急工作要求;⑦预案基本要素齐全、完整,预案附件提供的信息准确;⑧预案内容与相关应急预案相互衔接。

具体来说,不仅仅是应急预案的编制要遵循一定的编制程序,同时应急预案内容也应满足以下要求。

1. 科学性

应急预案是应对处置突发事件的行动指南,其内容应当具有相当的科学性,表述清晰准确,逻辑系统严密,措施严谨科学。

(1)系统。应急预案应当完整包括突发事件事前、事发、事中、事后各个环节,明确各个进程中所做的工作,谁来做,怎样做,何时做,逻辑结构要严密,层层递进,让人一看就懂;各级各类应急预案相互之间也应有序衔接,构成一个完整体系。起草应急预案时,各级、各部门、各单位一定要密切联系,加强沟通,确保应急预案的严密性和系统性。

(2)权威。制定完善的应急预案要符合党和国家的方针政策,以"三个代表"重要思想、科学发展观为指导,坚持依法办事,符合有关法律、法规、规章,依法规范,使应急预案有法律依据,具有权威性。要明确应急管理体系、组织指挥机构以及职责、任务等一系列行政性管理规定,确保应对工作达到统一和高效。

(3)科学。应对处置突发事件是一项复杂而系统的工程,不同类型的突发事件涉及不同门类的专科知识;同一类型突发事件由于时空等具体条件的不同,处置措施也不尽相同。必须在全面调查研究的基础上,开展分析论证,制定出科学的处置方案,使应急预案建立在科学的基础上,严密统一、协调有序、高效快捷地应对突发事件。

2. 针对性

各级各类应急预案的作用和功能是不尽相同的。编制应急预案应当注重针对性,有的放矢,针对具体情况及所要达到的目的和功能来组织编制应急预案。如果照搬照抄,制定的应急预案必然是华而不实,一纸空文。

(1)结合实际。一旦发生突发事件,应急预案必须既能用,又管用。因此,一定要从实际出发,切记生搬硬套。各地、各部门、各单位在编制应急预案时,在具体内容、操作程序、行动方案上一般不作统一规定,要针对本地、本部门、本单位突发事件的现状和趋势进行深入细致的调查研究,从中发现和抓住处置突发事件的规律和特点,突出重点。

(2)吸收借鉴。一方面,研究上级应急预案精神和要点,吸收其精华,尽量在框架体系、主要内容上与国家应急预案对接,做到上下衔接;学习各地各部门应急预案,吸收他人的成功经验,借鉴别人的有效做法;有条件的,还可以吸取和借鉴国外的有益做法和经验。另一方面,研究过去突发事件应对案例,从成功经验或者失败教训中分析比较,从中归纳出符合实际、行之有效的做法,并把好的做法以及经验习惯提炼上升为科学、规范的应急预案,使之更具有针对性、实效性。

(3)区别对待。不同类别应急预案的作用和功能不同,在编制时应当有所侧重,避免"千篇一律"。一般来说,政府总体应急预案应当体现在"原则指导"上;专项应急预案应当体现在"专业应对"上;部门应急预案应体现在"职能部门"上;基层单位应急预案应当体现在"具体处置"上;重大活动应急预案应当体现在"预防措施"上。

3. 可操作性

应急预案不是用来应付上级检查的,更不是管理者用来推卸责任的,而是关键时候用来解决问题的。应急预案必须能用、管用,质量高,具有很强的现实可操作性。

(1)明确。应急预案内容一般都涉及预防应对、善后处理、责任奖惩等具体问题,文本必须准确无误、表述清楚。在描述突发事件事前、事中、事后的各个环节中,对所有问题都应有明确、充分的阐述,不能模棱两可,产生歧义。每个应急预案的分类分级标准尽可能量化,职能职责定位尽可能具体,避免在应急预案应用中出现职责不清、推诿扯皮等情况。突发事件的发展扩散往往瞬息万变,如果因为应急预案规定不清楚而造成应急救援行动无法协调一致,延误最佳处置时机,后果将会很严重。

(2)实用。编制应急预案要实事求是、实际管用,要始终把握关键环节,例如,只写以现有能力和资源为基础能做到的,不写未来建设目标、规划内容等做不到的;从实际出发设置组织指挥体系,与应急处置工作相适应,不强求千篇一律;根据实际情况确定应急响应级别,不强求上下一致等。

(3)精炼。编制应急预案要坚持文字"少而精",内容上不面面俱到,文字上不贪多求全,力求主题鲜明、内容翔实、结构严谨、表述准确、文字简练、篇幅简短。凡是与应急预案主题无关的内容不写，一切官话、套话、空话、废话均应去掉，做到言简意赅。

4. 规范性

编制应急预案要在程序、体例格式等方面力求规范、标准。

(1)编制程序要规范。编制应急预案一定要遵循程序，特别是政府的总体、专项和部门应急预案，在应急预案体系中占有主体地位，更应当规范编制程序。一般要制定《应急预案编制管理办法》，从立项、起草、审批、印发、备案等程序对编制应急预案做出规定，对应急预案的更新、修订进行要求，对应急预案的宣传、培训、演练等动态管理内容提出指导性意见。

(2)内容结构要规范。应急预案文本虽然没有固定格式，但基本内容无外乎总则、组织指挥体系、预警预防机制、应急响应、善后工作、应急保障、监督管理、附则等方面。编制应急预案时，一般要对结构框架、呈报手续、体例格式、字体字号、相关附件等进行规范。在应急预案拟写方面，从应急预案内容、政策规定、部门协调、行文规范等提出严格要求；呈报手续方面，规定应急预案需附主办部门请示、部门专家意见、上级机关相关应急预案以及有关资料等；体例格式方面，从格式、字体、用纸等方面进行规范。这样，编制应急预案既能确保体系内容的完整性，又可提高编制效率。

(3)体例格式要规范。应急预案编制应当基本统一体例格式标准，如对应急预案中涉及的单位名称规定用全称或规范化简称；正文中序号按国家总体应急预案序号层次排列，最高为三个层次，超过的用括号区别；附件应当附有与应急预案相关的重要文件或者有关补充内容等。

二、应急预案编制的步骤

根据《生产经营单位安全生产事故应急预案编制导则》(AQ/T 9002—2006)的相关规定，应急预案的编制程序可分为以下六个步骤，应急预案的编制流程如图 4-4 所示。

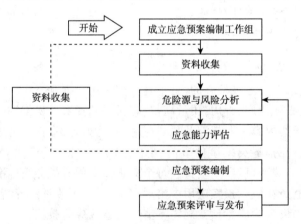

图 4-4 应急预案编制流程

(1)成立应急预案编制工作组

结合本单位部门职能分工，成立以单位主要负责人为领导的应急预案编制工作组，明确编制任务、职责分工，制定工作计划。

(2)资料收集

收集应急预案编制所需的各种资料，包括相关法律法规、应急预案、技术标准、国内外同行业事故案例分析、本单位技术资料等。

（3）危险源与风险分析

在危险因素分析及事故隐患排查、治理的基础上，确定本单位可能发生事故的危险源、事故的类型和后果，进行事故风险分析，并指出事故可能产生的次生、衍生事故，形成分析报告，分析结果作为应急预案的编制依据。

（4）应急能力评估

对本单位应急装备、应急队伍等应急能力进行评估，并结合本单位实际，加强应急能力建设。

（5）应急预案编制

针对可能发生的事故，按照有关规定和要求编制应急预案。应急预案编制过程中，应注重全体人员的参与和培训，使所有与事故有关人员均掌握危险源的危险性、应急处置方案和技能。应急预案应充分利用社会应急资源，与地方政府预案、上级主管单位以及相关部门的预案相衔接。

（6）应急预案评审与发布

应急预案编制完成后，应进行评审。评审由本单位主要负责人组织有关部门和人员进行。外部评审由上级主管部门或地方政府负责安全管理的部门组织审查。评审后，按规定报有关部门备案，并经生产经营单位主要负责人签署发布。

三、应急预案的主要内容

1. 应急预案的核心要素

应急预案是整个应急管理工作的具体反映，它的内容不仅限于事故发生过程中的应急响应和救援措施，还应包括事故发生前的应急准备和事故发生后的紧急恢复以及预案的管理和更新等。因此，应急预案的核心要素有以下几项。

（1）方针与原则。它是开展应急救援工作的纲领。

①阐明应对工作的方针与原则，如保护人员安全优先，防止和控制事故蔓延，保护环境，以及预防为主、常备不懈、高效协调和持续改进的思想。应急预案编制的原则，应简明扼要，明确具体（如以人为本、安全第一，统一领导、分级负责，资源共享、协同应对，依靠科学、依法规范，反应快捷、措施果断，预防为主、平战结合等）。

②列出应急预案所针对的突发事件（或紧急情况）类型、适用的范围、救援目标等。

（2）应急策划。

①危险辨识与评价。包括：确认可能发生的突发事件的类型、地点；确定突发事件的影响范围及可能影响的人数；重大危险源的数量及分布；根据突发事件的种类和后果严重程度，确定应急预案编制的级别；获取地理、人文（人口）、地质、气象等信息，城市布局及交通情况；可能影响应急救援的不利因素等；形成附件。

②应急资源评价。分析和评价目前相关部门（单位）和社会应急活动中可以使用或可以调动的各种资源，包括应急力量（人员）、应急设备（施）、物资等。如，基本应急装备：通信、交通、照明、防护等工具；专用应急救援装备：消防、医疗、应急发电、大型机械等。最后，形成附件。

③应急机构与职责。包括：明确应对过程中各个特定任务的负责机构及职责；明确应急处

置负责人和各部门负责人及职责;本区域以外能提供援助的有关机构的职责;明确政府和有关单位在应急处置中的职责;形成附件。

④应急机制。按突发事件的严重程度建立分级响应机制和程序。统一领导、统一指挥、分级响应、资源共享、全体参与。预测预警机制、应急决策协调机制、应急沟通协调机制、应急社会动员机制、应急资源征用机制、责任追究机制等。对各应急机构的应急行动与协调活动进行总体规划并建立有效的工作机制。

⑤法律法规要求。包括:明确列出涉及应急救援要求的相关法律法规、规范性文件等;形成附件。

(3)应急准备。

①应急设备、设施、物资。包括:准备用于应急救援的机械与设备、监测仪器、材料、交通工具、个体防护设备、医疗设备、办公室等保障物资;列出有关部门(单位),如武警、消防、卫生、防疫等部门可用的应急设备;定期检查与更新;列出存放地点及获取方法;形成附件。

②应急人员的培训。包括:应急人员进行有针对性的培训,并确保合格上岗;描述每年的培训计划;描述对现场应急人员进行培训的频度、程度等。

③应急预案演练。包括:表述应急预案演练的目的;制定每年的演练计划;有关单位参加应急预案演练;描述对演练结果的评价,发现应急预案存在的问题并加以解决。

④公众教育。包括:周期性宣传提高安全意识的方法与措施;宣传潜在危险的性质、疏散路线、报警和自救方法,了解各种警报的含义、应急救援的有关程序的知识。

⑤互助协议。包括:描述与邻近企业、消防、医疗、检测、武警、邻近城市或地区建立的互助协议;社会专业技术服务机构、物资供应企业的互助协议;形成附件。

(4)应急响应。

①报警程序(由下到上)。事发现场的每个公民都有报警的义务,因此要明确报警方式(如电话、警报器等)、报警内容,以便报警规范化。包括:确定接警的机构及原则;确定24小时与政府主管部门的通信、联络方式;制定报警信息单,详细记录事故情况,如事发地点、突发事件类型、危险物质、伤亡情况、影响范围、事态控制情况等。

②警报和紧急公告(由上到下)。包括:警报和紧急公告的机构和标准原则;明确授权发布警报和紧急公告的机构和负责人;明确向公众报警的标准、方式、信号等,明确各种警报信号的不同含义,协调警报器的使用及每个警报器所覆盖的地理区域等;重要的公告信息(包括健康危险、自我保护、疏散路线、医院等);特殊情况下警报的盲区、特殊需要的人群及地点、使用机动方式协助发出警报或逐家通报等;制定标准化或填空式公告样本。

③指挥与控制。包括:建立协调总指挥、现场应急抢险指挥;建立现场指挥、协调和决策程序,对突发事件进行初始评估,确认紧急状态,有效地确认响应级别(Ⅰ级、Ⅱ级、Ⅲ级响应等)和抢险救援行动指令;确定重点保护区域的应急行动的优先原则;指挥和协调现场各救援队伍的救援行动;合理高效地使用应急资源等。

④通信。包括:在应急救援过程中应当保证各部门通信畅通;规定所需的各类通信设施,确保通信器材完好;维护通信系统;设立备用通信系统。

⑤人群疏散与安置。包括:确定实施疏散的紧急情况;明确发布疏散居民指令的机构和负责人;预防性疏散准备、疏散区域、疏散距离、疏散路线、疏散运输工具、避难场所的规定;应当考虑疏散人群的数量,需要疏散的时间,可利用的时间、风向等环境变化,老弱病残等特殊人群

的疏散问题等;做好疏散人群的生活安置、保障条件;明确负责执行和核实疏散居民(包括通告、运输、交通管制、警戒)的机构;核查疏散人数,记录疏散情况;临时安置场所的管理和运转负责部门;临时安置场所的食品、水电、医疗、消毒、治安等安排;临时安置场所的标志。

⑥警戒与治安。包括:确定警戒的机构和职责;制定事故现场警戒和管制程序;交通管制、路口封锁、指挥中心警戒、事故现场警戒;制定对特殊设施和人群的安全保护措施(如学校、幼儿园、残疾人等);确定决定终止保护措施的情况和规定。

⑦医疗与卫生服务。包括:医疗资源的数量;规定紧急医疗服务的组织,伤员的分类救护和转送方法;抢救药品,医疗器械,消毒、解毒药品等;急救点设置,化学品受伤和疾病感染人员的隔离、净化和治疗;死亡认定与处置,医疗人员应当经过培训并掌握对受伤人员的正确治疗方法等。

⑧现场监测(事态监测)。建立对事发现场监测和评估的程序,为现场的救援决策提供支持。现场监测包括事件的规模,事态的发展趋向,伤亡情况,食物、水源,环境卫生污染监测等。

⑨现场抢救与控制。包括:现场抢救的目标和原则;现场抢险的操作程序;现场抢险人员的要求;现场抢险的物资、设备的要求。针对特殊的风险,如危险化学品事故、火灾等,需用进一步详细的抢险程序和方案,包括使用特殊的应急救援人员、专家、技术、方法、材料、设备等手段,以达到控制和消除事故的目的。

⑩应急人员安全。为保证应急人员在抢险中免受伤害,应当建立进入和离开事发现场的相关程序,保证其安全。包括:进入和离开现场的标准程序;进入和离开现场的报告规定;进入和离开现场的登记规定;应急救援人员的清点规定;消毒程序;安全与卫生设备的正确配备;个人安全预防措施等。

⑪环境保护。包括:对于可能对环境造成严重影响的重大事故,应当建立环境保护程序;拟定控制环境污染扩大的方案;及时清除污染;对环境污染水平的监测;对于可能对公众健康造成损害的污染进行通告等。

⑫信息发布管理。包括:明确应急救援过程中与媒体和公众接触的机构和发言人,准确发布突发事件信息;明确信息发布的审核、批准程序和格式;准确通告突发事件发生、救援及人员伤亡的情况;为公众了解防护措施等有关问题提供咨询服务。

⑬应急资源管理。应当制定应急救援过程中各种应急救援资源供给程序,保证应急救援资源及时合理地调配与高效使用。包括:应急救援资源供给的机构;应急救援资源调用指令的响应;应急救援资源供给的记录;应急救援资源快速运抵现场的要求;应急救援设备的及时回收与清点等。

(5)现场恢复与事故调查。

①明确决定终止应急响应,恢复正常秩序的机构和负责人。

②宣布应急响应终止的程序。

③恢复正常状态的程序。

④现场清理和环境影响区域的污染消除与连续检测要求。

⑤事故调查与后果评价。

(6)预案管理与评审改进。对预案的制定、修改、更新、批准和发布做出明确的管理规定,并保证定期或在应急演练、应急救援后对应急预案进行评审,针对实际情况的变化以及预案中所暴露出的缺陷,不断地更新、完善和改进应急预案文件体系,以保证应急预案的及时更新和实效性，一般包括以下内容。

①应急人员的身份和电话。

②应急组织机构。

③应急资源的变更。

④根据演练中发现和存在的问题，不断修订、完善应急预案。

应急预案的六个一级要素之间既具有一定的独立性，又紧密联系，从应急的方针、策划、准备、响应、恢复到预案的管理与评审改进，形成了一个有机联系并持续改进的应急管理体系。根据一级要素中所包括的任务和功能，应急策划、应急准备和应急响应三个一级关键要素，可进一步划分成若干个二级要素。所有这些要素构成了重大事故应急预案的核心要素，这些要素是重大事故应急预案编制应当涉及的基本方面。在实际编制时，根据企业的风险和实际情况的需要，也为便于预案内容的组织，可对要素进行合并、增加、重新排列或适当的删减等。这些要素在应急过程中也可视为应急功能。

2. 应急预案的主要内容

应急预案的主要内容基本都是围绕应急预案的核心要素展开的，完整的应急预案主要包括六个方面的内容。

(1)应急预案概况

应急预案概况主要描述生产经营单位概况以及危险特性状况等，同时对紧急情况下应急事件、适用范围提供简述并作必要说明，如明确应急方针与原则，作为开展应急救援工作的纲领。

(2)预防程序

预防程序是对潜在事故、可能的次生与衍生事故进行分析并说明所采取的预防和控制事故的措施。

(3)准备程序

准备程序应说明应急行动前所需采取的准备工作，包括应急组织及其职责权限、应急队伍建设和人员培训、应急物资的准备、预案的演练、公众的应急知识培训、签订互助协议等。

(4)应急程序

在应急救援过程中，存在一些必需的核心功能和任务，如接警与通知、指挥与控制、警报和紧急公告、通信、事态监测与评估、警戒与治安、人群疏散与安置、医疗与卫生、公共关系、应急人员安全、消防和抢险、泄漏物控制等，无论何种应急过程都必须围绕上述功能和任务开展。应急程序主要指实施上述核心功能和任务的程序和步骤。

①接警与通知。准确了解事故的性质、规模等初始信息是决定启动应急救援的关键。接警作为应急响应的第一步，必须对接警要求做出明确规定，保证迅速、准确地向报警人员询问事故现场的重要信息。接警人员接受报警后，应按预先确定的通报程序，迅速向有关应急机构、政府及上级部门发出事故通知，以采取相应的行动。

②指挥与控制。重大安全生产事故应急救援往往需要多个救援机构共同处理，因此，对应急行动的统一指挥和协调是有效开展应急救援的关键。建立统一的应急指挥、协调和决策程序，便于对事故进行初始评估，确认紧急状态，从而迅速有效地进行应急响应决策，建立现场工作区域，确定重点保护区域和应急行动的优先原则，指挥和协调现场各救援队伍开展救援行

动,合理高效地调配和使用应急资源等。

③警报和紧急公告。当事故可能影响到周边地区,对周边地区的公众可能造成威胁时,应及时启动警报系统,向公众发出警报,同时通过各种途径向公众发出紧急公告,告知事故性质、对健康的影响、自我保护措施、注意事项等,以保证公众能够及时做出自我保护响应。决定实施疏散时,应通过紧急公告确保公众了解疏散的有关信息,如疏散时间、路线、随身携带物、交通工具及目的地等。

④通信。通信是应急指挥、协调和与外界联系的重要保障,在现场指挥部、应急中心、各应急救援组织、新闻媒体、医院、上级政府和外部救援机构之间,必须建立完善的应急通信网络,在应急救援过程中应始终保持通信网络畅通,并设立备用通信系统。

⑤事态监测与评估。在应急救援过程中必须对事故的发展势态及影响及时进行动态的监测,建立对事故现场及场外的监测和评估程序。事态监测在应急救援中起着非常重要的决策支持作用,其结果不仅是控制事故现场,制定消防、抢险措施的重要决策依据,也是划分现场工作区域、保障现场应急人员安全、实施公众保护措施的重要依据。即使在现场恢复阶段,也应当对现场和环境进行监测。

⑥警戒与治安。为保障现场应急救援工作的顺利开展,在事故现场周围建立警戒区域,实施交通管制,维护现场治安秩序是十分必要的,其目的是要防止与救援无关人员进入事故现场,保障救援队伍、物资运输、人群疏散等的交通畅通,并避免发生不必要的伤亡。

⑦人群疏散与安置。人群疏散是减少人员伤亡扩大的关键,也是最彻底的应急响应。应当对疏散的紧急情况和决策、预防性疏散准备、疏散区域、疏散距离、疏散路线、疏散运输工具、避难场所以及回迁等做出细致的规定和准备,应考虑疏散人群的数量、所需要的时间、风向等环境变化以及老弱病残等特殊人群的疏散等问题。对已实施临时疏散的人群,要做好临时生活安置,保障必要的水、电、卫生等基本条件。

⑧医疗与卫生。对受伤人员采取及时、有效的现场急救,合理转送医院进行治疗,是减少事故现场人员伤亡的关键。医疗人员必须了解城市主要的危险,并经过培训,掌握对受伤人员进行正确消毒和治疗的方法。

⑨公共关系。重大事故发生后,不可避免地会引起新闻媒体和公众的关注。应将有关事故的信息、影响、救援工作的进展等情况及时向媒体和公众公布,以消除公众的恐慌心理,避免公众的猜疑和不满。应保证事故和救援信息的统一发布,明确事故应急救援过程中对媒体和公众的发言人和信息批准、发布的程序,避免信息的不一致性。同时,还应处理好公众的有关咨询,接待和安抚受害者家属。

⑩应急人员安全。重大事故尤其是涉及危险物质的重大事故的应急救援工作危险性极大,必须对应急人员自身的安全问题进行周密的考虑,包括安全预防措施、个体防护设备、现场安全监测等,明确紧急撤离应急人员的条件和程序,保证应急人员免受事故的伤害。

⑪抢险与救援。抢险与救援是应急救援工作的核心内容之一,其目的是为了尽快地控制事故的发展,防止事故的蔓延和进一步扩大,从而最终控制住事故,并积极营救事故现场的受害人员。尤其是涉及危险物质的泄漏、火灾事故,其消防和抢险工作的难度和危险性十分巨大,应对消防和抢险的器材和物资、人员的培训、方法和策略以及现场指挥等做好周密的安排和准备。

⑫危险物质控制。危险物质的泄漏或失控,将可能引发火灾、爆炸或中毒事故,对工人、设备等造成严重危胁。而且,泄漏的危险物质以及夹带了有毒物质的灭火用水,都可能对环境造

成重大影响,同时也会给现场救援工作带来更大的危险。因此,必须对危险物质进行及时有效的控制,如对泄漏物的围堵、收容和洗消,并进行妥善处置。

(5)恢复程序

恢复程序是说明事故现场应急行动结束后所需采取的清除和恢复行动。现场恢复是在事故被控制住后进行的短期恢复,从应急过程来说意味着应急救援工作的结束,并进入到另一个工作阶段,即将现场恢复到一个基本稳定的状态。经验教训表明,在现场恢复的过程中往往仍存在潜在的危险,如余烬复燃、受损建筑倒塌等,所以,应充分考虑现场恢复过程中的危险,制定恢复程序,防止事故再次发生。

(6)预案管理与评审改进

应急预案是应急救援工作的指导文件。应当对预案的制定、修改、更新、批准和发布做出明确的管理规定,保证定期或在应急演习、应急救援后对应急预案进行评审,针对各种变化的情况以及预案中所暴露出的缺陷,不断地完善应急预案体系。

四、应急预案的相互衔接

1. 应急预案相互衔接的重要性

生产经营单位安全生产事故应急预案是最基层的预案要素,数量庞大,是国家应急预案体系的重要组成部分。生产经营单位应结合本单位的实际情况,分别制定与公司、生产经营单位、车间和岗位相对应的应急预案,形成体系,互相衔接,并且按照统一领导、分级负责、条块结合、属地为主的原则,同地方人民政府和相关部门应急预案相衔接。一旦发生的安全生产事故超出了生产经营单位的厂界或超出本单位自身的应急能力,就需要社会及政府的应急援助。

另外,我国当前的生产经营单位应急救援体系和政府应急救援体系并不能完全独当一面,都有各自的特点和局限性,只有有效衔接才能发挥各自的特点并形成互补、发挥作用。政府应急体系存在着应急救援预案针对性、专业性和现场指导性不强等不足和局限性。而生产经营单位应急救援体系也存在以下四个方面的局限性。

(1)局部性。企业应急体系相对于整个社会的大背景是孤立的和局部的,尤其是危险化学品事故影响到居民、周边其他单位时,企业应急体系难以发挥作用。

(2)企业应急响应能力和应急资源调动能力的有限性。当发生的重特大危险化学品事故超出了企业自身的控制能力时,企业无法启动与之对应的响应等级,也无法调动相应的应急资源。

(3)应急技术支撑的非充分性。对大多数企业而言,其应急体系建设中的技术支撑是不充分的,一旦出现与预案设定不完全相符的紧急情况,企业往往得不到专家的技术支撑,从而造成损失增大、后果加重的情况。

(4)应急信息的非对称性。企业难以全面了解其他单位应急体系的建立与实施情况,在这方面只有依靠政府。而政府应急救援体系也存在着应急救援预案针对性、专业性和现场指导性不强等不足和局限性。

因此,要想做好应急救援工作,就必须做好应急救援预案的衔接工作,以保证在非常态下能够临危不乱、行动迅速。生产经营单位应将应急预案到政府有关部门进行备案,使政府有关部门掌握生产经营单位的应急救援工作情况。同时,生产经营单位应与政府有关部门保持紧密联系,确保应急救援工作能够顺畅开展。与此同时,政府部门的应急预案以生产经营单位的应急预案为基础,政府部门在生产经营单位进行安全生产事故先期处置后,应及时启动政府应急预案,对事故应急救援工作进行指挥、协调、处理等。政府部门应掌握所辖区域内生产经营单位的重大危险源的信息,并指导、监督生产经营单位做好应急救援工作,对生产经营单位的应急预案进行备案,确保生产经营单位的应急预案与政府应急预案有效衔接。

目前,我国的应急预案体系已基本完善,相当数量的应急预案已基本涵盖各个层面和领域,同时还将不断编制实施新的预案。各级政府和生产经营单位要加强对预案编制的指导协调、沟通交流和审核备案工作,更加注重各级各类预案的衔接与配套,形成统一、有机完整的预案体系。已制定各类安全生产应急预案的各地区、各部门和各单位,应持续优化应急预案体系,做好各级、各类相关应急预案的衔接工作。建立起政府与企业、企业与企业、企业与关联单位之间的应急联动机制,通过预案联动、机构联动、资源联动、信息联动,互相救援、互为补充,以便于协调有序地开展应急处置工作,确保应急响应及时迅速。

2. 应急预案相互衔接的方式

根据有关文件精神及要求,解决政府与生产经营单位之间应急预案衔接问题可以从四个方面进行:①应急预案中建立的应急组织机构、职责及相互关系;②应急预案相关的工作制度、运行方式和程序;③规范生产经营单位和政府行为的法律、规章、条例;④应急队伍和装备等。

坚持预防为主、关口前移、重心下移,是做好应急管理工作的基本原则。预防突发事件的发生,是应急管理的本质要求。建立应急预案体系的根本目的,不仅仅是启动应急预案进行应急处置,更为重要的是在常态下发挥应急预案的预防作用,尽可能化解可能导致突发公共事件的风险隐患,最大限度地减少突发公共事件的发生。

因此,结合我国当前应急管理工作的现状,依据政府及政府有关部门关于应急管理的文件,政府与生产经营单位的预案衔接问题,可按照预防与应急并重、常态与非常态相结合的原则进行分解。

(1)常态时(平时)应急预案之间的衔接

①突发安全生产事故应急组织指挥机构

在应急预案体系中,生产经营单位应急组织指挥体系应考虑与政府应急组织指挥体系形成衔接。

生产经营单位应急预案应急指挥部应该结合当地政府应急预案的内容,考虑增加政府相关部门及其负责人的联系方式,以便及时联系。同时,政府预案中应综合考虑生产经营单位的重大危险源,在应急预案应急指挥体系中增加重大危险源厂外应急措施以及可提供大型救援装备的生产经营单位负责人员。

在突发生产安全事故发生后,生产经营单位根据应急预案建立应急处理指挥机构,切实履行先期处置的职责,负责在突发生产安全事故发生初期进行组织和指挥。随着突发生产安全事故的发展,当地政府应当迅速和生产经营单位应急指挥机构一起建立应急处置指挥体系,负责对突发生产安全事故进行统一领导、统一指挥。

②应急物资与装备等的调度和配置

应急资源物资与装备是重大安全生产事故发生后能否成功救援的关键。政府和生产经营单位应急预案应在应急资源与装备等的调度和配置方面形成有效衔接。

根据《国家安全生产事故灾难应急预案》,各专业应急救援队伍和生产经营单位根据实际情况和需要配备必要的应急物资和救援装备。专业应急救援指挥机构应当掌握本专业的特种救援装备情况，各专业队伍按规程配备救援装备。国务院有关部门和县级以上人民政府及其有关部门、生产经营单位，应当建立应急救援设施、设备、救治药品、医疗器械等储备制度，储备必要的应急物资与装备。

当地政府主管部门应当加强突发安全生产事故应急网络建设，配备相应的物资、设施、装备等，保证应急物资、设施、装备等物资储备，提高应对突发安全生产事故的能力。当地政府主管部门应当根据当地风险特点，保证应急物资、设施、装备等物资储备。各级政府应当提供必要的资金，保障应急物资与装备资源储备，将所需经费列入政府财政预算。根据突发安全生产事故应急处理的需要，当地政府主管部门应急指挥机构应当与生产经营单位联动，掌握其具备的物资和资源，并有权在突发安全生产事故发生后调用机关、团体、企事业组织和个人的交通工具、通信工具、场地和建筑物，必要时可以配合有关部门，对人员进行疏散或者隔离，对重点地区进行封锁。

③应急救援队伍的建立和管理

政府和生产经营单位应急预案应在应急救援队伍方面形成衔接。

根据《国家安全生产事故灾难应急预案》，矿山、危险化学品、交通运输等行业或领域的生产经营单位应当依法组建和完善救援队伍。各级、各行业安全生产应急救援机构负责检查并掌握相关应急救援力量的建设和准备情况。

当地政府主管部门应当对当地应急救援队伍的建立提出建议方案，并充分考虑当地生产经营单位的实际情况，积极支持生产经营单位根据自己的危险性组建专兼职的应急救援队伍，同时，当地政府主管部门也应当提出规划，确保队伍类型、水平等符合当地风险特点。一旦应急救援队伍形成体系，当地政府主管部门应当组织对其进行培训，以提高其应急救援能力。

④宣传、培训和演练

政府和生产经营单位应急预案应通过宣传、培训和演练形成衔接。

国务院安委会办公室和有关部门组织应急法律法规和事故预防、避险、避灾、自救、互救常识的宣传工作，各种媒体提供相关支持。地方各级人民政府结合本地实际，负责本地相关宣传、教育工作，提高全民的危机意识。生产经营单位与所在地政府、社区建立互动机制，向周边群众宣传相关应急知识。

有关部门组织各级应急管理机构以及专业救援队伍的相关人员进行上岗前培训和业务培训。有关部门、单位可根据自身实际情况，做好兼职应急救援队伍的培训，积极组织社会志愿者的培训，提高公众自救、互救能力。地方各级人民政府应将突发公共事件应急管理内容列入行政干部培训的课程。

各专业应急机构每年应至少组织一次安全生产事故灾难应急救援演练。国务院安委会办公室每两年应至少组织一次联合演练。各生产经营单位应当根据自身特点，定期组织本单位的应急救援演练。政府和生产经营单位应根据应急预案要求共同进行应急救援演练。

(2)非常态时(战时)应急预案之间的衔接

①信息报告和沟通

政府和生产经营单位应急预案应当在信息报告和沟通机制方面形成衔接。

在应急预案体系中，政府主管部门之间、政府主管部门和生产经营单位之间应建立突发安全生产事故的应急报告和信息沟通机制。

对可能造成重大社会影响的重大突发安全生产事故进行报告和沟通,确保突发安全生产事故发生后,政府和生产经营单位能够协调一致地采取相应的应急救援行动。

按照属地为主的原则,突发安全生产事故发生后,生产经营单位应当及时向当地政府主管部门报告。生产经营单位和个人对突发安全生产事故不得瞒报、缓报、谎报。在建立突发安全生产事故应急报告机制的同时,还应当建立与当地其他相关机构的信息沟通机制。根据突发安全生产事故的情况,当地政府主管部门应当及时向突发公共事件应急指挥机构报告,并向消防等有关部门通报情况。

②快速应急处理

政府和生产经营单位应当在应急预案体系中建立快速应急处理衔接机制。

突发安全生产事故发生后,生产经营单位应根据应急预案快速反应,进行先期处置,并迅速报告当地政府主管部门。当地政府主管部门接到突发安全生产事故发生的信息报告后,应当组织专家对其进行综合评估,分析、研究突发安全生产事故的后果和可能造成的影响,并根据应急预案中设定的响应条件提出是否启动政府主管部门快速应急处理系统。

③应急处置社会联动

应急预案中应当建立政府和生产经营单位应急处置社会联动机制。

根据《国家安全生产事故灾难应急预案》,地方各级人民政府根据需要动员和组织社会力量参与安全生产事故灾难的应急救援。国务院安委会办公室协调调用事发地以外的有关社会应急力量参与增援时,地方人民政府要为其提供各种必要保障。突发安全生产事故发生后,当地政府主管部门应当与计划、交通、商务、卫生等有关部门紧密配合,协同行动,扎实工作,按照各自职责,为保证突发安全生产事故应急处理所需的物资、装备、医疗、生活以及交通、通信等物质的生产、运输、供应创造良好的社会环境。突发安全生产事故发生期间,当地政府主管部门要与街道、乡镇、居民委员会、村民委员会以及其他职能部门密切配合,做好情报信息的收集和报告、人员疏散隔离、重点地区交通管制工作,并积极向人民群众宣传应对突发安全生产事故的相关知识。

第五节　应急预案管理

安全生产应急预案管理工作是安全生产应急管理工作的重要组成部分,是开展应急救援的一项基础性工作。做好应急预案管理工作是降低事故风险、及时有效地开展应急救援工作的重要保障,是促进安全生产形势稳定好转的重要措施。

近年来,各地区、各有关部门和各类生产经营单位按照党中央、国务院的统一部署和要求,在预案管理方面做了大量工作,安全生产事故应急预案编制工作取得了很大进展,管理水平不断提高。但从整体上看,安全生产事故应急预案管理工作仍有很多不足,主要问题有:预案要素不全、可操作性不强;企业内部上下以及企业预案与政府及相关部门预案相互衔接不够;部分生产经营单位还没有编制安全生产事故应急预案;预案演练工作开展不够等。抓好应急预案的管理工作是有效应对以上问题的重要措施。

应急预案管理工作主要包括应急预案的评审与发布、备案、修订与更新等内容。

一、应急预案评审与发布

应急预案编制完成后,应进行评审。应急预案评审的目的是确保应急预案能反映当地政府或生产经营单位经济、技术发展、应急能力、危险源、危险物品使用、法律及地方法规、道路建设、人口、应急电话等方面的最新变化，确保应急预案与危险状况相适应。评审后，按规定报有关部门备案，并经生产经营单位主要负责人签署发布。

按照有关规定，应急预案评审应满足以下要求。

(1)地方各级安全生产监督管理部门应当组织有关专家对本部门编制的应急预案进行审定；必要时，可以召开听证会，听取社会有关方面的意见。涉及相关部门职能或者需要有关部门配合的，应当征得有关部门同意。

(2)矿山、建筑施工单位，易燃易爆物品、危险化学品、放射性物品等危险物品的生产、经营、储存、使用单位和中型规模以上的其他生产经营单位，应当组织专家对本单位编制的应急预案进行评审。评审应当形成书面纪要并附有专家名单。

其他生产经营单位应当对本单位编制的应急预案进行论证。

(3)参加应急预案评审的人员应当包括应急预案涉及的政府部门工作人员和有关安全生产及应急管理方面的专家。

评审人员与所评审预案的生产经营单位有利害关系的，应当回避。

(4)应急预案的评审或者论证应当注重应急预案的实用性、基本要素的完整性、预防措施的针对性、组织体系的科学性、响应程序的可操作性、应急保障措施的可行性、应急预案的衔接性等内容。

(5)生产经营单位的应急预案经评审或者论证后，由生产经营单位主要负责人签署公布。

1. 应急预案评审类型

应急预案草案应经过所有要求执行该预案的机构或为应急预案执行提供支持的机构的评审。同时，应急预案作为重大事故应急管理工作的规范文件，一经发布，即具有相当权威性。因此，应急管理部门或编制单位应通过应急预案评审过程不断地更新、完善和改进应急预案文件体系。

根据评审性质、评审人员和评审目标的不同，将评审过程分为内部评审和外部评审两类，见表 4-1。

表 4-1 应急预案评审类型

评审类型		评审人员	评审目标
内部评审		应急预案编写成员 预案涉及所有职能部门人员	(1)确保应急预案职责清晰，程序明确 (2)确保应急预案内容完整
外部评审	同行评审	具备与编制成员类似资格或专业背景的人员	听取同行对应急预案的客观意见
	上级评审	对应急预案负有监督职责的人员或组织机构	对应急预案中要求的资源予以授权，做出相应的承诺
	社区评议	社区公众、媒体	(1)改善应急预案的完整性 (2)促进公众对应急预案的理解 (3)促进应急预案为各社区接受
	政府评审	政府部门组织的有关专家	(1)确认应急预案符合相关法律、法规、规章、标准和上级政府有关规定的要求 (2)确认应急预案与其他预案协调一致 (3)对应急预案进行认可，并予以备案

（1）内部评审

内部评审是指编制小组内部组织的评审。应急预案编制单位应在应急预案初稿编写完成之后，组织编写成员及企业内各职能部门负责人对应急预案内部评审，内部评审不仅要确保语句通畅，更重要的是各职能部门的应急管理职责清晰，应急处置程序明确以及应急预案的完整性。编制小组可以对照检查表检查各自的工作或评审整个应急预案，以获得全面的评估结果，保证各种类型应急预案之间的协调性和一致性。

内部评审工作完成之后，应急预案编制单位可以根据实际情况对预案进行修订。如果涉及外部资源，应进行外部评审。如果不涉及外部资源，根据情况或上级部门的意见而定。

（2）外部评审

外部评审是应急预案编制单位组织本城或外埠同行专家、上级机构、社区及有关政府部门对应急预案进行评议的评审。外部评审的主要作用是确保应急预案中规定的各项权力法制化，确保应急预案被所有部门接受。根据评审人员和评审机构的不同，外部评审可分为同行评审、上级评审、社区评议和政府评审四类。

①同行评审。应急预案经内部评审并修订完成之后，编制单位应邀请具备与编制成员类似资格或专业背景的人员进行同行评审，以便对应急预案提出客观意见。此类人员一般包括：各类工业企业及管理部门的安全、环保专家，或应急救援服务部门的专家；其他有关应急管理部门或支持部门的专家（如消防部门、公安部门、环保部门和卫生部门的专家）；本地区熟悉应急救援工作的其他专家。

②上级评审。上级评审是指由应急预案编制单位将所起草的应急预案交由其上一级组织机构进行的评审，一般在同行评审及相应的修订工作完成之后进行。重大事故应急响应过程中，需要有足够的人力、装备（包括个体防护设备）、财政等资源的支持，所有应急功能（职能）的相关方应确保上述资源保持随时可用状态。实施上级评审的目标是确保有关责任人或组织机构对应急预案中要求的资源予以授权和做出相应的承诺。

③社区评议。社区评议是指在应急预案审批阶段，应急预案编制单位组织公众对应急预案进行评议。公众参与应急预案评审不仅可以改善应急预案的完整性，也有利于促进公众对应急预案的理解，使其被周围各社区正式接受，从而提高对事故的有效预防。

④政府评审。政府评审是指由城市政府部门组织有关专家对编制单位所编写的应急预案实施审查批准，并予以备案的过程。政府对于重大事故应急准备或响应过程的管理不仅体现在应急预案编制上，还应参与应急预案的评审过程。政府评审的目的是确认该应急预案是否符合相关法律、法规、规章、标准和上级政府有关规定的要求，并与其他应急预案协调一致。一般来说，政府部门对应急预案评审后，应通过规范性文件等形式对该应急预案进行认可和备案，例如《中国海上船舶溢油应急计划》规定中国海上船舶溢油应急计划和海区溢油应急计划由国家海事行政主管部门负责组织修订；港口水域溢油应急计划由港口所在地的海事行政主管机构负责组织修订，报告国家海事行政主管部门备案。

2. 评审方法

应急预案评审采取形式评审和要素评审两种方法。形式评审主要用于应急预案备案时的评审工作；要素评审主要用于生产经营单位组织的应急预案评审工作。应急预案评审采用符合、基本符合、不符合三种意见进行判定。对于基本符合和不符合的项目，应给出具体修改意见或建议。

（1）形式评审。依据《生产经营单位安全生产事故应急预案编制导则》和有关行业规范，对应急预案的层次结构、内容格式、语言文字、附件项目以及编制程序等内容进行审查，重点审查应急预案的规范性和编制程序。

（2）要素评审。依据国家有关法律法规、《生产经营单位安全生产事故应急预案编制导则》和有关行业规范，从合法性、完整性、针对性、实用性、科学性、可操作性、衔接性等方面对应急预案进行评审。为细化评审，采用列表方式分别对应急预案的要素进行评审。评审时，将应急预案的要素内容与评审表中所列要素的内容进行对照，判断其是否符合有关要求，指出存在的问题及不足。应急预案要素分为关键要素和一般要素。

关键要素是指应急预案构成要素中必须规范的内容。这些要素涉及生产经营单位日常应急管理及应急救援的关键环节，具体包括危险源辨识与风险评价、组织机构及职责、信息报告与处置、应急响应程序与处置技术等要素。关键要素必须符合生产经营单位实际和有关规定的要求。

一般要素是指应急预案构成要素中可简写或省略的内容。这些要素不涉及生产经营单位日常应急管理及应急救援的关键环节，具体包括应急预案的编制目的、编制依据、适用范围、工作原则、单位概况等要素。

3．评审程序

应急预案编制完成后，生产经营单位应在广泛征求意见的基础上，对应急预案进行评审。

（1）评审准备。成立应急预案评审工作组，落实参加评审的单位或人员，将应急预案及有关资料在评审前送达参加评审的单位或人员。

（2）组织评审。评审工作应由生产经营单位主要负责人或主管安全生产工作的负责人主持，参加应急预案评审的人员应符合《生产安全事故应急预案管理办法》的要求。生产经营规模小、人员少的单位，可以采取演练的方式对应急预案进行论证，必要时应邀请相关主管部门或安全管理人员参加。应急预案评审工作组讨论并提出评审意见。

（3）修订完善。生产经营单位应认真分析研究评审意见，按照评审意见对应急预案进行修订和完善。评审意见要求重新组织评审的，生产经营单位应组织有关部门对应急预案重新进行评审。

（4）批准印发。生产经营单位的应急预案经评审或论证，符合要求的，由生产经营单位主要负责人签发。

4．评审要点

应急预案评审应坚持实事求是的工作原则，结合生产经营单位工作实际，按照《生产经营单位安全生产事故应急预案编制导则》和有关行业规范，从以下七个方面进行评审。

（1）合法性。符合有关法律、法规、规章和标准，以及有关部门和上级单位规范性文件的要求。

（2）完整性。具备《生产经营单位安全生产事故应急预案编制导则》所规定的各项要素。

（3）针对性。紧密结合本单位危险源辨识与风险分析。

（4）实用性。切合本单位工作实际，与安全生产事故应急处置能力相适应。

（5）科学性。组织体系、信息报送、处置方案等内容科学合理。

（6）操作性。应急响应程序、保障措施等内容切实可行。

（7）衔接性。综合、专项应急预案和现场处置方案形成体系，并与相关部门或单位应急预案相衔接。

二、应急预案备案

应急预案的备案管理是提高应急预案编写质量,规范预案管理,解决预案相互衔接的重要措施之一。有关应急预案备案的规定如下。

(1)地方各级安全生产监督管理部门的应急预案,应当报同级人民政府和上一级安全生产监督管理部门备案。其他负有安全生产监督管理职责的部门的应急预案,应当抄送同级安全生产监督管理部门。

(2)中央管理的总公司(总厂、集团公司、上市公司)的综合应急预案和专项应急预案,报国务院国有资产监督管理部门、国务院安全生产监督管理部门和国务院有关主管部门备案;其所属单位的应急预案分别抄送所在地的省、自治区、直辖市或者设区的市人民政府安全生产监督管理部门和有关主管部门备案。

此外的其他生产经营单位中涉及实行安全生产许可的,其综合应急预案和专项应急预案,按照隶属关系报所在地县级以上地方人民政府安全生产监督管理部门和有关主管部门备案;未实行安全生产许可的,其综合应急预案和专项应急预案的备案,由省、自治区、直辖市人民政府安全生产监督管理部门确定。

煤矿企业的综合应急预案和专项应急预案除报安全生产监督管理部门和有关主管部门备案外,还应当抄报所在地的煤矿安全监察机构。

(3)生产经营单位申请应急预案备案,应当提交以下材料:应急预案备案申请表;应急预案评审或者论证意见;应急预案文本及电子文档。

(4)受理备案登记的安全生产监督管理部门应当对应急预案进行形式审查,经审查符合要求的,予以备案并出具应急预案备案登记表;不符合要求的,不予备案并说明理由。

对于实行安全生产许可的生产经营单位,已经进行应急预案备案登记的,在申请安全生产许可证时,可以不提供相应的应急预案,仅提供应急预案备案登记表。

(5)各级安全生产监督管理部门应当指导、督促检查生产经营单位做好应急预案的备案登记工作,建立应急预案备案登记建档制度。

三、应急预案修订与更新

安全生产应急预案必须与生产经营单位规模、危险等级及应急准备等状况相一致。随着社会、经济和环境的变化,应急预案中包含的信息可能会发生变化。因此,应急组织或应急管理机构应定期或根据实际需要对应急预案进行评审、检验、更新和完善,以便及时更换变化或过时的信息,并解决演练、实施中反映出的问题。应急预案管理部门应根据有关规定及时进行应急预案的修订与更新,主要内容如下。

(1)地方各级安全生产监督管理部门制定的应急预案,应当根据预案演练、机构变化等情况适时修订。生产经营单位制定的应急预案应当至少每三年修订一次,预案修订情况应有记录并归档。

(2)有下列情形之一的,应急预案应当及时修订。

①生产经营单位因兼并、重组、转制等导致隶属关系、经营方式、法定代表人发生变化的。

②生产经营单位生产工艺和技术发生变化的。

③周围环境发生变化,形成新的重大危险源的。

④应急组织指挥体系或者职责已经调整的。

⑤依据的法律、法规、规章和标准发生变化的。

⑥应急预案演练评估报告要求修订的。

⑦应急预案管理部门要求修订的。

(3)生产经营单位应当及时向有关部门或者单位报告应急预案的修订情况,并按照有关应急预案报备程序重新备案。

应急预案管理部门应根据应急预案评审的结果、应急演练的结果及日常发现的问题,组织人员对应急预案修订、更新,以确保应急预案的持续适宜性。同时,修订、更新的应急预案应通过有关负责人员的认可,并及时进行发布和备案。

思考题

1. 简述应急预案的概念、目的和作用。

2. 简要介绍我国的应急预案体系。

3. 根据《生产经营单位安全生产事故应急预案编制导则》(AQ/T 9002—2006)的规定,生产经营单位安全生产事故应急预案可以包括哪几个部分? 分别包括哪些主要内容?

4. 结合本单位实际,简述在开展应急预案编制工作时有哪些注意事项。

5. 如何进行应急预案管理?

6. 应急预案的评审可以采取哪些方法?

7. 在进行应急预案评审时,关键要素和一般要素分别指什么?

第五章 危险分析

危险分析是进行安全生产应急管理的必要环节,同时也是应急预案编制的基础和关键过程。危险分析有助于确定需要重点考虑的危险与紧急状况,明确应急的对象,同时,可以依据危险分析结果开展应急能力评估,对应急资源进行需求分析,从而为应急预案的编制、应急准备和应急响应提供必要的信息和资料。

第一节 危险分析基本过程

根据国务院发布的《国家突发公共事件总体应急预案》,突发公共事件包括自然灾害、事故灾难、公共卫生事件、社会安全事件等四类,其中事故灾难又包括工矿商贸等企业的各类安全事故、交通运输事故、公共设施和设备事故、环境污染和生态破坏事件等。由于每类事故或事件的主体或对象完全不同,因此其危险分析的具体方法也有差异,但危险分析的基本过程是一致的。

危险分析一般包括危险源辨识、脆弱性分析和风险评估三个基本过程,如图 5-1 所示。

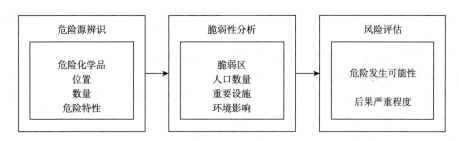

图 5-1 危险分析的基本过程

进行危险分析时,确定危险分析的深度是非常重要的,是首先要考虑的问题。一般来说,企业级危险分析的深度要高于政府级,企业级危险分析可作为政府级危险分析的基础。虽然彻底分析所有危险情况可能会提供更多信息,但由于资源、时间等因素的限制,对于政府来说,这样做并不可行,政府级危险分析最重要的是调查面临的主要危险,并且这类调查并不需要进行复杂的危险分析,不过,有限度的危险分析也是非常有价值的。

事故统计表明,多数事故是由少数几种危险物质引起的。因此,在进行危险分析时,应将危险分析重点集中在最常见和(或)高度危险的物质上,这样可以降低危险分析所花费的时间和精力。

第二节　危险源辨识与评价

危险源辨识与评价是在危险因素分析及事故隐患排查、治理的基础上,确定本地区或本单位可能发生事故的危险源、事故的类型和后果,进行事故风险分析,并指出事故可能产生的次生、衍生事故,形成分析报告,分析结果作为应急预案的编制依据。危险源辨识与评价是编制应急预案的关键,所有应急预案都是建立在风险评价基础上的。

一、危险源辨识

危险源辨识就是在危险和有害因素分析的基础上,将某地区或企业中可能存在的危险源(尤其是重大危险源)辨识出来的过程。企业应根据实际情况,对现有的应急能力、可能发生的危险、紧急情况有关的信息等进行危险源辨识。危险源辨识工作很重要,是应急预案编制的重要准备工作,应由应急编制小组中的专业人员进行辨识,并与相关部门及重要岗位员工进行交流。危险源辨识一般应包括如下内容。

(1)识别企业现有的风险中哪些是重大风险,对现有的或计划中的作业环境和作业组织中存在的重大危害和风险进行识别、预测和评价。

(2)确定现有的应急措施或计划采取的应急措施是否能消除危害或控制风险,然后对其脆弱性进行分析,确定企业在处理紧急事件时的能力。

(3)现有的适用法律和法规。确定适用企业和地方应急方面的相关法规。

(4)查阅相关文献。如疏散计划、防火计划、安全与健康计划、环境政策、安全操作程序、资金和采购程序、员工操作手册、危险物质计划、工艺安全评价、风险管理计划、设备改进计划、与外部机构协调、企业附近的社区情况、住宅、工厂、加油站、商业区等。

(5)初始评估的结果应形成书面报告,作为应急预案编制的决策基础。

对于政府或企业来讲,要辨识出所有的危险源并进行详细分析是不可能的。危险源辨识应结合本地区或企业的具体情况,在总结本地区或企业历史上曾经发生重大事故的基础上,辨识出存在的重大危险源及可能发生的重大事故。

在危险源辨识过程中,应重点收集以下几个方面的资料与信息。

(1)本地区或企业内,危险化学品的类别与数量。

(2)生产、贮存、使用或处置危险化学品设施的位置。

(3)生产、贮存、使用或处置危险化学品的工艺条件。

(4)危险化学品的危险特性。

在危险源辨识过程中,应依据国家相关法律、法规、标准和规范重点辨识重大危险源。对于辨识出的重大危险源,还应进行评价、备案、管理、分级监控以及相应的规划、建立应急救援体系等相关工作。重大危险源预防控制体系如图5-2所示。对于数量低于临界量的非重大危险源,各地区或企业应根据本地区或企业的实际情况,确定是否需要辨识,如果需要,也可以参照重大危险源预防控制体系进行系统化管理,并在应急预案中重点关注。

危险源辨识过程一般包括四个步骤:企业基础资料调查与收集;重大危险源辨识;重大危险源危险性分析;典型事故筛选与分析。

1. 企业基础资料调查与收集

危险源辨识要首先确定危险化学品的生产者、使用者、加工者和贮存者,因此基础资料的调查与收集是非常重要的。基础资料的调查与收集是危险源辨识的基础。危险分析小组人员可以通过发放调查表、现场调查、查阅相关资料等方式方法,尽可能多地收集辖区或企业内危险化学品生产、贮存、使用或处置的有关情况,为深入细致地进行危险源辨识和分析提供基础数据。

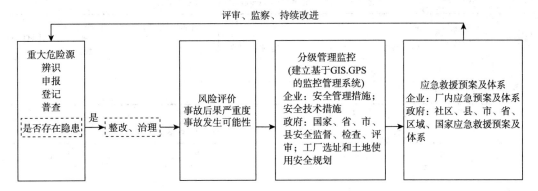

图 5-2 重大危险源预防控制体系

通常情况下,需要调查收集的企业基础资料一般包括以下几个方面。

(1)企业基本情况:企业性质、经营范围、经营能力等。

(2)企业工艺及平面布置情况:企业的工艺流程图、平面布置图等。

(3)企业内部岗位及人员情况:岗位设置、分布、岗位人数等。

(4)主要危险化学品情况:主要危险化学品的种类、存量及周转量。

(5)设备设施基本情况:名称、类型、尺寸、物料种类、操作参数等。

(6)事故情况:企业以往发生的事故、未遂事故报告、统计资料等。

(7)应急救援情况:应急救援预案、应急救援机构、人员、设备设施等。

政府部门对本地区进行危险源辨识时,为免遗漏,需尽可能地收集及掌握地区内的企业基础资料。

2. 重大危险源辨识

通过对企业基础资料的调查与收集,可以对政府辖区或企业内危险化学品的生产、贮存、使用或处置情况有初步了解,在此基础上,就可以辨识出政府辖区或企业内的重大危险源。目前重大危险源辨识的主要依据是《重大危险源辨识》以及《关于开展重大危险源监督管理工作的指导意见》。在编制应急预案时,为了更全面地掌握重大危险源信息,可以采用上述《指导意见》中的辨识方法进行重大危险源的辨识,辨识的结果可用表 5-1 来进行统计。

表 5-1 政府或企业重大危险源辨识统计表(样表)

序号	企业名称	重大危险源名称	危险化学品名称、容积或储量	危险化学品临界量	所处位置或场所

3. 重大危险源危险性分析

重大危险源危险性分析步骤为:在对政府或企业内生产、贮存、使用或处置的危险化学品的种类、数量进行统计分析,并进行重大危险源辨识的基础上,从物质危险性、工艺过程、设备设施危险性等方面,对构成重大危险源的装置或设施的主要危险性进行分析。将生产、贮存、使用或处置的危险化学品进行归并,综合其数量和危险特性,统计出政府或企业内的主要危险化学品,并将其危险特性填入制定的标准表格(表5-2)。然后根据各装置内主要危险化学品的危险特性,结合装置或设施的特点,对各装置或设施的主要危险性进行分析,并将分析结果归入统计表(表5-3)。

表5-2 主要危险化学品危险特性表(样表)

序号	危险化学品名称	爆炸极限/V%	火灾危险性类别	爆炸危险性		车间最高容许浓度/(mg.m⁻³)	自燃温度/℃	闪点/℃
				组别	类别			

表5-3 某企业重大危险源主要危险分布一览表(样表)

重大危险源名称	主要危险部位	危险物料	主要危险或事故类型

在确定重大危险源存在的主要危险或可能引起的事故类型时,可采用事件树分析方法。

4. 典型事故筛选与分析

通过重大危险源危险性分析可以看出,重大危险源可能发生的事故有多种类型。在此基础上需要进一步筛选和分析,选出典型的事故场景进行脆弱性分析及风险评估。筛选确定满足应急预案编制目标的典型事故类型应具有以下代表性:事故后果严重;事故发生的可能性较大;代表各种类型的危险。

为选择用于应急预案编制的事故类型,可采取以下步骤。

(1)排除不需要应急救援队伍行动的局部事故。

(2)合并具有类似危险化学品组成、数量、泄漏率、泄漏位置以及应急响应行动的事故。

(3)每组事故选择事故后果最严重和发生可能性最高的最恶劣情况作为代表性事故。

二、脆弱性分析

脆弱性分析是在危险源辨识的基础上,分析这些危险源一旦发生重大事故后,其周边哪些地方或哪些人员容易受到破坏或伤害。这里所说的脆弱性,主要包括:受事故严重影响的区域(脆弱区)、脆弱区中的人口数量和类型、可能遭受的财产破坏以及可能的环境影响等。

通过脆弱性分析,可以得到以下几个方面的信息。

(1)在确定的假设及相关计算条件下(例如泄漏量、气象条件等),计算分析出脆弱区范围。

(2)脆弱区内人口的数量和类型,例如周边居民,高密度人群(如劳动密集型企业内的工人以及在影剧院、体育场、商场内的观众和顾客等），敏感人群（如医院的病人、学校的学生、托儿所的婴幼儿等）。

（3）可能被破坏的公私财产，例如住宅、学校、商场、办公楼等。

（4）可能被破坏的公共工程，如水、电、气的供应，食品供应，通信联络等。

（5）可能造成的环境影响，如水源地污染、水体污染、大气污染等。

三、风险评价

风险评价是根据脆弱性分析的结果，分析重大事故发生的可能性，以及可能造成的破坏（或伤害）程度，在此基础上确定发生重大事故的风险大小。在分析可能性时，要准确分析重大事故发生的可能性是不太现实的，一般不必过多地将精力集中到对事故发生的可能性进行精确的定量分析上，而是用相对性的词汇（如低、中、高）来描述发生重大事故的可能性，但关键是要在充分利用现有数据和技术的基础上进行合理的评估。在分析破坏（或伤害）程度时，主要从对人、财产和环境造成的伤害（或破坏）方面考虑，通常可以选择对最坏的情况进行分析。

风险评价是对危险源可能发生事故的后果严重程度和可能性的综合描述。通过风险评价，可以明确应急对象，使应急预案能够针对风险最大的事故进行处置。

1. 风险等级确定方法

确定风险等级的方法有很多种，在此主要介绍一种简单的风险评估方法——风险矩阵法。该方法采用定性的方法确定事故发生的可能性和后果的严重程度，然后通过风险矩阵的方式确定事故的风险等级。

事故发生可能性等级可参考表5-4来确定，后果严重程度等级可参考表5-5来确定，风险矩阵见表5-6。

表 5-4　事故发生可能性等级

可能性等级	概率描述	可能性说明
近乎可能	每年≥1.0	在大多数情况下每年都有可能发生
很可能	1.0＞每年≥0.01	在设施的使用年限内可能发生若干次
有时	0.01＞每年≥10^{-4}	在设施的使用年限内有时可能发生
极少	10^{-4}＞每年≥10^{-7}	在设施的使用年限内不易发生，但同样的事故历史上有个别的
极不可能	10^{-7}＞每年	几乎没有发生过

表 5-5　事故后果严重程度等级

脆弱性目标	后果的严重程度等级				
	不重要的	较小的	严重的	重大的	特大的
人	急救治疗	①通过治疗能够很快恢复 ②住院时间＜24 h	①多人次的损伤或多处伤害 ②住院时间＞24 h	1～10人的人员死亡	10人以上的人员死亡

续表

脆弱性目标	后果的严重程度等级				
	不重要的	较小的	严重的	重大的	特大的
财产	现场损坏的设备在 24 h 内修复，没有产品的损失	现场损坏的设备在 7 天内可以修复	现场设备的损失在 7～120 天可以修复。因设备的损坏，可能造成产品的损失	①现场设备的损失在 4～12 月可以修复，要求大量的资金支出（低于 1000 万元）②现场以外财产的重大损失（低于 500 万元）	①现场设备全部、大部分损害需要重新更换，要求大量的资金支出（超过 1000 万元）②现场以外财产的重大损失（超过 500 万元）
环境	现场释放物能够很容易的清除	在现场有限的区域内产生微小的生态反应	对当地的生态系统有短期的损害	大范围、中长期的生态系统损害	对生态功能产生严重的、持续的、不可挽回的损害

表 5-6 风险分析矩阵

事故发生可能性等级	事故后果严重程度等级				
	不重要的	较小的	严重的	重大的	特大的
近乎可能	IV	III	II	I	I
很可能	IV	III	II	II	I
有时	V	IV	III	II	II
极少	V	V	IV	III	II
极不可能	V	V	V	III	III

在确定事故后果严重程度等级时，应选择对人、财产和环境影响最严重的等级作为事故后果严重程度等级。确定了事故发生的可能性等级和事故后果严重程度等级后，就可利用表 5-6 所示的风险分析矩阵，确定事故的风险等级（风险从大到小依次表示为 I～V 级，灰度从深到浅来区分）。

2. 危险分析结果汇总

通过危险源辨识、脆弱性分析和风险评价，对政府或企业危险源的基本情况、可能的事故后果、事故风险大小进行分析，对每个危险源分析的结果可以用表 5-7 的形式进行分析结果汇总，供应急预案编制时使用。

表 5-7 危险分析结果汇总表(样表)

	危险源名称	分析结果
1. 危险源辨识	①危险化学品名称	
	②位置	
	③数量	
	④可能的泄漏量	
	⑤危险化学品危险特性	

续表

危险源名称		分析结果
2. 脆弱性分析	①脆弱区范围	
	②脆弱区内的人口数量	
	③可能被破坏的财产	
	④可能被破坏的公共工程	
	⑤可能造成的环境影响	
3. 风险评价	①事故发生的可能性	
	②人员伤害类型	
	③财产破坏类型	
	④环境破坏类型	
	⑤事故后果的严重程度	
	⑥风险等级	

第三节　常用危险分析技术方法

在危险因素辨识中得到广泛应用的系统安全分析方法主要有:安全检查表法、预先危险性分析、失效模式和后果分析、事件树分析、故障树分析。

一、安全检查表法

安全检查表是分析和辨识系统危险性的基本方法,也是进行系统安全性评价的重要技术手段。早在 20 世纪中期,安全检查表在许多发达国家的保险、军事等部门得到了应用,对系统安全性评价起到了很大作用。随着科学技术的进步和生产规模的扩大,安全检查表引起了人们的高度重视,在各部门和行业生产中得到了广泛应用。我国机械、电子等部门首先用来开展企业安全评价工作,并于 1988 年 1 月颁布了《机械工厂安全性评价标准》,对保证安全生产起到了积极作用。

安全检查表法是在对危险源系统进行充分分析的基础上,分成若干个单元或层次,列出所有的危险因素,确定检查项目,然后编制成表,按此表进行检查,检查表中的回答一般都是"是/否"。安全检查表的形式很多,检查表可根据不同的检查目的进行设计,也可按照统一要求的标准格式制作,如危险等级划分表、安全性评价项目表、安全性评价检查表等。

安全检查表的突出优点是简单明了,现场操作人员和管理人员都易于理解与使用。在进行安全检查时,利用安全检查表能做到目标明确、要求具体、查之有据;对发现的问题做出简明确切的记录,并提出解决的方案,同时落实到责任人,以便及时整改。编制表格的控制指标主要是根据有关标准、规范、法律条款,控制措施主要根据专家的经验。另外,该表在使用过程中发现遗漏之处,也便于添加修改,易于抓住控制危险源安全的主要因素。缺点是只能进行定性的分析。安全检查表法如图 5-3 所示。

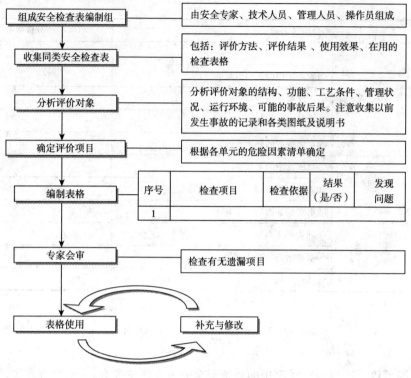

图 5-3　安全检查表法

二、预先危险性分析

预先危险性分析（preliminary hazard analysis，PHA）是在方案开发初期阶段或设计阶段对系统中存在的危险类别、危险产生条件、事故后果等概略地进行分析的方法。其分析过程如图5-4所示。

预先危险性分析方法的突出优点有：①由于系统开发时就做危险性分析，从而使得关键和薄弱环节得到加强，使得设计更加合理，系统更加紧固；②在产品加工时采取更加有针对性的控制措施，使得危险部位的质量得到有效控制，最大限度地降低因产品质量造成危险的可能性和严重度；③通过预先危险性分析，对于实际不能完全控制的风险，还可以提出消除危险或将其减少到可接受水平的安全措施或替代方案。

预先危险性分析是一种应用范围较广的定性分析方法。它需要由具有丰富知识和实践经验的工程技术人员、操作人员和安全管理人员经过分析、讨论实施。

三、失效模式和后果分析

失效模式和后果分析（failure modes and effects analysis，FMEA）在危险分析中占重要位置，是一种非常有用的方法，主要用于预防失效。但在试验、测试和使用中又是一种有效的诊断工具。欧洲联合体 ISO9004 质量标准中，将它作为保证产品设计和制造质量的有效工具。它如果与失效后果严重程度分析联合起来（failure modes，effects and criticality analysis，FMECA），应用范围更广泛。

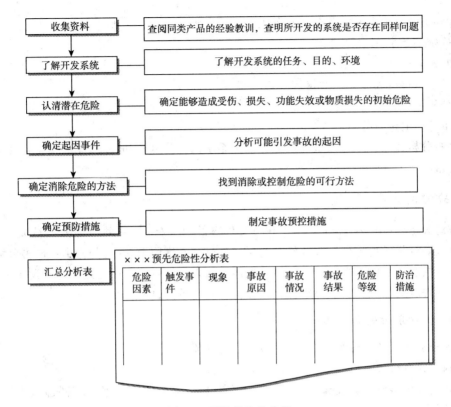

图 5-4 预先危险性分析

失效模式和后果分析是一种归纳法。对于一个系统内部每个部件的每一种可能的失效模式或不正常运行模式都要进行详细分析,并推断它对于整个系统的影响、可能产生的后果以及如何才能避免或减少损失。其分析步骤大致如下。

(1)确定分析对象系统。

(2)分析系统元件的失效类型和产生原因。

(3)研究失效类型对系统和元件的影响。

(4)汇总结果和提出改正措施。

这种分析方法的特点是从元件的故障开始逐次分析其原因、影响及应采取的对策措施。FMEA 可用在整个系统的任何一级(从航天飞机到设备的零部件),常用于分析某些复杂的关键设备。

四、事件树分析

事件树分析(event tree analysis,ETA)是一种从原因推论结果的(归纳的)系统安全分析方法。它在给定一个初因事件的前提下,分析此事件可能导致的后续事件的结果。整个事件序列成树状。

事件树分析法着眼于事故的起因,即初因事件。当初因事件进入系统时,与其相关联的系统各部分和各运行阶段机能的不良状态会对后续的一系列机能维护造成影响,并确定维护机能所采取的动作,根据这一动作把系统分成在安全机能方面的成功与失败,并逐渐展开成树枝状,在失败的各分支上假定发生的故障、事故的种类,分别确定它们的发生概率,并由此求出最终的事故种类和发生概率。其分析步骤大致如下。

（1）确定初始事件。

（2）判定安全功能。

（3）发展事件树和简化事件树。

（4）分析事件树。

（5）事件树的定量分析。

事件树分析适用于多环节事件或多重保护系统的风险分析和评价，既可用于定性分析，也可用于定量分析。

五、故障树分析

故障树分析（fault tree analysis，FTA）又称事故树分析，是一种演绎的系统安全分析方法。它是从要分析的特定事故或故障开始层层分析其发生原因，一直分析到不能再分解为止；将特定的事故和各层原因之间用逻辑门符号连接起来，得到形象、简洁地表达其逻辑关系的逻辑树图形，即故障树。通过对故障树简化、计算达到分析的目的。

1. 故障树分析的基本步骤

（1）确定分析对象系统和要分析的各对象事件（顶上事件）。

（2）确定系统事故发生概率、事故损失的安全目标值。

（3）调查原因事件。调查与事故有关的所有直接原因和各种因素（设备故障、人员失误和环境不良因素）。

（4）编制故障树。从顶上事件起，一级一级往下找出所有原因事件直到最基本的原因事件为止，按其逻辑关系画出故障树。

（5）定性分析。按故障树结构进行简化，求出最小割集和最小径集，确定各基本事件的结构重要度。

（6）定量分析。找出各基本事件的发生概率，计算出顶上事件的发生概率，求出概率重要度和临界重要度。

（7）结论。当事故发生概率超过预定目标值时，从最小割集着手研究降低事故发生概率的所有可能方案，利用最小径集找出消除事故的最佳方案；通过重要度（重要度系数）分析确定采取对策措施的重点和先后顺序；从而得出分析的结论。

2. 故障树定性分析

定性分析包括求最小割集、最小径集和基本事件结构重要度分析。

（1）最小割集

①割集与最小割集

在故障树中凡能导致顶上事件发生的基本事件的集合称作割集；割集中全部基本事件均发生时，则顶上事件一定发生。

最小割集是能导致顶上事件发生的最低限度的基本事件的集合（即割集中任一基本事件不发生，顶上事件就不会发生）。

②最小割集的求法

对于已经化简的故障树，可将故障树结构函数式展开，所得各项即为各最小割集；对于尚未化简的故障树,结构函数式展开后的各项,尚需用布尔代数运算法则(如吸收率、德·摩根律等)进行处理,方可得到最小割集。

(2)最小径集

又称最小通集。在故障树中凡是不能导致顶上事件发生的最低限度的基本事件的集合,称作最小径集。在最小径集中,去掉任何一个基本事件,便不能保证一定不发生事故。因此最小径集表达了系统的安全性。

最小径集的求法是将故障树转化为对偶的成功树,求成功树的最小割集即故障树的最小径集。

(3)结构重要度

按下面公式计算结构重要度系数。

$$I(i) = \sum_{X_i \in K_j(P_j)} \frac{1}{2^{x_{j-1}}}$$

根据计算结果确定出结构重要度的次序。

3. 故障树定量分析

定量分析是在求出各基本事件发生概率的情况下,计算顶上事件的发生概率。具体做法如下。

(1)收集树中各基本事件的发生概率。

(2)由最下面基本事件开始计算每一个逻辑门输出事件的发生概率。

(3)将计算过的逻辑门输出事件的概率,代入它上面的逻辑门,计算其输出概率,依此上推,直至顶部事件,最终求出的即为该事故的发生概率。

4. 某厂触电事故的故障树分析

依据触电的故障树(见图 5-5)可以求出最小割集。

该故障树的结构函数式为:$T = A_1 A_2$

$$T = (X_4 + B_1 + B_2)(X_5 + X_6 + X_7)$$

$$= [X_4 + X_{19}(X_1 + X_2 + X_3) + C_1 + C_2 + C_3 + C_4](X_5 + X_6 + X_7)$$

$$= [X_4 + X_{19}(X_1 + X_2 + X_3) + X_8(X_9 + X_{10})X_{20} + X_{21}(X_{11} + X_{12} + X_{13}) + X_{19}X_{14}(X_{15} + X_{16}) + (X_{17} + X_{18})](X_5 + X_6 + X_7)$$

$$= (X_4 + X_1 X_{19} + X_2 X_{19} + X_3 X_{19} + X_8 X_9 X_{20} + X_8 X_{10} X_{20} + X_{21} X_{11} + X_{21} X_{12} + X_{21} X_{13} + X_{19} X_{14} X_{15} + X_{19} X_{14} X_{16} + X_{17} + X_{18})(X_5 + X_6 + X_7)$$

$$= X_4 X_5 + X_1 X_{19} X_5 + X_2 X_{19} X_5 + X_3 X_{19} X_5 + X_8 X_9 X_{20} X_5 + X_8 X_{10} X_{20} X_5 + X_{21} X_{11} X_5 + X_{21} X_{12} X_5 + X_{21} X_{13} X_5 + X_{19} X_{14} X_{15} X_5 + X_{19} X_{14} X_{16} X_5 + X_{17} X_5 + X_{18} X_5 + X_4 X_6 + X_1 X_{19} X_6 + X_2 X_{19} X_6 + X_3 X_{19} X_6 + X_8 X_9 X_{20} X_6 + X_8 X_{10} X_{20} X_6 + X_{21} X_{11} X_6 + X_{21} X_{12} X_6 + X_{21} X_{13} X_6 + X_{19} X_{14} X_{15} X_6 + X_{19} X_{14} X_{16} X_6 + X_{17} X_6 + X_{18} X_6 + X_4 X_7 + X_1 X_{19} X_7 + X_2 X_{19} X_7 + X_3 X_{19} X_7 + X_8 X_9 X_{20} X_7 + X_8 X_{10} X_{20} X_7 + X_{21} X_{11} X_7 + X_{21} X_{12} X_7 + X_{21} X_{13} X_7 + X_{19} X_{14} X_{15} X_7 + X_{19} X_{14} X_{16} X_7 + X_{17} X_7 + X_{18} X_7$$

得出最小割集 K:共计 39 个最小割集。

然后进行结构重要度分析。

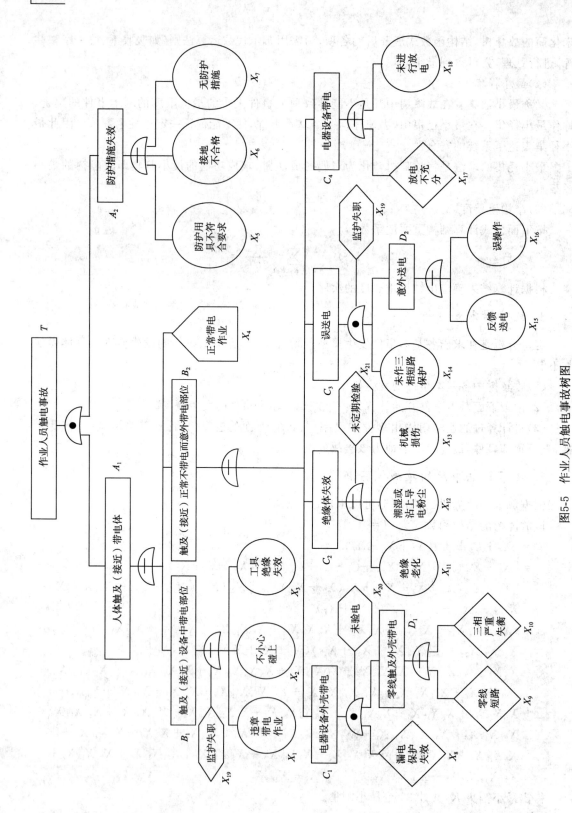

图5-5 作业人员触电事故树图

由公式计算得结构重要度系数为：

$I(1)=I(2)=I(3)=I(8)=I(11)=I(12)=I(13)=I(14)=I(19)=I(20)=0.75$

$I(4)=I(17)=I(18)=1.5$

$I(5)=I(6)=I(7)=3.5$

$I(9)=I(10)=I(15)=I(16)=0.375$

$I(21)=2.25$

结构重要度顺序为：

$I_\Phi(5)=I_\Phi(6)=I_\Phi(7)>I_\Phi(21)>I_\Phi(4)=I_\Phi(17)=I_\Phi(18)$

$>I_\Phi(1)=I_\Phi(2)=I_\Phi(3)=I_\Phi(8)=I_\Phi(11)=I_\Phi(12)$

$=I_\Phi(13)=I_\Phi(14)=I_\Phi(19)=I_\Phi(20)>I_\Phi(9)=I_\Phi(10)$

$=I_\Phi(15)=I_\Phi(16)$

通过分析可知该故障树有 39 个最小割集(表 5-8),其中任何一个发生都会导致顶上事件的发生。通过分析可知接地可靠与正确使用安全防护用具,是防止触电事故的最重要环节,其次是严格执行作业中的监护制度和对系统中不带电体绝缘性能的及时检查与修理,减少正常不带电部位意外带电的可能性。另外,充分的放电、严格的验电、可靠的防漏电保护和停电检修时对停电线路作三相短路接地等措施,也是减少作业中触电事故的重要方法。

表 5-8　作业人员触电事故树的 39 个最小割集

$K_1=\{X_4,X_5\}$	$K_2=\{X_1,X_5,X_{19}\}$
$K_3=\{X_2,X_5,X_{19}\}$	$K_4=\{X_3,X_5,X_{19}\}$
$K_5=\{X_5,X_8,X_9,X_{20}\}$	$K_6=\{X_5,X_8,X_{10},X_{20}\}$
$K_7=\{X_{21},X_{11},X_5\}$	$K_8=\{X_{21},X_{12},X_5\}$
$K_9=\{X_{21},X_{13},X_5\}$	$K_{10}=\{X_{19},X_{14},X_{15},X_5\}$
$K_{11}=\{X_{19},X_{14},X_{16},X_5\}$	$K_{12}=\{X_{17},X_5\}$
$K_{13}=\{X_{18},X_5\}$	$K_{14}=\{X_4,X_6\}$
$K_{15}=\{X_1,X_{19},X_6\}$	$K_{16}=\{X_2,X_{19},X_6\}$
$K_{17}=\{X_3,X_{19},X_6\}$	$K_{18}=\{X_8,X_9,X_{20},X_6\}$
$K_{19}=\{X_8,X_{10},X_{20},X_6\}$	$K_{20}=\{X_{21},X_{11},X_6\}$
$K_{21}=\{X_{21},X_{12},X_6\}$	$K_{22}=\{X_{21},X_{13},X_6\}$
$K_{23}=\{X_{19},X_{14},X_{15},X_6\}$	$K_{24}=\{X_{19},X_{14},X_{16},X_6\}$
$K_{25}=\{X_{17},X_6\}$	$K_{26}=\{X_{18},X_6\}$
$K_{27}=\{X_4,X_7\}$	$K_{28}=\{X_1,X_{19},X_7\}$
$K_{29}=\{X_2,X_{19},X_7\}$	$K_{30}=\{X_3,X_{19},X_7\}$
$K_{31}=\{X_8,X_9,X_{20},X_7\}$	$K_{32}=\{X_8,X_{10},X_{20},X_7\}$
$K_{33}=\{X_{21},X_{11},X_7\}$	$K_{34}=\{X_{21},X_{12},X_7\}$
$K_{35}=\{X_{21},X_{13},X_7\}$	$K_{36}=\{X_{19},X_{14},X_{15},X_7\}$
$K_{37}=\{X_{19},X_{14},X_{16},X_7\}$	$K_{38}=\{X_{17},X_7\}$
$K_{39}=\{X_{18},X_7\}$	

5. 故障树分析的特点

故障树分析方法可用于复杂系统和广泛范围的各类系统的可靠性及安全性分析、各种生产实践的安全管理可靠性分析和伤亡事故分析。故障树分析方法能详细查明系统各种固有、潜在的危险因素或事故原因,为改进安全设计、制定安全技术对策、采取安全管理措施和事故分析提供依据。它不仅可以用于定性分析,也可用于定量分析,从数量上说明是否满足预定目标值的要求,从而明确采取对策措施的重点和轻、重、缓、急顺序。

但是,故障树分析要求分析人员必须非常熟悉对象系统,具有丰富的实践经验,能准确熟练地应用分析方法。在实际应用过程中,往往会出现不同分析人员编制的故障树和分析结果不同的现象。另外,复杂系统的故障树往往很庞大,分析、计算的工作量大;进行再者定量分析时,必须知道故障树中各事件的故障率数据。

思考题

1. 简述危险分析的基本过程。
2. 在危险源辨识过程中,应重点收集哪几个方面的资料与信息?
3. 简述脆弱性分析的概念。
4. 结合实例,简述如何进行风险评估。
5. 危险源辨识的一般步骤是什么?
6. 举例说明风险等级的确定方法。
7. 常用的危险分析技术方法主要有哪些?

第六章　应急能力评估

众多事故灾难的深刻教训,促使国家相继出台多部关于安全生产及管理的相关法律法规,使得越来越多的政府部门和生产经营单位认识到应急能力建设的重要性。

应急能力,即应急管理能力,是为使重大事故发生时能够"高效"、"有序"地开展应急行动,减少重大事故给人们造成的伤亡和经济损失,而在组织体制、应急预案、事故速报、应急指挥、应急资源保障、社会动员等方面所做的各种准备工作的"综合"体现。其中,"高效"讲究的是快速和效率;"有序"则强调按照预先设定的程序指挥、决策和部署;"综合"是指整合各种资源,动员方方面面的力量。

应急能力体现在应急救援支持保障体系的建立和完善程度。对于国家各级政府及生产经营单位在应急能力的支撑保障上大体是相同的,但生产经营单位更强调的是实施救援时的应急措施在具体保障方面的要求,侧重于应急资源的准备;国家则需要从更宏观的角度提出应急能力评估的要求。在强调各部门之间的协调配合、信息的保障、资源的调配、指挥系统等方面,两者有所区别。

应急能力评估的一般定义是:以安全生产事故灾难应急管理系统为评估对象,以全面应急管理为指导,以科学的方法构造评估指标体系,建立评估模型,进行综合评估,找到问题和不足,不断进行完善和改进。

应急能力评估的主要目的是评估资源准备状况的充分性和从事应急救援活动所具备的能力,并明确应急救援的需求和不足,以便及时采取纠正措施,持续改进应急管理工作,确保应急救援预案的有效性,帮助提高应急救援的水平,在重大事故发生之前审查应急准备工作的进展情况。应急能力评估的范围包括:人力、财力、物力、医疗、交通运输、治安、人员保护、通信、避难场所、人员生活条件、公共设施等各种保障能力。应急能力评估是一个动态过程,包括应急能力自我评估、相互评估等。

第一节　评估方法

应急能力评估方法可以分为定性评估和定量评估两种。目前定性应急能力评估已被广泛应用,定量应急能力评估还有待进一步推广,各级政府和生产经营单位可以结合自己的实际情况,针对评估对象和实际情况,选择不同的应急能力评估方法。

一、定性应急能力评估

定性应急能力评估方法多用于对某个机构或某座城市的应急能力进行评估。下面以城市应急能力评估为例,介绍定性评估方法。

1. 评估指标赋分方式

结合我国城市应急能力建设的实际情况,并参照美国《地方应急能力自我评估和鉴定方法》的评估方法,确定了城市应急能力评估指标体系中特征和属性的赋分方式。由评估人员对各个特征进行评分,各特征所获得的分值是判断或决定属性得分情况的基础,也是用于评估每个类内一个主要领域(属性)的绩效或表明该领域状况的量度或指数,即根据这些特征被赋予的分值,评估城市应急管理工作中任意一个具体领域的绩效。赋分标准被进一步细分为若干绩效指标。绩效指标是更为详细的标准,这些标准不仅进一步表明被评估领域的状况,也是该评估领域的努力目标,是该领域应实现的理想水平,同时还是完成一项具体任务所具备的能力证明。

由评分人员依据城市应急能力检查表中的各属性逐项评分,评分等级规定每项特征分别按 0、1、2、3 进行评分,并可以通过取小数进行连续赋分。赋分规则见表 6-1。

表 6-1 城市应急能力评估赋分表

分值	含义	具体描述
3	完全有能力	已完全具备本项目的能力要求,所需要的只是保持
2	有一定能力	已具备最低能力要求,但还需要较大努力才可完全具备本项目的能力要求
1	有一点能力	已取得某种进展,但还需要相当大的努力才可完全具备本项目的能力要求
0	不需考虑	本地区不需要培养这方面的能力

2. 应急能力评估方法介绍

考虑到城市在应急准备过程中存在一些关键性的工作,如果不针对它们做出预先安排或准备,可能会影响应急救援工作中相关领域的救援效果或整个事故的救援过程。城市应急能力评估方法中设定的某些属性具有决定性的效果,这些属性就是核心项(简称 CC)。如果不具备与这些属性相对应的能力准备,可认为该城市在该领域的准备工作事实上还不能满足潜在城市重大事故应急需求,即可否定包含该属性的类。

评估人员分别对全部 18 类的所有特征按照 0,1,2,3 的等级进行评分。

(1)特征得分计算

假设有 n 名评价人员对某个特征进行评估,可得到 n 个分值,记为 $v_1,v_2,\cdots,v_n$,则该特征的得分按如下规则确定。

①如果 $v_1=v_2=\cdots=v_n=0$,则该项目在进行评分时为不适用项,不予考虑。

②如果 $v_1,v_2,\cdots,v_n$ 中至少存在一个以上的项目为零,但又不全为零,则可取 $\bar{v}=0$。

③如果 $v_1,v_2,\cdots,v_n$ 中不存在为零的值,则按下式计算。

$$\bar{v} = \frac{\sum_{i=1}^{n} v_i}{n}$$

(2)属性得分计算

假设某个属性有 m 个特征,按上式可得 m 个特征分值,分别计为 $\bar{v_1},\bar{v_2},\cdots,\bar{v_m}$,则该属性的得分按如下规则计算。

①如果该属性存在属于"CC"的特征项,且此特征项得分小于 1.5,则该属性得分计为 1 分。

②如果该属性不存在属于"CC"的特征项,或虽存在属于"CC"的特征项,但此特征项的得分大于1.5,则该属性得分为:

$$\overline{A} = \frac{\sum_{i=1}^{m} \overline{v_l}}{m}$$

(3)类符合性确定

假设某类有 1 个属性,按上式可以得到 1 个属性分值,分别计为:$\overline{A_1}, \overline{A_2}, \cdots, \overline{A_l}$,则该类的得分按如下规则计算。

①如果该类中存在属于"CC"的属性项,且该属性项的得分小于1.5,则该类为不符合项。

②如果该类存在两个或两个以上得分小于 1.5 的属性项,则该类为不符合项。

将所有的评分取平均值之后,即可表示该城市在该项目上的应急准备能力,通过三个区块来表示整个评估结果,分别用红色、绿色以及蓝色表示:1~1.5 分为红色区块,代表需要改进;1.5~2.5 分为绿色区块,代表基本符合;2.5~3 分为蓝色区块,代表符合。

利用这个等级,可以评估城市应急准备的状况。生产经营单位定性应急能力评估方法与此类似,但评估指标不同,打分标准略有差异。

二、定量应急能力评估

针对某类安全生产事故灾难的应急能力进行评估时,多采用定量应急能力评估方法。在进行定量应急能力评估时,通常需要计算以下两项参数。

1. 可用安全疏散时间

定量评估重大事故应急能力的首要指标就是应急疏散能力。一般来说,对应急疏散能力的评价重点在于评估在灾害来临时受影响区域范围内的人群是否可以安全疏散。

就此而言,可以借用火灾安全工程学中的基本理念,即预测并比较灾害发展蔓延留给人们实际可用的安全疏散时间(Available Safe Egress Time,ASET)和受影响的人群安全疏散完毕所需要的时间(Required Safe Egress Time,RSET)。若 ASET>RSET,则认为疏散能力能够满足要求;反之,则认为疏散能力不能满足要求,需要采取针对性措施,以延长 ASET 或缩短 RSET。

ASET 的预测计算方法与具体的灾种有关系。灾种不同,ASET 的计算方法也不同。要计算 ASET,首先要确定特定灾种,判断是否到达危险状态的条件或依据,然后才能通过计算,预测从假设初始状态发展到危险状态所需要的时间。

下面以建筑火灾和毒气泄漏两种事故为例说明 ASET 的计算方法。

(1)建筑火灾事故中 ASET 的计算

根据现有研究成果,在消防安全工程分析中,一般将威胁人员安全的危险状态定义为至少满足下列条件之一:①上部烟气层的热辐射强度能对人体构成危险(一般烟气温度为 180℃);②人体直接接触的烟气温度超过 60℃;③有害燃烧产物的临界浓度达到对人体构成伤害的危险浓度,典型的是 CO 的浓度达到 2500 ppm;④减光度达到影响人员行动速度的极限值,小空间(能见度临界值大于 5 m)为 0.2/m,大空间(10 m 以上)为 0.1/m。

①烟气层高度

火灾中的烟气层伴有一定热量、固体颗粒、胶质、毒性分解物等,是影响人员疏散行动和救援行动的主要障碍。在疏散过程中，烟气层只有保持在疏散人群头部一定高度，才能使人在疏散时不但避免受到热烟气流的辐射热威胁而且避免从烟气中穿过。对于高大空间，其定量判断准则之一是烟气层高度应能在人员疏散过程中满足下式。

$$H_S \geqslant H_C = H_P + 0.1H_B$$

式中：H_S 为烟气层高度；H_C 为危险临界高度；H_P 为人员平均高度；H_B 为建筑物内部高度。

②辐射热

根据人体对辐射热耐受能力的测试研究数据，人体对烟气层等火灾环境的辐射热的耐受极限为 2.5 kW/m²，而辐射热为 2.5 kW/m² 的烟气温度为 180～200℃。

③对流热

试验表明，人体呼吸或接触过热的空气会导致冲击和皮肤烧伤。空气中的水分含量对这两种危害都有显著影响，对于大多数建筑环境而言，人体承受 100℃ 环境的对流热仅能维持很短的一段时间。

④毒性

火灾中的热分解产物及其浓度因燃烧材料不同而有所区别。各种组分的热解产物生成量及其分布比较复杂，不同组分对人体的毒性影响也有较大差异，在消防安全分析预测中很难比较准确地定量描述。因此，工程应用中通常采用一种有效的简化处理方法：如果烟气的减光度不大于 0.1/m，则视为各种毒性燃烧产物的浓度在 30 min 内不会达到人体的耐受极限。

⑤能见度

一般烟气浓度较高则可视度降低，逃生时确定逃生途径和做决定所需时间都会延长。大空间内为了确定逃生方向需要看得更远，因此要求减光度更低。

可以用模拟建筑火灾发展过程的专业软件预测任意时刻火灾的发展蔓延状况，从而判别其是否达到了危险状态及何时达到的危险状态。预测火灾发展和烟气蔓延的模型有很多。1992 年，Friedmen 曾对 62 种火灾与烟气运动的计算机模型进行过分析；2003 年，Stephen 将分析范围扩大到 168 种模型。依据研究区域中控制体的不同，这些模型大体上可以分为场模型（Field Model）、区域模型（Zone Model）、网络模型（Network Model）3 种。

①场模型

场模型是利用计算机求解火灾过程中状态参数（如速度、温度、各组分浓度等）的空间分布及其随时间变化的模拟方式。场是指状态参数，如速度、温度、各组分浓度等的空间分布，场模型的理论依据是自然界普遍成立的质量守恒（连续性方程）、动量守恒、能量守恒以及化学反应的定律等。

场模型需要把研究区域划分成许多微元控制体，它能给出较详细的各种物理量的分布，适用于建筑火灾中的着火房间或有强通风的房间，但是它需要较长的计算时间和巨大的计算能力。如要对整栋高层建筑内的烟气运动进行场模拟，由于复杂的边界条件难以处理，这在目前显然是不太符合实际的。

国外有 SMARTFIRE，JASMINE 等场模拟软件。

②区域模型

区域模型是以受限空间中的火灾过程为研究对象的一种半物理模拟。20 世纪 80 年代初，美国哈佛大学的埃蒙斯（H. W Emrnons）教授第一次运用质量守恒、能量守恒和动量守恒的原理,用数学分析方法描述了火灾过程,奠定了区域模拟的理论基础。区域模型把所研究的受限空间划分为不同的控制容积(即区域),并且假设各个控制容积内的参数是均匀的。通常,对于室内火灾的划分方式是两区域模型,即上层的热烟气区和下层的冷空气区。当然,根据室内火灾的不同情形,也有更为复杂的多区域模型。区域模拟中,认为区域之间的质量交换主要由羽流和通风口的掺混作用造成。能量交换除了由质量交换带来的能量传递以外,还应考虑辐射和导热损失。

在国际上,目前已经发展了单室和多室的区域模拟模型,能够处理复杂的可燃物分布和通风口流动,能考虑室内火灾中的各种传热方式,能够计算火灾时烟及毒性气体的浓度对人员的危害等。但是,对于有复杂几何形状、有强火源或强通风的房间,其误差将很大以致失去真实性。

目前世界各国在进行火灾过程的计算机模拟研究中建立了许多室内火灾区域模拟的模型。在国内,中国科学技术大学火灾科学国家重点实验室开发了区域模拟软件 FAC3。

③网络模型

网络模型把建筑物中的一个受限制空间作为一个单元体,假设每个单元体内部的状态参数(如气体温度,组分浓度等)是均匀的,火灾过程的发展表现为构成整个建筑物的各单位内部参数的变化。

网络模型中每一个房间只需要用一个均匀参数来表示,它适用于远离火源且混合已基本均匀的区域,高层建筑的全风网计算机动态模拟是把整个高层建筑物视为一个系统,将整个建筑简化为各个房间、厅室、走廊、竖井、管道等组成的一个通风网络,通过对火源燃烧行为、烟流蔓延规律的研究,建立相应的数学模型,利用计算机技术模拟火、烟在整个建筑物内的蔓延规律(包括风流流量、风流温度、有害气体浓度、气体压力的动态分布等)。

国内外目前对网络模拟研究的越来越多,如日本建筑研究所(BRI)、加拿大建筑研究所(IRC)、英国建筑研究所(BRE)、美国标准技术研究所(NBS)和荷兰应用物理研究所(TNO),它们都开发了自己的网络模型。这些模型都假设烟气流动与空气流动形式一样,烟气与空气立刻混合并均匀。其中稳态模拟有 BR11、BRE、IRC、NBS。非模拟模型有 BR12、TOOTH(波兰)等。

有些研究机构又发展了一些混合模型,如场—区—网模型、区域—网络模型等。混合模型是将以上两种或者两种以上的模型综合起来。如场—区—网模型是在室内火灾中,在起火室进行模拟,在相邻房间进行区域模拟。场—区—网模拟的基本思想是在火灾过程中,将火源处的场模拟,邻近空间的区域模拟和远离火源房间的网络模拟结合起来,形成一个计算机程序,计算整个建筑物室内火灾发生、发展的全过程。

此外,许多通用的大型计算流体软件,如 PHOENICS、FLUENT 等也可以用来进行火灾模拟。

(2)毒气泄漏事故中 ASET 的计算

毒气泄漏事故中危险状态的判定主要参照泄漏化学品的瞬间致死浓度或短期暴露致死剂量。因为不同的危险化学品对人们的危害不同,所以具体的判定标准也不同。如对 H_2S 而言,瞬间致死浓度为 1000 ppm,或者从短期暴露致死剂量来看,在高于 800 ppm 的环境中逗留 5 min 以上或在高于 600 ppm 的环境中逗留 30 min 以上即可导致死亡。

预测毒气在大气中泄漏扩散的专业模拟和软件也有很多,总的来说,可以分为以下两类。

①扩散模式

根据当前已有的扩散模式原理和复杂程度不同,可将其大致分为五类,即唯象模型,箱及相似模型、三维传递现象模型、随机游走模型和浅层模型。前两种虽然简单易用,但因使用了一些不合理的假设,模拟结果不够准确;第三、四类模型虽然在模拟结果的准确度上有很大的提高,但要比前两类复杂得多,在进行模拟前要做许多预处理工作,且因计算量庞大,推广应用存在一定的困难,目前主要用于研究。浅层模型则是第一、二类和第三、四类模型的折中,这类模型对中重气扩散的控制方程进行了简化,保留了前四类模型的优点,部分克服了其局限性,因而应用比较广泛,SLAB 模型便是电信的浅层模型,该模型已用各种尺度的实验进行了验证,是目前应用最广泛的重气扩散模型之一。

使用扩散模式的优点是:在事故应急反应中,能够尽量快速且准确地对毒气扩散的威胁作出判断,特别适合于危险模拟,已成为事故应急反应和环境影响评价领域的重要构成部分。但其自身存在固有的局限性,必须假定速度和浓度相似分布,并假设蒸气在平稳、均匀湍流的理想状态下扩散,而实际中通常涉及不连续界面,因此具有一定的不确定性。

为此,需要根据各种气象条件和下垫面情况进行不断的修正和完善,以使其能尽量满足各种扩展推广和急迫的应用需要。此外,还需针对不同的泄漏源,如点源、面源,以及瞬时源、连续源分别考虑。

②数值计算

应用基于 N-S 方程的流体力学模型能够更加精确地描述污染物在大气湍流运动中的物理现象,具有广泛的通用性,模拟非均匀稳定的流场,以及有障碍物或明显地形变化的复杂过程更为可靠;但不足之处为技术要求较高,限制了其实际应用,其缺点具体分析如下。

a. 模拟所依赖的湍流模型尚未完善,这将导致模拟结果不能正确地预测各种场的分布。

b. 数值计算过程较为复杂,且计算量巨大,需要高性能的硬件设备,因在实际应用中受到很大的限制而不得不采用大网格处理,降低了计算的精度。

c. 由于事故现场条件的复杂性和动态变化以及事故的突发性,难以精确获知数值仿真过程中的某些参数,同时对使用人员的专业知识水平要求很高。

因此,目前该方法尚处于研究探索和完善阶段,在应急方面主要用于事先评估和事后分析,不太适用于应急救援辅助决策。

2. 所需安全疏散时间

RSET 的预测方法与 ASET 不同,它与具体灾种有一定的关系,但关系不大,其计算方法与需要疏散的区域范围有很大的关系,当然这种区域范围一般是由灾害影响范围确定的。一般来说,RSET 可分为建筑内疏散和建筑外疏散(区域疏散)两种情况。例如,建筑火灾情况下的疏散一般只涉及着火建筑,而毒气泄漏、自然灾害等情况下的疏散则涉及较大的区域范围,属于区域疏散。

下面以建筑内疏散和区域疏散两种情况为例说明 RSET 的计算方法。

(1)建筑内疏散中 RSET 的计算

在火灾安全工程学中,所需安全疏散时间 RSET 是指起火时刻到人员疏散到安全区域的时间。紧急情况下的 RSET 包括火灾探测报警时间(t_{alarm})、人员预动作时间(t_{pre})和人员疏散运动时间(t_{move})

$$RSET = t_{alarm} + t_{pre} + t_{move}$$

①火灾探测报警时间

该时间为火灾确认时刻,对于人员密集场所,发生火灾的信息一般能及时、快速获得并能正确确认,因此该时间值很小。对于商场内的常规空间,其火灾报警器假定为点式感烟火灾探测器,其位置设在吊顶天花板,高度为 $3.6 \sim 4$ m,火灾探测器可探测到 100 kW 火灾并启动报警。根据快速发展火计算,达到 100 kW 的时间为火灾起火后 48 s,因此按照保守估计,将常规空间内火灾报警的时间取为火灾开始后 1 min。

②人员预动作时间

人员预动作时间是指从火灾报警系统报警到人员开始疏散的这段时间,不同场所的人员预动作时间有很大的不同,统计结果表明:发生火灾时,人员的响应时间和建筑内采用的火灾报警系统的类型有直接关系。表 6-2 为根据经验总结出来的各种用途建筑内采用不同火灾广播系统时的人员预动作时间。

表 6-2　各种用途的建筑物采用不同报警系统的人员预动作时间

建筑物用途	建筑物特性	人员预动作时间/min 报警系统类型		
		W1	W2	W3
办公楼、商业或厂房、学校	建筑内的人员处于清醒状态,熟悉建筑物及报警系统和疏散措施	<1	3	>4
商店、展览馆、博物馆、休闲中心等	建筑内的人员处于清醒状态,不熟悉建筑物及报警系统和疏散措施	<2	3	>6
住宿或寄宿学校	建筑内的人员可能处于睡眠状态,熟悉建筑物及报警系统和疏散通道	<2	4	>5
旅馆或公寓	建筑内的人员可能处于睡眠状态,不熟悉建筑物及报警系统和疏散通道	<2	4	>6
医院、医疗院及其他社会公共福利设施	有相当数量的人员需要帮助	<3	5	>6

注:W1:现场广播,来自闭路电视系统的消防控制室;W2:事先录制好的声音广播系统;W3:采用警铃、警笛或者其他类型警报装置的报警系统。

③人员疏散运动时间

人员疏散运动时间为疏散开始到全部人员到达安全区域的时间。一般可通过疏散通道的疏散能力、建筑疏散路径等参数确定。随着计算机模型的发展,该时间可以通过计算机模型进行计算。

目前已经有多种模型可以用于预测建筑内疏散的疏散运动时间,比较成熟的有 BuildingExodus、Simulex、Legion、SETPS 等。

(2)区域疏散中 RSET 的计算

在区域疏散中,绝大多数情况下,也涉及建筑内疏散的问题,因为人们首先要从建筑物中逃出来,集结到交通路网周围,然后才是交通疏散的问题。不过,就两者在 RSET 中所占的比重来看,建筑物内所用的疏散时间远小于在交通网上的疏散时间,所以此时可以把建筑物内的疏散时间作为应急交通疏散的反应时间来处理。

第二节　评估指标

应急管理能力评估可以针对某个机构的应急能力进行评估,也可以针对某类安全生产事故灾难的应急能力进行评估,还可以针对某个城市的应急能力进行评估。

在事故灾难应急救援过程中,由于组织体制、运行机制、预案的结构以及所面临的风险规模、可调用的应急资源等存在重大差异,城市和企业所需要的应急能力也不相同。城市一级的应急能力评估主要是针对各级政府和政府各相关部门应对安全生产事故灾难的能力及其常态应急管理工作的开展情况进行评估,能力评估的目的是监督、检查、考核和推动政府及相关部门的应急管理工作的开展,促进应急能力的提高;而生产经营单位的应急能力评估侧重于对应急资源的准备进行评估。

一、生产经营单位应急能力评估指标体系

在对生产经营单位的应急能力进行评估时,主要是对生产经营单位的内部应急能力和外部应急能力进行评估。

1．内部应急能力

应急能力评估可从生产经营单位的应急资源分析入手。生产经营单位应急资源是应急能力评估的重要组成部分。发生紧急情况时,根据具体事故情况需要相应大量的人员、设备和物资供应。如果缺乏足够的设备与供应物资(如消防设备、个人防护设备、破拆设备、清扫泄漏物的设备等),即使有训练良好的应急救援队伍也无法减缓紧急事故。生产经营单位应配备必需的应急设备与物资,并定期进行检查、维护和补充,以免由于应急资源缺乏而延误应急救援行动。

许多事故现场可能会涉及火灾、爆炸、有害物质泄漏、自然灾害以及医疗抢救等,作为应急救援的最直接力量,生产经营单位应根据生产规模、管理模式,并结合生产经营单位危险辨识和风险分析的结果,有针对性地考虑以下应急资源。

(1)生产经营单位消防力量

根据生产特点和法规、标准的要求,生产经营单位必须购置一定数量的消防设备。这些设备和设施包括:消防水管网系统、灭火剂、手提灭火器、水罐车、水炮、重型水罐车、消防艇、备用发电机、强力照明灯、消防车(水或泡沫)、营救车、救护车、泡沫车、干粉车、灯光车、火场指挥车、供给车、教练车、登高消防车、云梯、曲臂举高消防车、简易帐篷、流动监测车、报警车、危险材料运输车辆等。

(2)个人防护用品

在许多情况下,应急人员会在离泄漏物质很近的地方工作。因此,在任何时间应急人员都必须配备合适的防护用品,如防护服、防毒面具等。

使用防护用品的目的有三个:保护应急人员在营救操作时免受伤害,在危险条件下应急人员能恢复工作以及逃生。

(3)人力资源

应急预案中要明确生产经营单位内部专职和兼职的应急救援人员配置、名单、训练情况、

负责人等信息,以便于事故发生后进行人员调度、疏散、指挥、协调。

应对下列内容的相关信息进行记录:专业消防队员、当地驻军(防化部队)及武警情况、社会救助队伍、抢险救援人员(有关部门及友邻单位)、总调度室、生产调度机构、关键岗位人员名单、应急指挥系统人员、应急救援专家、义务消防队员、义务救援人员等。

(4)通信、联络及警报设备

明确提供通信、联络的方式和对象;明确通信器材的种类、维护、数量、更新情况和管理规定,包括所在部位等;规定在不同的应急情况时使用的通信、联络器材和方式等信息。通信、联络及警报设备一般应包括喇叭、警笛、扩音器、公共广播系统、普通电话、热线及专线电话、传真及无线移动电话。

生产经营单位在制定应急计划时,应充分考虑通信、联络和警报设备及其准备情况;同时,应明确警报设备的覆盖范围。

(5)监测和检测设备

为了配合应急救援行动,生产经营单位应配备相应的监测和检测设备,如与生产经营相关的危险物质的监测与检测设备,这些设备最好是便携式的,一旦发生紧急情况可以快速投入使用,并做出灵敏反应。

(6)泄漏控制设备

危险化学品从业单位存在危险化学品发生泄漏的危险,应配套相应的快速堵漏器材和装备。控制泄漏经常使用的化学药剂主要有抑制剂、中和剂、吸附剂等。

气体发生泄漏后,应考虑采用固定消减系统(如水幕和水喷淋)喷出吸收剂,吸收扩散泄漏的气体(如氨气)。

液体泄漏的预防技术以及液体泄漏后的存留设备较为常用。固体储罐的液体泄漏存留可使用围堤、沟渠。除此以外,还应建设应急存留系统。如果地形允许,可使用推土设备、塑料里衬和漂浮栏以限制泄漏物质流入地面或附近敏感区域(如水源)。泵可用来有效处理泄漏物质或容器内的危险物质,将其转移到安全的位置。紧急情况下,带应急塑料里衬的容器可临时存留物质,以待恢复和转移。

(7)保安和进出管制设备

作为应急救援中的关键因素,保安和进出管制设备也要明确说明。

(8)应急电力设备

在电力中断时,应急电力支持系统可以确保一些设备能够使用并可保持多种重要系统的运转。主要的设备和应急管理系统都应该有应急电力系统作为暂时动力。

(9)应急救援所需的重型设备

重型设备在控制紧急情况时是非常有用的,它经常与大型公路或建筑物联系起来。在紧急情况下,可能用到的重型设备包括反向铲、装载机、车载升降台、翻卸车、推土机、起重机、叉车、破拆机、开孔器、挖掘机、便携式发动机等。

生产经营单位不一定购置上述设备,但至少应明确一旦需要可以从哪些单位获得上述重型设备的支援。

(10)各种保障制度

包括责任制,值班制度,培训制度,对应急救援装备、物资、药品等的检查、维护制度,演练制度。

2. 外部应急能力

当生产经营单位内部的应急资源或应急力量有限或不足以应对重特大事故时,应充分利用生产经营单位外部的应急资源和社会的专、兼职应急力量,主要包括以下内容。

(1)城市社区专兼职消防力量。当生产经营单位的消防力量有限或不足以应对重特大事故时,应充分利用所在地区或社区、城市中的专兼职消防力量,为此,应急预案里应明确给出附近的消防力量情况,包括各消防力量能力、装备、布局、联系方式、义务消防队伍的情况等。

(2)医疗救护机构分布及救护能力。医疗机构主要包括城市医院、防疫站等。应核实医院的医疗能力,包括总的床位、治疗不同类型伤害的能力、缓解病情的设备、治疗专长、医护人员的配备以及其他特定功能。此外,还应明确运送伤员的有效工具和途径。

(3)信息资源。应急活动需要可靠的实时数据和信息资源。需要注意的是,这些丰富的背景数据和种类繁多的信息,可能来自不同的地域、空间、单位和部门,必须进行信息资源的整合,才能交换数据,共享信息,支撑应急反应的各种活动。实时数据和信息资源包括:基础信息资源和应急信息资源。

①基础信息资源。基础信息资源内容涉及五大方面:政治、经济、社会发展、资源环境、地理信息。

②应急信息资源。应急信息资源包括突发事件信息、应急预案、应急资源、指挥体系、应急队伍、应急器材、应急案例、应急法律和规章制度等信息。

(4)专家系统。另外一个重要的事故应急救援资源就是专家系统。各行各业的专家为应对和处理突发事件提供了系统有效的技术指导和应急处置的措施,并为政府决策提供科学依据,在协助有关部门做好突发事件应急处置的工作中发挥了不可替代的"智囊团"和参谋作用,这为事故应急救援工作步入信息化、制度化和规范化的轨道提供了保障。

国家和地方政府应该建立事故应急处理专家库,掌握专家信息。

二、城市应急能力评估指标体系

城市应急能力评估体系的建立遵循"以评促改,以评促建,评建结合,重在建设"的指导方针。城市应急能力评估体系及其评估本身重要的是通过建立城市应急能力评估体系及其评估方法,对城市的应急准备情况进行分析,发现城市应急能力建设过程中比较完善的方面和不足的方面。通过深入分析不足之处,提出城市今后改进和建设的方向。评估的最终目的是帮助城市把评估和建设结合起来,找到今后的建设方向,从而为财政拨款进行城市应急能力建设提供帮助。

"城市突发重大事故风险控制与应急技术研究及试点"在对"一案三制"进行分析的基础上,提出城市突发公共事件应急能力评估体系可以包括18个一级指标(称为类)(图6-1)。

我国城市应急能力评估体系中类包括的二级指标称为属性,一、二级指标的具体类及其属性的分布如下。

(1)法制基础。法制基础确定了应急管理工作和组织机构的建立与保持的法律根据,并且规定了主要执行官员和应急管理人员在应急过程中的权力、权限和责任。该类包括的属性主要有:相关法律法规的执行情况,地方法规和规章中有关应急管理的规定,地方法规、规章及文件中有关政府应急管理工作延续性的规定。

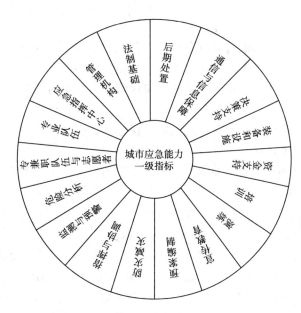

图 6-1 城市应急能力与类的关系图

(2)管理机构。管理机构涉及应急过程中相关机构的建立与职责。该类包括的属性主要有：应急领导机构、应急管理机构和有关部门。

(3)应急指挥中心。应急指挥中心是日常与应急状态时进行应急处理的枢纽。该类包括的属性主要有：应急中心设施、应急中心运行和组织、备用应急中心。

(4)专业队伍。专业队伍是应急救援过程中的中坚力量。该类包括的属性主要有：专业队伍信息清单、专业队伍能力建设。

(5)专兼职队伍与志愿者。专兼职队伍与志愿者是应急救援过程中的重要补充力量。该类包括的属性主要有：专兼职队伍、志愿者的能力与社会资源。

(6)危险分析。危险分析是确定可能引起人员伤亡、财产损失或环境破坏的情况或条件，并评估因接触危险而导致事故的可能性、脆弱性和严重程度的过程，是进行应急能力评估的基础工作。该类包括的属性主要有：危险源辨识、重要防护目标脆弱性分析、风险评价和控制。

(7)监测与预警。监测与预警工作是及早判断重大事件发生的前提。该类包括的属性主要有：信息监测、监测信息通报和预警。

(8)指挥与协调。指挥与协调主要规定地方政府主要官员如何形成指挥、控制和协调应急响应与恢复行动的能力。该类包括的属性主要有：现场指挥与场外指挥的协调，信息发布的协调，与社会资源的协调，与当地驻军、武警的协调，与上级部门和周边相邻地区的协调。

(9)防灾减灾。防灾减灾主要着重于防灾与减灾的策略，用于指导事故预防。该类包括的属性主要有：防灾、事故调查与后果评估、减灾。

(10)后期处置。后期处置主要针对重大应急事件发生后的处置。该类包括的属性主要有：善后处置、社会救助、保险和灾后恢复。

(11)通信与信息保障。通信与信息保障对于保证应急过程中信息迅速有效的传递至关重要。该类包括的属性主要有：通信保障方案、应急中心通信系统、信息保障方案、警报系统和应急联动系统。

(12)决策支持。决策支持是应急过程的有力辅助部分。该类包括的属性主要有：辅助决策支持系统、应急技术储备与保障、专家组。

(13)装备和设施。装备和设施是应急过程中的硬件设备。该类包括的属性主要有:资源协调、资源清单、互助协议和后勤保障。

(14)资金支持。资金支持是应急活动的经费保障。该类包括的属性主要有:经费保障、补偿、赔偿、奖励和抚恤。

(15)培训。培训是应急功能顺利实施的有力保证。该类包括的属性主要有:培训需求、培训计划和应急救援人员的培训。

(16)演练。演练主要用来验证预案的有效性。该类包括的属性主要有:演练计划、演练实施、演练评估和改进措施。

(17)宣传教育。该类包括的属性主要有:宣传教育与公共关系、公众教育、国际沟通与协作、新闻报道、社会动员、群众安全防护措施的宣传和教育。

(18)预案编制。该类包括的属性主要有:编制过程,预案的方针与政策,预案中考虑的宣传、培训与演练,预案中考虑的灾害及后果评估问题,预案中确定的职责与任务问题,预案中考虑的协调问题,预案中考虑的应急资源问题,预案中考虑的应急的反应过程,预案中考虑的警报系统和通信问题,预案中考虑的疏散与安置问题,预案中考虑的安全与保障问题,预案的编排,预案的管理,预案的实施,地方人民政府预案体系。

为了开展城市应急能力评估,二级指标(属性)被细化为405项三级指标(称为特征),以便实际评估时对相应的指标进行调查和赋值,此处405项特征从略。

第三节　评估过程

以城市应急能力评估为例,利用城市应急能力评估体系开展应急能力评估的具体评估程序如下。

(1)城市应急管理相关机构或部门派出代表组成应急能力评估小组。

(2)应急能力评估小组通过集体讨论的方式,逐条交流各成员对评估类别、属性和特征的理解与认识。

(3)应急能力评估小组成员分别对特征进行评分。

(4)应急能力评估小组汇总成员评分结果后,利用求和的方式确定最终分值。

(5)应急能力评估小组确定评估结论。

(6)编写评估报告。

思考题

1.简述应急能力评估的概念及其重要性。

2.应急能力的评估方法主要有哪些?

3.简述城市应急能力评估指标体系的构成。

4.生产经营单位应急能力评估的主要对象是什么?

5.结合实际,简要介绍应急能力的评估过程。

第七章 应急演练

第一节 应急演练概述

随着应急管理工作的加强,应急演练逐步受到政府部门和生产经营单位的重视。应急演练是应急管理工作中的关键环节,是加强应急救援队伍建设、提高应急人员素质和应急能力的重要措施,是提高事故防范和处置水平的重要途径。

应急演练是指各级政府部门、企事业单位、社会团体,组织相关应急人员与群众,针对特定的突发事件假想情景,按照应急预案所规定的职责和程序,在特定的时间和地域,执行应急响应任务的训练和演示活动。应急演练是各类事故及灾害应急准备过程中的一项重要工作,是检验、评价和保持应急能力的一个重要手段,可以在事故真正发生前暴露应急救援程序的缺陷,发现应急预案的不足,协调各应急部门、组织和人员之间的关系,增强安全生产事故应对能力和救援信心,更重要的是提高应急人员的应急意识和熟练程度、技术水平,进一步明确各自的岗位与职责,提高整体应急反应能力。此外,应急演练对于评估应急准备状态、检验应急人员实际操作水平、发现并及时修改应急预案中的缺陷和不足等具有重要意义。

全面加强落实安全生产应急演练工作,可以有效地完善应急预案的不足,增强相关人员的事故防范和救援意识,提高应急部门和机构应对各类突发生产安全事故灾难的能力,最大限度地避免和减少事故造成的伤亡和损失,对加快生产经营单位的稳定发展、促进安全生产形势的根本好转、实现"无急可应、有急能应"的新局面具有重要的意义。

应急演练是由多个组织共同参与的一系列行为和活动,按照组织实施过程可划分为演练规划、演练准备、演练实施、评估总结和后续行动五个阶段,可将演练前后应予完成的主要工作分解并整理成27项单独的基本任务,如图7-1所示。

采取不同形式开展应急演练,提高企业之间以及企业同有关部门间的协同配合能力,增强应急预案的科学性、可行性和针对性,提高各级政府部门、企事业单位、社会团体、相关应急人员与群众的快速反应能力、应急救援能力和协同作战能力。应急演练工作是增强企业危机意识和责任意识、提高事故防范能力的重要途径,是提高应急救援人员和企业职工应急能力的重要措施,是保证安全生产事故应急预案贯彻实施的重要手段。要结合实际制定应急预案年度演练计划,定期组织预案演练。高危行业的生产经营单位每年至少组织一次应急预案实战模拟演练,其他行业的生产经营单位要定期组织应急预案演练,针对发现的问题,对预案进行修订和完善。同时,要对预案演练情况进行评估和总结,并将评估和总结报告及时上报当地安全生产监督管理部门。各级安全生产监督管理部门要加强对企业应急演练工作的督促检查,会同有关部门定期组织本地区安全生产事故应急预案的综合演练,积极推动本地区预案演练工作的开展。预案演练要结合实际、周密组织、讲究实效、注重质量。

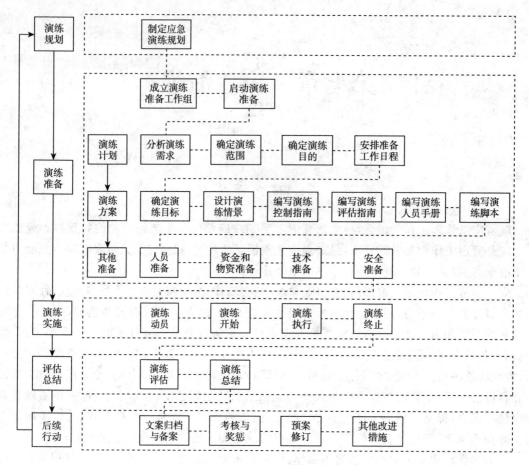

图 7-1　应急演练组织实施过程的五个阶段及其主要工作

一、应急演练的目的与原则

应急演练与应急预案编制、应急知识培训并称为重大事故应急准备过程的三项基本任务，应急演练充分体现了预防为主的工作原则。应急演练的开展，是普及应急救援知识、建设高素质应急救援队伍的有效手段。通过实施应急演练，评估应急准备状态，发现并及时修改应急预案中的缺陷和不足，评估重大事故应急能力，识别资源需求，明确相关机构、组织和人员的职责，以便于在事故发生前修改、完善应急预案，避免事故发生和事态的进一步扩大。

应急演练是对实际突发事件应急救援过程的模拟，包括常规的应急处置流程、设定的关键事件等，是突发事件应急管理中的一项重要工作，我国的多部法律、法规及规章对此都有相应的规定，如《中华人民共和国消防法》、《危险化学品安全管理条例》、《矿山安全法实施条例》、《使用有毒物品作业场所劳动保护条例》、《核电厂核事故应急条例》、《突发公共卫生事件应急条例》等规定有关企业和行政部门应针对火灾、化学事故、矿山灾害、职业中毒、核事故和突发公共卫生事件定期开展应急演练。

1. 应急演练的目的

应急演练是通过培训、评估、改进等手段，提升应急能力，加强应急管理工作水平的有效途径。应急管理的改进是一个长期持续的过程,在此过程中,持续开展应急演练的目的主要包括六个方面,如图7-2所示。

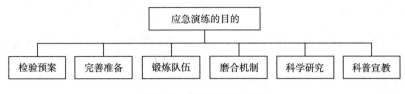

图 7-2 应急演练的目的

(1)检验预案。通过开展应急演练,检验预案涉及检验部门、单位、组织和个人对预案的熟悉程度,查找应急预案中存在的问题,进而修改完善应急预案,提高应急预案的实用性和可操作性。

(2)完善准备。通过开展应急演练,检查应对突发事件所需应急队伍、物资、装备、技术等方面的准备情况,发现不足及时予以调整补充,做好应急准备工作。

(3)锻炼队伍。通过开展应急演练,增强演练组织单位、参与单位、人员等对应急预案的熟悉程度,提高应急人员在各种紧急情况下妥善处置突发事件的能力。

(4)磨合机制。通过开展应急演练,强化政府部门与生产经营单位、生产经营单位与生产经营单位、生产经营单位与救援队伍、生产经营单位内部不同部门和人员之间的协调与配合,进一步明确相关单位、机构和人员的职责任务,理顺工作关系,完善应急机制。

(5)科学研究。通过开展应急演练,发现突发事件的一些特定发展情景,根据演练研究出具有针对性的预防及应急处置的有效方法和途径。

(6)科普宣教。通过开展应急演练,普及应急知识,促进公众、媒体对应急预案和应急管理工作的理解,提高公众的风险防范意识和自救互救等灾害应对能力。

开展应急演练,通过培训、评估、改进等手段提高保护人民群众生命财产安全和环境的综合应急能力,验证应急预案的各部分或整体是否能有效地实施,检测应急预案应对可能出现的各种紧急情况的适应性,找出应急准备工作中可能需要改善的地方,确保建立和保持可靠的通信渠道及应急人员的协同性,确保所有应急组织都熟悉并能够履行他们的职责,找出需要改善的潜在问题。

2. 应急演练的原则

(1)结合实际、合理定位。紧密结合应急管理工作实际,明确演练目的,根据资源条件确定演练方式和规模。

(2)着眼实战、讲求实效。以提高应急指挥人员的指挥协调能力、应急队伍的实战能力为着眼点。重视对演练效果及组织工作的评估、考核,总结推广好经验,及时整改存在问题。

(3)精心组织、确保安全。围绕演练目的,精心策划演练内容,科学设计演练方案,周密组织演练活动,制定并严格遵守有关安全措施,确保演练参与人员及演练装备设施的安全。

(4)统筹规划、厉行节约。统筹规划应急演练活动,适当开展跨地区、跨部门、跨行业的综合性演练,充分利用现有资源,努力提高应急演练效益。

117

二、应急演练类型

1. 应急演练分类

应急演练可采用不同规模的应急演练方法对应急预案的完整性和周密性进行评估,根据应急演练的内容、组织形式、目的与作用等,可将应急演练划分为不同的类型。

(1)按演练内容分类

突发事件的应对包含预防准备、预测预警、应急响应、恢复处置等阶段,应对处置过程中的多项应急功能都是应急演练的内容。根据应急演练内容的不同,可以将应急演练分为综合演练和专项演练两类。

①综合演练

a. 基本定义

综合演练是指针对安全生产应急预案中全部或者大部分应急功能,检验、评价应急救援系统进行整体应急处置能力的演练活动。综合演练要求应急预案所涉及的组织单位、部门都要参加,以检验他们之间协调联动能力,检验各个组织机构在紧急情况下能否充分调用现有的人力、物力等各类资源来有效控制事故并减轻事故带来的严重后果,确保公众人员人身财产安全。

b. 工作内容

由于综合演练涉及较多的应急组织部门和各类资源,综合演练工作内容繁多,因此准备时间要求较长,主要包括以下内容。

演练的申请和报批。应急演练组织单位需要提前向生产经营单位领导或政府相关部门提出演练申请,在得到批准回复后方可进行正式演练准备。

演练方案的制定。要使演练活动顺利实施并达到预期效果,就必须在演练准备过程中制定完善的演练方案,保证演练过程按计划进行。

参演组织协调合作。综合演练一般涉及多个应急组织单位或机构部门,各部门人员必须坚守自己的岗位,相互之间协调合作,才能保证演练活动稳定有序开展。

演练资源的调用。综合演练涉及器材、设备等资源众多,演练过程中须确保所需的各类资源齐全。

演练后期工作。演练结束后,需要对演练场所进行恢复处置,对演练结果进行评估。

c. 主要特点

综合演练的主要特点是综合性,演练由政企联动、部门协调进行,涉及环节多、规模大。综合演练是一种实操性实验活动,演练过程涉及整个应急救援系统的每一个响应要素,是最高水平的演练活动,能够系统地反映目前生产经营单位安全生产或区域应急救援系统应对突发重大事故灾难所具备的应急能力。综合演练所需动用的人力、物力、财力相当庞大,演练成本相对较高,因而不适合频繁开展。

同时,鉴于综合演练规模大和接近实战的特点,必须确保所有参演人员都已经过系统的应急培训并通过考核,确保演练保障措施全面到位,以有效保证参演人员安全及整个演练过程顺利完成。演练还需要成立评估小组,对演练过程和结果进行分析评估。演练完成后,除采用口头汇报、书面汇报以外,还应递交正式的演练总结报告给各参演单位和地方行政部门备案。

②专项演练

a. 基本定义

专项演练是指为测试和评价应急预案中特定应急响应功能，或现场处置方案中一系列应急响应功能而进行的演练活动，注重针对一个或少数几个特定环节和功能进行检验。

专项演练除了可以像模拟实战一样在应急指挥中心内举行，还可以同时开展小规模的现场演练，调用有限的应急资源，主要目的是针对特定的应急响应功能，检验应急人员以及应急救援系统的响应能力。如在毒气泄漏情景下的应急疏散演练主要是检验应急救援系统能否根据现场检测采集的毒物数据，结合当地地理环境和气象条件制定合理的现场人员疏散策略，交付现场指挥人员落实，在演练预定的时间内把人员疏散到安全区域；又如，针对交通运输活动的演练，其目的是检验应急组织建立现场指挥所、协调现场应急响应人员和交通运载能力。

b. 工作内容

专项演练主要针对部分应急响应功能进行实施，演练侧重点明显，工作细致深入。演练主要内容如下。

充分的准备工作。专项演练相对于桌面模拟演练来说，规模大，需要动用的资源多，通常需要安排较长的准备时间，且准备工作要有应急领域相关专家参与。准备的内容包括模拟器材、应急设备、演练计划等，必要时可以向上级政府或国家级应急机构提出技术支持请求。

演练过程的有效实施。专项演练主要检验特定应急功能的响应水平，技术性强，整个演练过程需要应急演练相关专家亲自参与，参演人员具有事故处置经验，保证演练过程顺利进行。

进行重点评估。专项演练要成立专门的演练评估小组，对演练过程进行详细记录并评估其结果，评估人员数量视演练规模而定。

c. 主要特点

专项演练的主要特点是目的明确、针对性强，演练活动主要围绕特定应急功能展开，无须启动整个生产经营单位或区域应急救援系统，演练的规模得到控制，这样既降低了演练成本，又达到了"实战"的演练效果。

演练结束后，除参演人员需要进行口头汇报外，还需向生产经营单位领导层及地方行政部门提交演练活动的正式书面汇报，并针对演练中发现的问题提出整改建议。

（2）按演练形式分类

根据应急演练形式的不同，可以将应急演练分为模拟演练和现场演练两种。

①模拟演练

a. 基本定义

模拟演练是指应急救援系统内的指挥成员以及各应急组织负责人在约定的时间聚集在室内（一般是在应急指挥中心），设置情景事件要素，在室内设备或仪器（图纸、沙盘、计算机系统）上，按照应急预案程序模拟实施预警、应急响应、指挥与协调、现场处置与救援等应急行动和应对措施的演练活动。

模拟演练主要针对预先设定的事故情景，以口头交谈的方式，按照应急预案中的应急程序，讨论事故可能造成的影响以及应对的解决方案，并归纳成一份简短的书面报告备案。

b. 工作内容

模拟演练最好提前一个月进行准备，准备的内容包括：确定能够容纳所有参演人员的室内场所；设定需要讨论的事故情景；准备模拟真实场景的道具、各种电子器材和其他辅助设备。

模拟演练过程中,参演人员围绕模拟场景,积极讨论,提出各种问题和见解,得出相应解决办法和措施。演练结束后,评估人员对演练结果进行评估总结,并整理成书面报告。

举行模拟演练的目的是:在友好、较小压力的情况下,提高应急救援系统中指挥人员制定应急策略、解决实际问题的能力,并解决应急组织在相互协作和权责划分方面存在的问题。在应急管理工作中,模拟演练经常作为大规模综合演练的"预演"。

c. 主要特点

模拟演练的最大优点是无需在真实环境中模拟事故情景及调用真实的应急资源,演练成本较低,有利于实现成本效益最大化。近几年,随着信息技术的发展,借助计算机技术、虚拟现实技术、电子地图以及专业的演练程序包等,在室内即能逼真地模拟多种类型的事故场景,将事故的发生和发展过程展示在大屏幕上,大大增强了演练的真实感。

②现场演练

a. 基本定义

现场演练是指事先设置突发事件情景及其后续发展情景,参演人员调集可利用的应急资源,针对应急预案中的部分或所有应急功能,通过实际决策、行动和操作,完成真实应急响应的过程,从而检验和提高相关人员的临场组织指挥、队伍调动、应急处置、后勤保障等应急能力的演练活动。现场演练与模拟演练不同之处主要体现在,现场演练通常在室外或者在可能发生情景事件的实际场所完成。

b. 工作内容

现场演练进行的是实战演练,在场人员不仅涉及参演相关工作人员,还可能包括现场群众以及路过之人。因此,现场演练的场面较大、真实、复杂,为保证演练的正常进行和现场秩序的稳定,需要进行充分准备,时间一般在三个月以上,主要包括以下内容。

设施设备的准备。现场演练需要准备大量设施,除了演练需要的应急器材、设备、人员配备以外,还包括维护现场秩序装备、保障生命财产设施等。

演练工作的准备。现场演练准备过程包括演练的申请和报批、演练方案制定、演练计划安排及人员、资源分配等。

善后工作的准备。演练结束后,必须对演练现场进行清理恢复,将演练设备整理归库;对演练进行总结,除口头、书面汇报以外,还需要将演练过程和结果制成一份正式的演练总结报告提交给上级各部门和各参演组织部门。这些都属于善后工作范畴,需要认真准备。

c. 主要特点

现场演练目的明确,针对性强,着眼于实战,实效性突出。现场演练情景逼真,氛围活跃,可以提高应急救援系统中的工作人员处理突发事件、解决实际问题的能力。现场演练亦能很好地发现应急预案中存在的问题以及应急体系在处理特定生产安全事故中的不足,通过现场演练能够完善预案、整改存在的问题,提高应急队伍的实战经验。

现场演练的最大优点是真实性、针对性和实效性,它不仅是完全模拟真实情景来布置和进行演练;更是将现实情况下可能发生的特定突发情况都考虑在内,这样就能够做到在突发事故发生时把损失降到最低。

但是,由于现场演练阵容庞大和过程复杂,所以大规模现场演练成本高,危险性大,不适合频繁举行。各级政府和生产经营单位需根据自身实际情况确定现场演练规模和演练频次,以小规模的现场演练为主。

（3）按演练目的分类

生产经营单位为了提高生产安全性，通过开展安全生产应急演练活动，可以检验与评估应急预案、应急响应能力，总结安全生产相关问题的解决方法等。根据应急演练目的的不同，可以把应急演练分为检验性演练和研究性演练。

①检验性演练

a. 基本定义

检验性演练是指为检验应急预案的可行性、应急准备的充分性、应急机制的协调性及相关人员的应急处置能力而组织的演练活动。

与专项演练一样，检验性演练也是用来检验应急人员和应急救援系统的响应能力，不同的是专项演练注重于测试和评价应急预案中的应急功能，检验性演练则侧重于验证应急预案、应急机制等是否具有实际可行性。

b. 工作内容

检验型演练的目的是检验应急救援体系在应对生产安全事故时的适用性和有效性，由于其目的的特殊性，检验型演练可以以模拟演练、综合演练等其他演练相类似的方式进行，只是演练程序较为简略，侧重点不同而已。

检验型演练准备时间的长短根据所选择的演练方式而定，在进行演练之前，需要对应急预案、应急机制和应急人员进行充分了解、整体把握，针对这些内容进行演练，检验其可行性，演练结束后根据检验结果进行完善。

检验型演练重点工作在于明确需要检验的响应功能，完善演练方案，确保演练检验设备（生命探测仪、多种气体检测仪、测风表等）的齐全，尽可能提高生产经营单位应急相关人员应对突发生产安全事故的实战能力及对应急预案的熟练程度。

c. 主要特点

检验型演练的特点是目的明确、单一，演练方法灵活多变，能够更好地找出应急预案、应急机制和应急人员分配中存在的较大问题，对应急体系的完善和改进具有明显的作用。

检验型演练与其他演练的主要区别是不预先告知情景事件，由应急演练组织者随机控制，参演人员根据情景事件的发展，按照应急预案组织实施预警、应急响应、指挥与协调、现场处置与救援等全部或部分应急行动。

②研究性演练

a. 基本定义

研究性演练是指为研究和解决突发事故应急处置的重点、难点问题，试验新方案、新技术、新装备而组织的演练活动，是为验证突发事故发生的可能性、波及范围、风险水平以及检验应急预案的可操作性、实用性等而进行的预警、应急响应、指挥与协调、现场处置与救援等应急行动和应对措施的演练活动。

b. 工作内容

研究型演练主要以探讨和试验的方式进行，目的是针对突发事故，研究探讨应急预案的可行性、应急指挥体系的可靠性、技术装备的实用能力等。通过研究型演练，探索安全生产应急管理体系应对突发事故时指挥机构、指挥关系和指挥机制中存在的问题，为预防和应对突发生产安全事故提供理论和实验依据，以适应现代企业应急准备的需要。

研究型演练是边探索应急体系的不足边研究解决方法的过程，演练活动复杂且难度高，需要较长的准备时间,以充分调用和协调人力、物力的使用来确保演练的效果。演练准备工作包括以下内容。

演练目标的确定。确定演练需要研究的问题,列举一系列可能的解决方法。

参演人员的选择。参演人员必须是应急领域的专家,最好具有资深的演练经验。

演练器材的准备。演练过程需要现代科学设备辅助进行,如计算机、立体虚拟模拟环境等。

演练结果处理方案的制定。对演练结束后,演练结果的处理方法、程序进行准备。研究型演练结果需要参演专家共同讨论得出最终成果。

c. 主要特点

研究型演练的特点是科学性和实用性,演练过程围绕预先制定的研究目标展开,通过试验探索新事物、新问题的处理方法,完善预防突发生产安全事故的准备工作和提高应急处置能力。

与检验型演练不同的是,研究型演练着重于提出解决应急体系中各类问题的方法,以完善应急预案的可行性,提高应急体系的适用性。

研究型演练是带着疑问而进行的演练活动,每一次研究型演练的开展,都会使应急人员的协调能力、指挥能力、应对能力得到一定的提升,同时也会发现一些新事物,但演练成本的限制使其不适宜频繁举行。根据现实情况的需要,不同类型的演练可以相互组合,形成单项模拟演练、综合模拟演练、单项现场演练、综合现场演练、检验型单项演练、检验型综合演练等。

(4)其他分类

除了上述分类方法,应急演练还有其他分类方法,如图上演练和沙盘演练,单项演练和组合演练,室内演练和室外演练,战术演练和战略演练,以及政府组织演练和生产经营单位组织演练等。

①图上演练和沙盘演练

图上演练是以图纸为基础,设置情景事件,将演练场所、周边情况、事件发生地点和疏散路线等绘于图上,根据应急预案,在图纸上面展开应急响应、应急处置和救援等应急行为的演练活动。图上演练简单明了、清晰易懂,演练相关人员很容易接收指挥信息,坚守各自的岗位和职责,易于提高各部门人员间的协调控制能力,达到演练目的。

沙盘演练是将现实场景按比例缩小后展现于沙盘上,现场演练人员根据预先设置的情景事件,依据应急预案在沙盘上模拟组织指挥协调、应急处置和其他应急措施的演练活动。沙盘演练形象真实,完全是现实场景的缩小化,具有很好的应用效果。

图上演练和沙盘演练都属于将实际情况简化的模拟演练活动,虽然不完全符合实际,但在一定程度上真实地反映了处置突发生产安全事故的情况,而且演练成本低,适合于经常开展。

②单项演练和组合演练

单项演练是根据应急预案,检验预案中某一项应急响应行为或应急措施的应急功能演练活动。单项演练目的单一明确,检验应急预案单个环节、单个层次的应急行动或应对措施的针对性、可操作性、适用性,重点提高应急处置与救援能力,易于进行,对应急预案中的应急功能具有很好的检验效果。

组合演练是根据情景事件要素,按照应急预案检验包括预警、应急响应、指挥与协调、现场处置与救援、保障与恢复等应急行动和应对措施的多项或全部应急功能的演练活动。组合演练过程复杂且成本较高。目的是检验应急预案、程序的可操作性,应急救援方案和应急机制运行的可靠性,相关人员应急行动的熟练程度,多方面提高综合应对突发生产安全事故的能力。

③室内演练和室外演练

室内演练是指应急救援人员聚集在室内(一般是指应急指挥中心)就可以根据应急预案完成某些功能的演练活动。室内演练主要是以讨论、推演、模拟为主的演练活动,通过借助各种电子器材和设备模拟事故情景,然后进行讨论得出应对事故的方案。

室外演练是指所有参演人员针对应急预案中的应急功能,在室外完成检验和评价应急系统应急处置能力的演练活动。室外演练主要以实战演练为主,规模大、真实性高,所以需要充分准备以保证演练效果和演练过程安全。

室内演练和室外演练可以结合使用,以室内模拟作为预演,再通过室外演练进行验证。

④战术演练和战略演练

战略和战术来源于战争实践,应用于军事领域。战略是指导战争全局的策略,现泛指统领性的、全局性的、左右胜败的谋略、方案和对策;战术是指导和进行战斗的方法,现泛指为达到目标而采取的行动方法。战略是发现智谋的纲领,战术是创造实在的行为。

战术演练是针对应急预案中的一项或多项应急功能,预先制定出特定的演练方法和过程的演练活动。战术演练一般要有技巧性、创新性,且演练方案具有借鉴的价值。

战略演练是指为达到检验应急系统应急能力的目的而进行的一系列演练活动。战略演练可能是多个战术演练系统的组合。战略演练重在完成目标、制定演练策略,是从整体出发的演练活动。

战术演练侧重于局部演练计划、演练过程和方法,战略演练侧重于整体演练方针、演练结果和理论,二者既有本质区别,又有紧密的联系。

⑤政府组织演练和生产经营单位组织演练

安全生产应急演练的开展需要由专门的单位或部门进行精细组织与策划,由演练组织单位安排各机构和人员根据自身职责分工合作,完成演练活动。应急演练活动一般由政府部门或生产经营单位组织开展,因此,根据演练组织主体,又可以把应急演练分为政府组织演练和生产经营单位组织演练。

政府组织是指以各级政府部门为组织主体,安排部署应急演练活动的实施。政府组织演练主要针对影响较大、与公众生活息息相关的突发事故的应急救援演练活动,例如地震应急救援、重大交通事故应急救援、重大危险化学品泄漏(爆炸)等综合性应急演练。政府组织演练通常以政府相关机构及领导组成演练领导小组,指挥演练的进行。

生产经营单位组织是指由生产经营单位安全管理部门主体组织与策划、单位管理层领导指挥演练活动实施,演练主要针对单位自身极易发生的突发生产事故、根据单位已有的应急救援预案在本单位内部开展演练活动。

应急演练活动的开展一般均由政府或生产经营单位组织进行,特殊情况下也有某些社会机构根据自身情况组织演练活动。有时开展大型应急演练,需要由政府部门及生产经营单位联合举行,政府提供部分必要的资源、政府官员作为演练领导进行指挥,也可认为政府是演练组织主体。

2. 常用演练方式

应急演练的类型有多种,按照各种不同方式划分的演练类型在内容上相互交叉,根据政府、生产经营单位平时的演练经验,对这些类型进行归纳总结,按照我国重大事故应急管理体制与应急准备工作的具体要求,将常用的应急演练方式大致分为桌面演练、功能演练和全面演练三种类型。

(1)桌面演练

①基本定义

桌面演练是指在室内会议桌或相关仪器设备上模拟演练情景,并对此进行口头讨论的演练活动,通常情况下与模拟演练相同,主要包括图上演练、沙盘演练等类别的室内演练。

桌面演练的主要作用是使演练人员在检查和解决应急预案中存在的问题的同时,获得一些建设性的讨论结果,并锻炼演练人员解决问题的能力,以及解决应急组织相互协作和职责划分问题。

②主要特点

桌面演练只需展示有限的应急响应和内部协调活动,应急响应人员主要来自应急参与单位. 演练内容大都为本单位应急职责内的应急行动和对内对外的协调联络。活动事后一般采取口头评论形式收集演练人员的建议,并形成一份简短的书面报告,总结演练活动情况和改进有关应急响应工作的建议。提出的改进建议经有关领导批准后,负责应急救援工作的部门人员应对具体行动方案进行修改完善。

桌面演练方法成本低,针对性强,主要为功能演练和全面演练服务,是应急行动单位为应对生产安全事故做准备常采用的一种有效方式,也是政府、生产经营单位应急部门或者负有应急职责的单位、部门独立组织演练活动的一种方式。

随着科学技术的发展,计算机仿真模拟成为桌面演练的新形式,由于其效果逼真、演练功能模块全面、计算机程序化等特点,成为现在桌面演练研究的重点,计算机仿真模拟演练将开启桌面演练的新时代。

(2)功能演练

①基本定义

功能演练是指针对某个专项领域(如电力事故、特种设备事故、交通事故、火灾、食物中毒、恐怖事件等)、特定事件级别(特大事故级别以下)、某项应急响应功能或其中某些应急响应活动举行的演练活动。

②工作内容

生产经营单位安全生产功能演练一般由应急救援部门的工作人员负责,通常在特定的危险场所进行,所调动的人员、装备按照预案规定满足演练要求即可。演练目的是检验该类紧急状况出现时,生产经营单位主要参与应急的部门和人员能否迅速响应,能否按照预定方案进行应急处置。

功能演练有多种类别,其各自目的和作用不同,具体举例如下。

指挥和控制的功能演练。主要目的是检测、评价在多个部门参与的情况下,在一定的压力状况下,集权式的应急运行机制和响应能力能否满足实际应急需求,外部资源的调用范围和规模能否满足相应模拟紧急情况时的指挥和控制要求。

生产经营单位针对某类危险化学品火灾事故的功能演练。主要目的是检验此类危险化学品的灭火方案是否完善,灭火装备是否满足扑灭该类危险化学品火灾的要求,应急人员是否熟练掌握该类火灾的灭火操作技能等。

区域针对某类食物中毒事件的功能演练。主要目的是检验该类食物中毒事件的应急处置方案是否符合实际,特别是检验在当地医疗救护条件无法满足实际要求的情况下,调用外部资源时能达到的最快速度,检验医疗救护响应是否满足应对该类事件的要求,检验应急人员是否熟练掌握该类中毒事件的医疗救护操作技能等。

③主要特点

功能演练主要是针对某类较为单一的事件、某些应急响应功能,检验应急响应人员以及应急救援体系的指挥和协调能力,检验对某类特定应急状况的处置能力。政府、生产经营单位在策划某类紧急状况应急演练时常常采用功能演练方式。

功能演练比桌面演练规模要大,需动员更多的应急响应人员和组织,演练方案设计、协调和评估工作的难度也较大。演练完成后,除口头评论外,组织单位还应向本单位主管领导、上一级行政主管部门或应急管理部门提交有关演练活动的书面报告,提出改进建议。

(3)全面演练

①基本定义

全面演练是指针对应急预案中绝大多数或全部应急响应功能,全面检验、评价应急体系的应急处置能力而开展的演练活动。包括综合演练、组合演练等。

全面演练主要是检验整个应急体系的适用性、应急行动的协调性、组织与人员的协调联动能力,这种演练方式也就是我们通常所说的联合演练。全面演练时间可以根据演练的规模和内容视情况而定,一般要求持续几个小时。

②工作内容

全面演练涉及内容广、工作量大,可由生产经营单位和政府部门独立举行,也可联合开展,不同性质和规模的全面演练工作内容、目的都不相同。全面演练的内容构成如图 7-3 所示。

全面演练 { 生产经营单位全面演练:由生产经营单位独立举行的综合性演练
区域性全面演练:本区域内政府、生产经营单位单独或联合举行的综合性演练
跨区域全面演练:相邻区域政府、生产经营单位联合举行的综合性演练

图 7-3　全面演练的内容构成

③主要特点

全面演练策划难度大,演练内容一般还包括次生灾害事故及其应急处置,涉及的内外应急资源多,协调难度高,考虑因素全面,评价体系复杂。演练不仅涉及本生产经营单位或者本级政府大部分部门、人员、装备,有时还涉及其他单位、相关政府甚至上级政府。

全面演练一般采取交互式方式进行,演练过程要求尽量真实,预案规定范围内的应急部门大部分都要参加,应急人员和资源都要全面调动,演练通常采取近似实战的方式,协调性要求很高。演练目的是检验、评价在多级政府、多部门、多个生产经营单位、多种应急力量参与情况下,在最大范围、最大限度调动应急资源时,应急行动能否高效实施,生产安全事故能否得到有效控制。

演练完成后,负责牵头策划、组织的单位需对参演单位进行口头总结,向上一级行政主管部门或应急管理部门提交有关演练活动的书面汇报,并提交正式的演练评价报告。

(4)三种演练类型的比较

桌面演练、功能演练和全面演练是三种不同的演练类型,它们在本质上没有优劣之分,只是具有各自的特点,各自适应不同的情况,在演练过程中呈现不同的形态。

桌面演练、功能演练和全面演练之间的区别见表7-1。

表 7-1 桌面演练、功能演练和全面演练的区别

	桌面演练	功能演练	全面演练
方式	以口头讨论为主	以模拟行动为主	以实战行动为主
目的	为提高指挥人员制定应急策略、解决实际问题的能力	为检验应急人员及应急救援系统的响应能力	为全方位地锻炼和提高相关应急人员的组织指挥、应急处置以及后勤保障等综合应急能力
涉及内容	模拟紧急情境中应采取的响应行动应急响应过程中的内部协调活动	相应的应急响应功能,如指挥与控制应急响应过程中的内部、外部协调活动	应急预案中载明的大部分要素演练内容
演练地点	会议室为主应急指挥中心	应急指挥中心实施应急响应功能的地点工厂或交通事故现场	应急指挥中心现场指挥所地区或工厂现场
所需评价人员数量	一般需1~2人	一般需2~3人	一般需10~50人
总结方式	口头评论参与人员汇报演练报告	口头评论参与人员汇报演练报告	口头评论参与人员汇报书面正式报告

表7-1对桌面演练、功能演练和全面演练细节部分的基本特点进行了简单比较,但是三种演练的特点表现在多个方面,从整体上考虑,它们在演练的复杂程度、规模大小、要求标准、适用对象等方面存在较大差别。

①演练复杂程度不同。不同的演练方式,演练运行的关联程度不同,演练策划、组织实施的难度、考虑的主要因素、评估体系的复杂程度、所需付出的工作量也就不同。桌面演练不安排现场演练活动,而全面演练、功能演练都要安排现场演练活动。因此,通常情况下,全面演练策划、组织实施的难度、工作量最大,要考虑的因素最多,评估体系最复杂,功能演练则次之,桌面演练最少。

②演练规模大小不同。演练规模大小,是选择演练类型的重要因素之一,演练级别、情景事件预警等级决定应急资源的参与程度(即参加的部门、人员、装备、设施和物资的层次、范围及数量),以及评估体系的构建和评估人员的数量。一般情况下,全面演练几乎动用所有人力、物力资源,规模庞大;功能演练只需要与演练功能相关人员、设备资源参与即可,规模较小;桌面演练只需各应急组织负责人参与讨论,规模最小。

③演练要求标准不同。演练标准不同主要是针对策划水平、过程控制、评估要素和评估标准设置的要求不同。全面演练,对各方面要求最高,要求有较高的严谨性、行动的协同性,要求所策划的过程既紧凑又符合客观实际,要做到环环相扣,衔接紧密,要有专门的评估组对演练结果进行评估总结。功能演练只需针对响应功能的相关工作落实到位,达到演练目的即可。桌面演练为了简化过程、节约成本,在完成演练目标的基础上,其演练要求最低。

④演练适用对象不同。桌面演练主要用于生产经营单位应急行动的组织者或者演练策划者、应急行动的主要承担者进行的小范围、小型应急训练和应急程序讨论。功能演练则适用于单一系统或者单一应急功能的演练,一般为生产经营单位应急部门或者政府承担专项领域应

急职责的部门组织专项演练时所采用。而全面演练,通常是生产经营单位在进行全方位演练、各级政府在辖区进行联合演练的情况下才会采用。

应急演练的类型有多种,不同类型的应急演练各有特点,适用于不同情况和不同条件,但在策划演练内容、演练情景、演练频次、演练评价方法等方面都存在共性要求,可以联合形成系统,综合使用。其相同之处主要体现在以下方面。

①遵守法律、依法实施。应急演练必须遵守国家和地方的相关法律、法规、标准和应急预案规定,依法实施演练活动。

②领导重视、科学计划。开展应急演练工作必须得到有关领导的重视,给予资金、人员等相应支持,必要时有关领导应参与演练过程并扮演与其职责相当的角色。应急演练必须事先确定演练目标,演练策划人员应对演练内容、情景等事项进行精心策划、科学安排。

③结合实际、突出重点。应急演练应结合当地可能发生的危险源特点、潜在事故类型、可能发生事故的地点和气象条件及应急准备工作的实际情况进行。演练应重点解决应急过程中组织指挥和协同配合问题,解决应急准备工作不足的问题,以提高应急行动的整体效能。

④周密组织、统一指挥。演练策划人员必须制定并落实保证演练达到目标的具体措施,各项演练活动应在统一指挥下实施,参演人员要严守演练现场规则,确保演练过程的安全。演练不得影响生产经营单位的安全生产和正常运行,不得使各类人员承受不必要的风险。

⑤由浅入深、分步实施。应急演练应遵循由下而上、先分后合、分步实施的原则,全面的应急演练应以若干次桌面演练和功能演练为基础。

⑥讲究实效、注重质量。应急演练机构要精简,工作程序要简明,各类演练文件要实用。

应急演练的组织者或策划者在确定采取哪种类型的演练方法时,应当根据生产经营单位安全生产要求、资源条件及客观实际情况,符合当地演练水平、气候等方面要求。应急演练方法的选择过程中,应充分考虑下列因素。

①国家法律法规及地方政府部门颁发的有关应急演练规定、准则等文件,如《生产安全事故应急演练指南》、《国家突发事件总体应急预案》等。

②生产经营单位长期和短期的演练规划和安排,如规划确定的演练方式和开展时间、频次等。

③生产经营单位安全生产应急预案编制与执行工作的进展情况。

④生产经营单位常见的生产事故类型及所面临风险的性质和大小,如事故发生的原因、规模、概率等。

⑤生产经营单位当前应急救援能力建设和发展的情况。

⑥演练单位现有应急演练资源状况,包括人员、物资、器材设备、资金筹措等实际情况。

总之,应急演练类型、频次的选择首先应依据法律、法规、规章、标准和应急预案的规定,有针对性地组织开展安全生产应急演练活动。对于可能发生重大生产安全事故的生产经营单位,应适时联合当地政府或其他单位,组织开展全面演练,全面提高单位自身应急体系的有效性,人员应急状态下的自救互救能力和应急处置能力。

三、应急演练内容

在安全生产应急救援过程中,存在一些必需的核心功能和任务,这些功能和任务是应急预案的核心要素,也是安全生产应急演练的基本内容。主要包括:预警与通知、应急指挥、协调与决策,应急通信,应急监测,应急警戒和管制,应急疏散与安置,医疗与卫生保障,现场应急处置,公众引导,现场恢复,评估与总结等,无论何种演练都必须围绕这些功能和任务展开。应急演练过程主要是按照预案要求完成上述功能和任务的部分或全部内容。

1. 预警与通知

预警通常指根据监测结果,判断突发事故可能发生或即将发生时,依据有关法律法规或应急预案相关规定,公开或在一定范围内发布相应级别的警报,并提出相关应急建议的行动。

生产经营单位安全生产过程中,必须要有完善的预警机制,保证在生产安全事故实际发生之前对事故进行预报、预测及提供预先处理操作。预警工作包括四项内容。

(1)对于预警范围的确定。需要严格规定监控的时间范围、空间范围和对象范围。

(2)预警级别的设定及表达方式的规定。初步对事故给出一个类别和级别,以方便通知。

(3)紧急通知的次序、范围和方式。明确规定一旦发生突发生产安全事故,及时按顺序通知哪些机构、人员,以及以何种方式通知。

(4)突发生产安全事故范畴及领域的预判。

应急救援过程中,准确了解事故的性质、规模等初始信息是决定是否启动应急救援的关键,也是预警工作需要考虑的重要因素。预警作为应急响应的第一步,还必须对接警要求做出明确规定,保证迅速、准确地向报警人员询问事故现场的重要信息。

接警人员一般由总值班人担任,接警人员应做好以下五项工作。

(1)问清报警人姓名、单位部门和联系电话。

(2)问明事故发生的时间、地点、事故原因、主要毒物、事故性质(毒物外溢、燃烧、爆炸、坍塌等)、危害波及范围和程度、对救援的要求,同时做好电话记录。

(3)向生产经营单位有关领导报告通知。

(4)与应急救援队伍保持联系,监视事态发展情况。

(5)若企业单位应急救援难以控制事态发展,要及时向上级汇报,请求支援。

在发生生产安全事故时,接警人员接到报警后,应按照应急预案规定的时间、方式、方法和途径,迅速报告上级主管部门或当地政府有关部门、应急机构,发出事故预警通知,以便采取相应的应急行动。当事故可能影响到生产经营单位周边地区,对周边地区的公众可能造成威胁时,应及时向公众发出预警警报,同时通过各种途径向公众发出通知,告知事故性质、对健康的影响、自我保护措施、注意事项等,以保证公众能够及时做出自我保护响应。

2. 应急指挥、协调与决策

应急演练工作始终贯穿于应急准备、应急响应、应急救援、应急恢复等应急活动中,涉及应急救援的工作内容众多,但关键是统一指挥、协调决策等,具体表现在以下方面。

(1)统一指挥是应急指挥的最基本原则。坚持统一领导、综合协调、分类管理、分级负责、属地管理为主的应急管理体制,应急救援活动必须在应急指挥部的统一组织下行动。

(2)协调决策是应急演练行动有序进行的保证。各应急演练组织、部门人员在现场指挥部的统一指挥下,协调决策,分工合作,充分利用现有的应急资源和力量开展应急救援演练工作。现场指挥决策时,以生产经营单位领导、当地政府为主,部门和专家参与,充分发挥生产经营单位自救作用。

根据应急预案规定的预警响应级别,建立统一的应急指挥、协调和决策机构,便于对事故进行初始评估,确认紧急状态,从而迅速有效地进行应急响应决策、实施应急行动指挥,建立现场工作区域,确定重点保护区域和应急行动的优先原则,指挥和协调现场各救援队伍开展救援行动,合理高效地调配和使用应急资源,控制事态发展。

在重大生产安全事故处置过程中,应急救援指挥部根据实际情况,成立下列相关应急救援专业组。

(1)消防抢险组。可由当地公安消防部门或生产经营单位消防队伍负责,负责现场抢险作业,及时控制危险源。负责现场伤员搜救、容器设备处理、事后对现场区域恢复清理等工作。消防抢险组成员由消防专业队伍、生产经营单位义务消防抢险队伍和专家组成。

(2)医疗救护组。由卫生部门负责,负责在现场附近的安全区域内设立临时医疗救护点,对受伤人员进行紧急救治。

(3)安全疏散组。负责对现场及周围人员进行防护指导、人员疏散及周围物资转移工作。由公安部门、事故单位安全保卫人员和当地政府有关部门人员组成。

(4)安全警戒组。安全警戒组由公安交管部门、治安等部门组成。主要负责布置安全警戒,禁止无关人员和车辆进入危险区域,在人员疏散区进行治安巡逻。

(5)物资供应组。物资供应组由应急物资储存机构、交通部门、生产经营单位后勤部门等组成。主要负责组织抢险物资的供应,组织车辆运送抢险物资。

(6)环境监测组。在发生泄漏等事故时,需要对大气、水体、土壤等环境参数进行及时检测,确定污染区域范围,对事故造成的环境影响进行评估,制定修复方案并组织监督实施。

(7)专家组。由安监部门负责,对应急救援方案和安全措施进行可行性分析并提出建议,为现场指挥救援工作提供技术咨询。

在进行安全生产应急救援演练时,以上应急救援专业组,应根据演练事故特点及生产经营单位实际情况进行选择和组织,不能参与的组织及人员通过模拟实现,确保演练活动的有效实施。

演练过程中,事故抢险救援方案由现场总指挥、本单位领导和专家组讨论协商,做出决策后再由现场总指挥组织统一实施。

3. 应急通信

应急通信是应急指挥、协调和与外界联系的重要保障,在现场指挥部、应急中心、各应急救援组织、新闻媒体、医院、上级政府和外部救援机构之间,必须建立完善的应急通信网络,在应急救援过程中始终保持通信网络畅通,并设立备用通信系统。

应急救援过程中,参与预警、接警和通知应急处置与救援的各方人员,特别是上级与下级、内部与外部相关人员之间畅通的信息联络,是保证应急指令正确下达和救援行动及时实施的关键。

通信对于应急行动的有效开展非常重要。生产经营单位应急预案必须对负责应急救援工作的领导、部门人员之间的通信方式和顺序做出规定,建立有效的应急通信系统,以保证紧急情况下的信息通道畅通。通信体系应考虑的因素如下。

(1)建立和保持生产经营单位应急组织之间的通信网络。

(2)建立和保持现场应急组织、外部应急指挥和其他应急组织之间的通信网络。

(3)建立和保持应急指挥和区域内其他生产经营单位人员、社区居民之间的通信网络。

（4）建立和保持现场指挥部和医院、交通部门等生产安全事故处置相关单位之间的通信网络。

应急演练资源保障中必须明确需要配备的通信设备，以保证通信体系真正得到落实。演练时，对于通信体系的通信功能应注意如下问题。

（1）启用主通信系统及备用通信系统。应急演练过程中，通信交流方面的共性问题是多个无线电通话频率混存，缺乏可协调所有应急响应工作的通信平台。因而，为确保演练时各类信息、指令上传下达的通畅和信息交流渠道的可靠性，演练人员应启用主通信系统和备用通信系统。

（2）保存所有通信信息。演练策划者及组织者应要求所有应急响应机构或组织中负责通信交流的人员保存所有与信息交流有关的文件，包括各类消息和无线电通信日志，以便事后总结经验时查找不足之处。

4. 应急监测

安全生产应急监测是指对突发生产安全事故现场、事故可能波及区域的气象、有毒有害物质等进行有效监测并进行科学分析和评估，合理预测事故的发展态势及影响范围，避免发生次生或衍生事故。

在生产安全事故应急救援过程中，必须对事故的发展态势和影响范围及时进行动态监测，建立事故现场及场外监测、评估程序。事态监测在应急救援过程中起着非常重要的决策支持作用，其结果不仅是控制事故现场、制定消防、抢险措施的重要决策依据，也是划分现场工作区域、保障现场应急人员安全、实施公众保护措施的重要依据。即使在现场恢复阶段，也应当对现场和周边区域的大气、土壤、水源等环境进行监测。

事态监测在应急救援和应急恢复决策中具有关键的支持作用，应急监测工作程序包括以下内容。

（1）确定负责监测与评估活动的人员。

（2）整理监测仪器设备，确定监测方法。

（3）设置合适的监测点，对事故发展态势和周边环境进行监测监控。

（4）对土壤、水源等目标进行实验室化验及检验，确定环境污染程度。

（5）及时整理监测结果报告。

应急监测过程中，可能的监测活动包括：事故影响边界，气象条件，对食物、饮用水卫生以及水体、土壤、农作物等的污染，可能的二次反应有害物，爆炸危险性和受损建筑垮塌危险性，以及污染物质滞留区等。

事故现场事态监测和事态评估一般是同时进行的，任何应急处置工作的开展都必须以对事故现场形势的准确评估为前提。指挥中心根据监测结果与事故发展态势，对事故做出评估，做出正确的应急决策。为有效地进行现场控制，应急救援人员的首要职责是通过事态监测获取准确的现场信息，通过事态评估对所发生的事故进行及时准确地认识和把握，进而高效有序地组织实施工作。

5. 应急警戒和管制

为保障事故现场应急救援工作的顺利开展，在事故现场周围设置警戒区域，实施交通管制，维护现场治安秩序是十分必要的，其目的是要防止与救援无关的人员进入事故现场，保障救援队伍、物资运输、人群疏散等的交通畅通,并避免发生不必要的伤亡。

生产安全事故应急救援预案中明确规定执行警戒与管制的任务要求,描述不同事故类型的警戒与交通管制方案,规定区域负责执行警戒和交通管制任务的责任部门、责任人员及人员设置情况。应急警戒和管制由事故现场警戒和交通管制两部分组成。

(1)事故现场警戒

事故现场警戒是指事故发生后,对场区周边实行警戒隔离的安全措施。其任务是保护事故现场、维护现场秩序、防止外来干扰、尽力保护事故现场人员的安全等。

应急救援队伍到达事故现场后首要任务就是设定危险警戒线,划定警戒区域,防止非应急救援人员与其他无关人员随意进入事故现场,干扰应急救援工作。尤其在情景事件是重特大突发生产安全事故时,在有外部应急救援队伍支援的情况下,更应该尽早设立警戒线,以便应急队伍顺利开展救援工作。如果事故现场范围较大,应从核心现场开始,向外设置多层警戒线。

在生产安全事故现场设定警戒区域,具有重要的作用:①可保证应急救援工作的顺利进行,同时使应急救援人员在心理上有一定的安全感;②可避免外来不可预测危害因素对事故现场构成安全威胁;③可避免事故现场危害因素危及周围无关人员的安全。

设定警戒区域的原则包括:①根据事故现场监测和询问情况确定警戒区域;②将警戒区域划分为重危区、中危区、轻危区和安全区,并设立警戒标志,在安全区视情况设立隔离带;③合理设置出入口,严格控制人员、车辆进出。

在实际发生生产安全事故时,事故现场警戒区域范围的确定要考虑两个因素:现场危险源威胁范围和事故原因调查相关证据散落范围。应急警戒工作不仅保证了救援工作的顺利进行,同时也为事后调查事故起因提供了方便。

在应急演练过程中,实施警戒措施不仅是应急预案的要求,同时也是为了保证演练效果以及演练现场人员安全。

(2)交通管制

交通管制是指出于某种安全方面的原因对某区域部分或者全部交通路段的车辆和人员通行进行控制的措施。交通管制是公安机关交通管理部门根据法律、法规,对车辆和行人在道路上通行以及其他与交通有关活动所制定的带有疏导、禁止、限制或指示性质的具体规定。

演练现场交通管制是指事故发生后,及时通知交管部门,对事故发生地的周边道路实施有效控制措施。其主要目的是为演示救援工作提供畅通道路。

现场交通管制是确保应急处置工作顺利开展的重要前提。交通管制的任务要求有:①封闭可能影响演练现场处置工作的道路,开辟救援专用路线和停车场,禁止无关车辆进入现场,疏导现场围观人群,保证现场交通快速畅通;②根据情况需要和可能开设应急救援"绿色通道",在相关道路上实行应急救援车辆优先通行。

对情景事件现场及周围区域实行交通管制,有利于应急演练救援队快速行动、应急物资迅速送达和人员及时疏散,大大减少应急演练过程中人员和车辆的通行时间,提高应急救援演练效率。

6. 应急疏散与安置

应急疏散指危险区域内人员撤离危险区域到达安全地带的避难方式。在对事故周边情况进行调查掌握的基础上,制定疏散路线和方向,形成行之有效的人员疏散应急反应体系,当紧急疏散通知下达后,受影响区域的人员可以快速地从疏散通道完成疏散和撤退。

生产安全事故发生后,人群疏散与安置是减少人员伤亡的有效措施。应当对疏散的紧急情况和决策、预防性疏散准备、疏散区域、疏散过程、安置场所以及返回等做出细致的规定和准备,应考虑疏散人群数量、疏散时间、风向等环境变化以及老弱病残等特殊人群的疏散等问题。

应急演练策划方案中制定人员疏散的内容有:①规定核实和执行内部疏散、人员清点的责任部门和责任人;②针对需要进行疏散的模拟紧急情况,预先确定安置地点、疏散路线等;③明确通知疏散的方法以及备用手段、工具等;④规定疏散具体要求和安排,包括指引标志、风向标志、应急电源、人员清点、指引人员等;⑤明确关键岗位员工撤离前应尽可能完成的一些紧急处理措施;⑥明确人员疏散时的个人防护。

根据人员疏散规则,在处置现场有效地组织人员疏散,是避免大量人员伤亡的重要措施。根据疏散的时间要求和距离远近,可将人员疏散分为临时紧急疏散和远距离疏散。

(1)临时紧急疏散

临时紧急疏散常见于火灾、爆炸等突发性生产安全事故的应急演练过程中。临时紧急疏散的最大特点在于其紧急性,如果在短时间内人员无法及时疏散,就有可能造成严重的人员伤亡。但在紧急疏散过程中,绝不能片面强调疏散速度,如果疏散过程中秩序混乱,就可能造成人群相互拥挤和踩踏以及车流阻塞现象,甚至导致人员群死群伤。因此,临时疏散必须兼顾疏散的速度和秩序。必须关注人们在紧急疏散时处于危险中人员的心理和行为特点。

(2)远距离疏散

远距离疏散一般用于危化品泄漏等事故的应急演练过程中。远距离疏散涉及人员多、疏散距离远、疏散时间长,因此,远距离疏散必须事先进行疏散规划,通过分析危险源的性质和所发生事故的严重程度与危害范围,确定危险区域的范围,并根据危险区域人口统计数据,确定处于危险状态和需要疏散的人员数量。

结合危险区域人员结构和分布情况、可用的疏散时间、可能提供的疏散力量、交通工具和所处的环境条件等因素,制定科学的疏散规划。远距离疏散准备一般情况下需要考虑的问题有:①需要疏散的人口统计(包括危害范围扩大后增加疏散人口的统计);②疏散安全区域选择;③疏散中运输方式选择;④疏散出入口与运输路线确定;⑤被疏散人员和车辆集结位置;⑥疏散过程中人员沿途护送问题;⑦被疏散人员遗留财产物品处置问题;⑧疏散过程中所需药物、食物、衣物和饮用水准备问题;⑨安置场所的准备;⑩宠物、家禽等的管理问题。

(3)人员疏散与返回的优先顺序

无论发生何种生产安全事故,人员疏散和紧急救助均属于保护性措施,只要有人员的疏散,特别是在需要集体撤离的情况下,就必须考虑人员疏散和返回优先顺序。根据国内外经验和研究成果,全体疏散情况下,其优先顺序具体如下。

①疏散顺序。禁止无关人员进入即将疏散撤离地区与场所,从生产经营单位员工、居民及群众疏散开始,到工作人员中非关键人员(包括媒体人员)的疏散,到应急关键人员之外所有人员疏散,到全部疏散。

②返回顺序。当演练中的危险状态结束、对人员的安全威胁解除后,需要安排被疏散的人员返回社区或生产经营单位。返回也应当和疏散一样,严格遵守先后顺序,从应急处置参与人员开始,到现场评估人员与有应急人员陪伴的媒体人员,到公共设施维修人员,到生产经营单

位员工、居民以及其他有关人员。

7. 医疗与卫生保障

医疗与卫生保障是指调集医疗救护资源对受伤人员合理验伤分级,及时采取有效的现场急救及医疗救护措施,做好卫生监测、防疫等工作。

对受伤人员采取及时、有效的现场急救,合理转送医院进行治疗,是减少事故现场人员伤亡的关键。医疗人员必须了解生产经营单位主要的危险,并经过培训,掌握正确的消毒和治疗方法。

应急演练医疗救援时,应成立事故现场医疗救援小组。参加医疗救援工作的单位和个人,到达现场后应当立即向事故医疗救援小组报到,并接受其统一指挥和调遣。

演练现场医疗救援小组及成员的主要任务有以下几项。

(1)对现场伤亡情况和事态发展做出快速、准确评估。

(2)指挥、调遣现场及辖区内各医疗救护力量。

(3)设置伤病员分检处,确定现场接触人群验伤工作及执行人员。

(4)向当地灾害事故医疗救援领导小组汇报有关情况并接受指令。

(5)依据验伤结果对伤员进行现场分类并实施相应紧急抢救。

(6)负责事故现场救护与伤员转移。

(7)针对特殊伤害预先建立与有关专科医院的联系。

(8)负责统计伤亡人员情况。

应急演练过程中,各医疗救援机构和个人必须完全服从现场指挥部的调遣,按照预案规定内容,细致、有序、全面地进行伤员的医疗救护工作,确保演练医疗与卫生工作得到有效保障,促进演练顺利进行。

8. 现场应急处置

生产安全事故应急处置是整个应急管理及应急演练的核心环节。现场应急处置是指生产安全事故应急救援过程中,按照应急预案规定及相关行业技术标准采取的有效技术与安全保障措施。在生产经营单位生产经营过程中,由于人为、设施设备、环境等多方面因素,突发生产安全事故的发生及其带来的损失无法完全避免,因此各单位需要随时做好应急准备以应对各种紧急情况。

发生事故后,需要做的工作是在事先精心准备的基础上,根据事故性质、特点以及危害程度,及时组织有关部门,调动各种应急资源,进行事故应急处置,以降低人员伤害和财产损失的程度。

在应急演练过程中,事故现场应急处置工作包括以下内容。

(1)现场应急处置基本任务

现场应急处置按实战要求的任务内容进行,生产安全事故现场处置基本任务主要有以下三个方面。

①控制事态的发展。及时有效地控制事故的蔓延,防止危害的进一步扩大。演练时要按照实战程序控制情景事件的发展。

②及时抢救受害人员使之脱离危险。在应急处置行动中,及时、准确、有效、科学地实施现场抢救和安全地转送受害人员,对于稳定病情、减少伤亡、避免更大范围的人员伤害等具有重

要意义。

③组织现场受灾人员撤离和疏散。演练时,根据预案规定内容,以实战要求实施现场人员及时撤离和疏散。

(2)现场应急处置安排

事故的现场处置需要根据事故类型、特点和规模做出紧急安排。尽管不同事故所需的安排不同,但大多数事故的现场应急处置都应包括:①设置警戒线;②应急响应人力资源组织与协调;③应急物资设备调集;④人员安全疏散;⑤现场交通管制;⑥现场以及相关场所治安秩序维护;⑦对信息和新闻媒体的现场管理。

生产安全事故应急处置时,要根据应急救援工作原则,科学施救。演练时,现场应急处置内容的策划要严格遵守五项原则:①以人为本,减轻危害;②统一领导,分级负责;③快速反应,紧急处置;④协调救助,人员疏散;⑤依靠科学,专业处置。

总之,事故现场应急处置是安全生产应急演练过程中最主要的内容,需要做出多方位安排,参与应急处置的各个部门、组织与人员应在现场指挥协调人员的领导下,本着"以人为本"的思想,协调行动。通过演练应急处置行动,可以提高响应人员紧急情况下的应急救援能力,提高现场人员实际发生事故时的逃生能力,加强生产经营单位应急部门发生事故时的应急处置能力。

9. 公众引导

公众引导是指在演练过程中,及时召开新闻发布会,客观、准确地公布演练有关信息,通过新闻媒体与社会公众建立良好的沟通,引导社会公众了解相关情况。公众引导是为了消除演练时社会公众的恐慌心理,避免公众的猜疑和不满,其目的是使公众及时了解演练情况并支持演练活动的进行。

安全生产应急演练信息发布包括以下四个关键的环节。

①收集、整理、分析以及核实演练相关信息,确保信息客观、准确与全面。

②根据实际情况,确定演练过程中信息发布内容、重点和时机。其中,涉及政府秘密、生产经营单位商业秘密以及个人隐私的内容要特别提出并做一定的技术处理。

③确定信息发布方式。包括新闻发布会、政府公报或电视、广播等。

④根据信息发布后公众及参演人员的信息反馈,进行演练信息后续或补充发布。

社会公众在不同阶段有不同的信息需求,演练举办单位应在演练全过程中以召开新闻发布会的方式,及时向公众通报演练情况,包括演练前、中、后三个阶段的信息。

(1)演练前信息发布

应急演练开始前对社会公众发布的信息内容包括:①演练开始时间和可能持续的时间;②演练的基本内容;③演练过程中可能对周边生活秩序带来的负面影响(如交通管制、噪声干扰等);④演练现场附近居民的注意事项。

如果演练的规模和影响范围较大,可委托电视、广播、报纸等专业媒体机构负责演练前的宣传,演练前信息发布的目的是消除当地群众对演练的误解和恐慌,争取各界对演练的支持和配合。

(2)演练过程中信息发布

安全生产应急演练事故应急处置阶段,现场信息发布的内容包括:①模拟突发性生产安全事故的性质、程度和范围;②演练事故的发生原因;③演练具体进程。

应急演练事故处置阶段信息发布是为了传递权威信息,使当地群众熟悉演练事件及演练进展的最新情况。通过这些演练信息让公众了解和支持演练的进行,并通过演练提高自身防灾意识和应急能力。

(3)演练结束后信息发布

演练结束后信息发布主要是让社会公众全面了解本次演练的目的和意义,发表相关见解和建议,提高突发事故发生时的应对能力。演练结束后信息发布的内容包括:①演练过程中存在的问题;②相关专家人员提出的可行性建议;③演练总结和评估的结论;④未来一段时期内的演练规划。

(4)公众引导应注意的问题

应急演练公众引导工作中,涉及人员多,工作难度大,包括处理媒体、生产经营单位、政府及广大群众的协调沟通,信息收集、整理等各个方面的工作。因此,为保证公共信息和公众关系的协调,公众引导过程中应注意以下问题。

①处理与媒体的关系。演练时应尽可能保持与媒体的紧密联系,如建立新闻中心、举行新闻发布会和情况介绍会,消除新闻报道相互不一致的现象,并控制谣言的传播;制定电视和广播媒体监督管理规定,以便迅速纠正不正确信息;邀请媒体代表或其他人员询问一些与演练情景相关的疑难问题。

②协调公共信息发布活动。应急演练设定的重大生产安全事故发生后,大量应急组织参与救援行动,需要发布的信息量很大,可供准备的时间较短,信息的及时准确发布难度较大。因此要求在发布各类公共信息的过程中,需要有效协调应急组织、新闻媒体及社会公众之间的关系,要求演练前开展这方面的教育与培训,以保证演练时公共信息的发布能够有序地进行。

③开通短信平台,扩大与公众的交流。演练过程中应开通短信平台,确保公众可以使用手机短信对演练活动提出问题并获取相应消息,消除公众疑惑,扩大与公众之间的信息沟通。

④任命负责公众引导的专职人员。演练时应任命负责处理公共信息与公众关系的专职人员,该人员应参加每次新闻发布会,确保传递最新信息。

总之,发布演练相关新闻信息,进行公众引导,是促使公众了解与支持演练活动、加强与公众之间相互沟通的主要措施。同时,演练信息发布有利于社会公众通过演练活动学习各种应急知识,提高自身安全防范意识,从而减少突发生产安全事故发生时的人员伤亡损失。

10. 现场恢复

应急演练现场恢复是指应急处置与救援结束后,在确保安全的前提下,实施有效洗消、现场清理、基本设施恢复等工作。

现场恢复是在事故被控制住后进行的短期恢复,从应急过程看意味着应急救援工作的结束,并进入另一个工作阶段,即将现场恢复到一个基本稳定的状态。经验教训表明,在现场恢复过程中往往存在潜在的危险,如余烬复燃、受损建筑倒塌等,所以,应充分考虑现场恢复过程中的危险,防止事故再次发生。

进行演练现场恢复时,由于现场在演练刚结束的时候还存在许多不安全因素,包括危险有害物质等,所以应在保证恢复工作人员人身安全的前提下,进行现场恢复工作。演练现场恢复工作包括以下内容。

（1）对演练动用车辆、器材设备进行整理分类，清洗及擦拭干净，然后进行归库或归还相应单位。

（2）对涉及危化品的演练现场，要仔细清理，包括对于火场残留物，用干沙土、水泥粉、煤灰、干粉等吸附，收集后做技术处理或视情况倒入空旷地方掩埋；在污染地面上洒上中和或洗涤剂清洗，然后用大量直流水清扫现场，特别是低洼、沟渠等处，确保不留残留物。

（3）对演练现场基本设施、建筑物等进行清理，恢复到演练前形态，恢复演练现场及周边地区生产经营单位的正常运作和公众的正常生活。

演练现场恢复是演练后期工作，也是演练过程必不可少的一部分，演练组织单位相关部门应重视现场恢复工作，确保演练现场恢复到安全的、正常的状态，保证整个演练过程的圆满成功。

11. 评估与总结

安全生产应急演练评估、总结与追踪阶段的核心工作内容是演练评估和总结的内容编写并提交演练评估报告和总结报告，以及追踪演练发现问题的相关整改情况。

演练评估是指观察和记录演练活动、比较演练人员表现与演练目标要求、提出演练中发现的问题、形成演练评估报告的过程。演练评估的目的是确定演练是否已经达到演练目标，检验各应急组织指挥人员及应急响应人员完成任务的能力。评估结束后，各单位组织开展应急演练总结工作，撰写演练总结报告，召开总结大会，落实后续追踪工作。

12. 其他应注意的问题

对一次全面完整的安全生产综合演练而言，其内容应包含以上所有应急功能，实际演练时，根据相关行业（领域）安全生产特点，在实际演练过程中还要特别注意以下特殊问题，如火灾与搜救、执法、公众保护措施等。

（1）火灾与搜救

火灾与搜救一般在含有发生火灾、爆炸事故的危化品演练过程中出现。由于危险化学品在不同情况下发生火灾时，火灾扑救和人员搜救方法差异很大，若处置不当，不仅不能有效救援，反而会使灾情进一步扩大。因此，在危化品泄漏、起火及爆炸的演练过程中，要重视火灾扑救和人员搜救功能的演练。

参与演练人员应熟悉和掌握生产经营单位危化品的主要危险特性及相应灭火措施，清楚自己在演练过程中的作用和职责，演练时注意配合消防人员进行灭火和搜救工作。

演练过程中，进行火灾扑救与人员搜救行动时应注意如下问题。

①制定救援程序。演练时，应急指挥人员应按实战要求制定救援程序，确保救援人员（如消防队员、公安人员、医疗救护人员）能及时到达事故现场。

②救援行动。救援行动包括识别危险性质、评估伤员伤情、初步处置伤员、使用各类应急救援工具等行为和活动。演练时，要求救援人员能根据面临的火灾危险状况，调整应急救援行动，采取正确的灭火与搜救方法。

（2）执法

执法是指在演练过程中，由政府相关执法人员依据法律法规进行的一系列行动和措施。执法主要发生在可能涉及社会秩序、公众安全等的应急演练过程中，如企业交通运输事故、建筑物倒塌等事故处置的应急演练。

演练过程中,执法人员执法时应注意如下问题。

①保障执法人员安全。执法人员一般不认为是应急响应人员,但重大事故发生时,他们经常承担维护事发现场公共秩序的职责,生命安全及健康也会面临各类危险、有害因素的威胁。因此,演练时也应按实战要求考虑制定相应的安全保护措施,分发个体防护装备,并对这些措施予以检验。

②通知执法人员有关信息。演练时,应急响应人员应及时通知执法人员有关重大事故救援工作的进展情况以及建议执法人员应采取的保护措施,以便执法人员能够在维持社会公共秩序的同时,回答公众询问并向其介绍更多信息。

（3）公众保护措施

公众保护措施是指演练过程为防止社会公众的正常生活或生命安全健康受到影响而采取的一系列保护措施。如演练影响到学校学生上课或健康时,应与学校协调提前放学,再如通知周边居民关好窗户防止烟雾进入室内等。

演练过程中,对于实施公众保护措施应注意如下问题。

①检验地方应急响应人员解决问题的能力。演练时,应急管理者应检验应急响应人员在实施各种公众保护措施过程中解决问题的能力,如联络应急指挥中心,寻求交通运输工具支援等;检验应急指挥人员在实施公众保护措施过程中,解决特殊人群(如学生、残疾人等)保护的能力。

②公众保护措施。任何有关公众保护措施的决定都应以事态评估所获得的信息为依据。演练时,应急指挥人员应按实战要求,综合考虑时间、季节、流动人员、交通状况等因素,讨论并制定公众保护措施。

总之,安全生产应急演练过程中,除了包含上述必须要进行的功能内容以外,还应该根据生产经营单位安全生产的特点,结合实际情况,对一些特殊的生产安全事故应急功能与行动措施加以演练。

四、应急演练参与人员

应急演练参与人员是指应急预案规定的有关应急管理部门(单位)工作人员、各类专兼职应急救援队伍以及志愿者队伍等。按照参演人员在演练过程中扮演的角色和承担的任务,应急演练的参与人员一般可分为五类,分别是演练人员、控制人员、模拟人员、评估人员和观摩人员。

参演人员是应急演练活动的主体,是演练成功举行的保证。确定参演人员应在对演练需求、目标及规模进行详细分析的基础上,充分考虑演练组织单位、相关涉及单位可调用的现有资源、人员等实际情况,最终明确参演人员数量、负责人等。演练策划组对参演人员的确定需要通过全组人员反复讨论和分析来确定。

在小规模的演练中,由于参与人数较少,允许出现某一人身兼多职的情况。但随着演练范围的增大以及参演人数的增多,人员的职能划分必须清晰,并且每个参与人员在演练过程中都应佩戴能表明其身份的识别符,以便于区分。

（1）演练人员

演练人员是指在应急组织中承担具体任务的工作人员,是演练参与人员的主体,人数最多,比例也最大,是应急演练检验的主要对象。演练人员主要来自各机构和应急组织,是现实中与事故应急救援直接相关的人员。在演练过程中,演练人员应尽可能在规定时间内针对演练情景或模拟事件做出真实情景下可能采取的响应行动。

演练人员应熟悉应急响应体系、功能和所承担任务的执行程序,演练时,按规定的信息获取渠道,了解有关信息,并根据自身判断确定自己的应急行动,以控制或缓解演练所模拟的紧急情况。演练人员承担的具体任务包括:①按演练情景进行救助伤员或者被困人员;②实施相应行动,保护财产和公众安全;③获取并管理各种应急资源;④与其他应急人员协同应对演练过程中的各类紧急事件。

(2)控制人员

控制人员是指根据演练方案和演练情景,控制演练时间和进度的人员。控制人员根据演练方案及演练计划的要求,引导参演人员按响应程序行动,并不断给出情况或消息,供演练的指挥人员进行判断、提出对策。控制人员是演练的总指挥和各主要负责人,在演练过程中,控制人员可以由参演应急组织的负责人或者参演企业的安全管理部门人员担任。

演练控制人员的职责是保证演练按照方案进行,使演练的目标得到充分展示。在演练陷于停滞状态时,控制人员应给演练人员一些提示,推动演练的顺利进行。此外,控制人员还要保证现场演练人员的安全,保证整个演练过程在可控的安全范围内。例如,及时警告演练现场存在不安全行为的人员和队伍;在现场出现突发紧急情况时,果断做出延时或者取消演练活动的决定等。控制人员在演练过程中的主要任务包括:①确保规定的演练项目得到充分的演练,以利于评估工作的开展;②确保演练活动的任务量和挑战性;③确保演练的进度;④解答参演人员的疑问,解决演练过程中出现的问题;⑤保障演练过程的安全。

(3)模拟人员

模拟人员是指应急演练过程中扮演与代替某些应急组织、社会团体和服务部门(如军队、受害群众、志愿者团体等社会组织),或模拟紧急事件、事态发展的人员。其主要任务包括以下内容。

①扮演、替代正常情况或响应实际紧急事件时应与应急指挥中心、现场应急指挥所相互作用的机构或服务部门。由于各方面的原因,这些机构或服务部门并不参与此次演练。

②模拟事故的发生过程,如释放烟雾、模拟气象条件、模拟泄漏等。

③模拟受害或受影响人员。

模拟人员承担第一项角色任务时,可以扮演多种角色或替代多个机构和服务部门,与应急指挥中心、现场指挥所之间一般采用书面消息传递、模拟适时行动等相互作用方式。模拟人员要熟悉各种模拟器材(典型的如烟雾发生器)的使用方法,了解所模拟组织的职责、任务和能力,在演练过程中能够模拟这些组织和个人所采取的行动,积极与演练人员互动,增加演练的真实性。

(4)评估人员

评估人员是指负责观察演练进展情况并给予记录的人员,他们不直接参与演练活动,但必须对整个演练方案有所了解。评估人员应由地区的行政官员、邻近地区的应急机构的主要人员、应急领域的专家担任。评估人员的主要职责是:①观察演练人员的应急行动、记录观察结果、整理记录信息并展开评估工作;②在不干扰演练的前提下,协助控制人员保证演练按预定的方案进行。

演练前,评估人员必须接受有关评估技术和评估方法方面的培训。演练过程完成后,评估人员所收集到的客观信息和事实,将成为评估应急组织、总结应急演练和应急预案各方面优缺点的基础。

(5)观摩人员

观摩人员是指来自有关部门、外部机构以及旁观演练过程的观众。演练现场应划分专门的区域供观摩人员活动,并设立专员负责现场秩序的维持,保证所有观摩人员能清晰、安全地观看整个演练的开展流程。

上述五类人员在演练过程中都有着重要的作用:演练人员对演练情景中的事件或模拟紧急情况作出应急响应;控制人员通过释放控制消息,确保演练按照演练方案的要求进行;模拟人员模拟事故发生情况和应急响应行动;评估人员收集与演练相关的事实、时间、事件及其他各类详细情况,评估演练人员、应急组织的表现;观摩人员可从旁观过程中吸取经验并提高自身安全意识。他们之间的信息联系如图 7-4 所示。

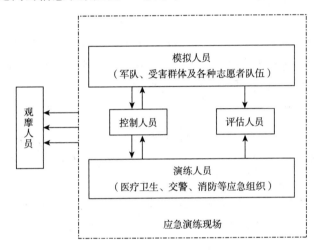

图 7-4　应急演练过程中五类人员的信息联系

参演人员的正确选择和合理安排是应急演练活动顺利进行的关键。演练策划组的合理安排使参演人员在演练开始后,能够根据自身任务迅速摆正位置,并进行相关行动,在演练过程中可以更加协调配合,使演练功能得到充分展示。

第二节　应急演练计划

演练的目的在于检验和提高应急组织的总体应急响应能力,使应急响应人员将已经获得的知识和技能与应急实际相结合。为保证应急演练的正常运行,必须事先制定一个完整的应急演练计划,科学合理的应急演练计划对于快速高效地实施应急演练至关重要。

安全生产应急演练计划是指根据应急救援预案的内容,对演练准备、演练实施以及演练总结三个阶段中的每一个环节和要求进行详细周密的计划,使演练根据计划内容有序进行的总体活动。

应急演练计划是对未来一段时期内安全生产应急演练工作的总体规划安排,一般以年为单位,由各级政府应急管理机构及相关部门、生产经营单位和社会团体,根据本地区、本行业、本单位的管理权限和实际情况组织有关人员制定,它是该地区、行业和生产经营单位组织开展演练工作的长远计划安排。应急演练计划要统一协调、相互衔接,正确安排好演练的顺序、侧重点、时间及地点,避免重复和相互冲突。

一、演练需求与演练范围的确定

1. 应急演练需求分析

安全生产应急演练需求分析是指在对生产经营单位现有应急管理工作情况、以往演练记录以及应急预案进行认真分析的基础上,确定本次演练需重点解决的问题、参演人员和组织所应具有的能力、需检验的应急响应功能以及演练范围等。

分析现有应急管理工作情况包括:生产经营单位目前可调用的应急人员、设施设备、资金保障情况、存在的应急预案、领导和当地政府重视程度等。了解以往演练记录情况包括:哪些人参加了演练、演练目标实现的程度、演练遇到的问题、有什么经验和教训、有什么改进、是否进行了验证等。

通过演练需求分析,可以确定生产经营单位当前面临的主要和次要风险、需要训练的技能、需要检验或测试的设施和装备、需要检验和加强的应急响应功能、需要参与演练的机构和人员、需完善的应急处置流程、需进一步明确的职责等。

2. 确定应急演练范围

确定应急演练范围是指结合各方面实际情况,为演练划定一个现实可行的边界。一次演练不可能面面俱到,解决所有问题,这就需要考虑演练的规模大小,界定演练所囊括的范围。

安全生产应急演练范围可以小至一个生产经营单位内的某一个装置或某一项操作,大至整个生产经营单位或者几个生产经营单位联合,甚至整个城市或者一个地域,具体演练规模应根据实际需要而定。演练需要达到的目标越多,需求越多,层次越高,则演练的规模越大,前期准备工作越复杂,演练成本也越高。

确定应急演练范围过程中,需要考虑以下因素。

(1)演练目标。

(2)演练需要费用预算。

(3)生产经营单位可获得的实际资源。

(4)情景事件严重程度。

(5)演练参与人员技能和经验。

(6)演练时间安排等。

演练范围表现在以下方面。

(1)事件类型,根据需求分析结果确定需要演练的事件。

(2)地点区域,选择一个现实可行的地点区域,并考虑交通、安全等因素。

(3)功能,列出最需要演练的应急功能、程序和行动。

(4)参演人员,列出需要参与演练的机构和人员。

(5)演练方式,依据法律法规、实际需要及人员具有的经验等因素,确定最适合的演练方式。

确定应急演练范围,可以更好地对演练资金、演练设施设备及参演人员进行安排和布置,对演练区域人员疏散、交通管制、公众保护措施等进行有效实施,可以确保在现有条件下,对演练做好充分的准备,保证演练活动顺利进行。

二、演练计划的编制

1. 应急演练计划的编制依据

应急演练计划应以国家安全生产应急管理相关法律法规、条例和准则为根据,以当地的法规政策和本单位安全生产应急预案的内容为导向,按照当地各行业和生产经营单位的实际情况以及地区气候、环境等要求,由当地的安全生产监督管理部门或生产经营单位安全主管部门组织应急专家根据区域应急工作的开展状况共同商讨、编制。

应急演练计划的编制人员应预先翻阅当地政府或生产经营单位以往组织的各类应急演练记录、了解本区域或生产经营单位的应急资源和人员分布状况,进行实地调查和考察,得出当地政府、生产经营单位应急演练现状和相关资源、人员的最新分布情况,推断应急演练的发展趋势,据此编制安全生产应急演练计划。

2. 应急演练计划编制原则

应急演练计划主要依照国家、当地政府相关规定标准及演练单位实际情况,并结合演练实施时政企结合、周密部署的原则进行。演练计划主要以安全生产应急预案为基本依据,针对可能发生的突发生产安全事故,着重提高初期应急处置和协同救援的能力。演练频次应满足应急预案的规定,演练范围应有一定的覆盖面。应急演练计划过程中一般应考虑以下五点原则。

(1)《国家安全生产事故灾难应急预案》规定各专业应急机构每年至少组织一次生产安全事故灾难应急救援演练。国务院安委会办公室每两年至少组织一次联合演练。《生产安全事故应急预案管理办法》(国家安全生产监督管理总局令第 17 号)规定生产经营单位应当根据本单位的事故预防重点,每年至少组织一次综合应急预案演练或者专项应急预案演练,每半年至少组织一次现场处置方案演练。演练活动的类型和范围大小以实际情况而定,演练一般安排在突发事故多发季节之前举行。

(2)在计划时应适当安排多种应急演练类型相组合,在确保应急响应能力提高的同时,尽力控制演练成本。

(3)某些适合于特定类型应急行动的演练活动,应频繁地举行。每个应急组织应按照其应急管理规程所规定的需要、风险和目标来确定演练活动类型。

(4)若近期临近区域或某行业内常常出现类似重大事故,本区域或相似生产经营单位有必要举办针对性的演练活动以防患于未然。

(5)应急人员在经过培训后,需要以演练方式检验其培训效果。

3. 演练计划内容

生产经营单位应针对本单位、本部门安全生产特点对应急演练活动进行整体规划,在编制应急演练年度计划方案时,应充分考虑各个方面的内容,通常包括演练的目的、类型、形式、时间、地点、规模、参与演练的部门、人员、资源保障、演练经费预算等。

演练计划内容要根据实际需要和现实条件确定,在考虑本单位实际情况下进行演练计划。演练计划由文案组编制,经策划组审查后报演练领导小组批准。主要包括以下内容。

（1）确定演练目的。针对本单位或部门常见的安全生产事故，明确举办应急演练的原因、演练要解决的问题、期望达到的效果等。

（2）分析演练需求。在对事先设定事件的风险及应急预案进行认真分析的基础上，确定需调整的演练人员、需锻炼的技能、需检验的设备、需完善的应急处置流程、需进一步明确的职责等。

（3）确定演练范围。根据演练需求、经费、资源、时间等条件的限制，确定演练事件类型、等级、地域、参演机构及人数、演练方式等。演练需求和演练范围往往互为影响。

（4）安排演练准备与实施的日程计划。由于计划以年为单位，时期较长，存在许多不确定因素，无法具体安排演练实施时间，所以一般设在特定生产事故易发高发期之前。安排各种演练文件编写与审定的期限、物资器材准备的期限、演练实施的日期等。

（5）编制演练经费预算。明确计划时期内的演练经费筹措渠道及数目。

根据国内外相关经验，综合演练由于开销大，策划工作复杂，涉及面广，通常一年只能安排一次，常在年底举行；功能演练则适宜每季度举办一次，演练内容以几项关键的应急响应功能如通信、紧急疏散、典型事故（火灾、爆炸、泄漏等事故）的抢险为主，也可以根据应急队伍建设中的薄弱环节，有针对性地开展演练活动；桌面演练由于开展相对简单，每个季度可以举办多次，主要是提供一些机会让生产经营单位各部门之间进行沟通和交流，加深应急成员之间的信任和理解。

第三节　应急演练准备

应急演练准备是指为保障演练顺利实施而进行的一系列前期工作，应急演练准备过程错综复杂，需要投入大量人力、物力、财力等资源，并根据应急预案的内容，考虑各方面因素，对其进行反复检查以适合应急演练的实施。

一、演练组织机构及人员的确定

由于应急演练是由许多机构和组织共同参与的一系列行为和活动，因此，应急演练的组织与实施是一项非常复杂的任务，建立应急演练组织机构、明确人员职责是成功组织开展应急演练工作的关键。

应急演练的组织开展需要根据相关应急预案来确定，演练应在应急领导机构或指挥机构领导下组织开展。演练组织单位要成立由相关单位领导组成的演练领导小组，通常下设策划组、执行组、保障组、技术组、评估组等若干专业工作组；对于不同类型和规模的演练活动，其组织机构和职能可以适当调整。根据需要，可成立现场指挥部。应急演练组织机构框架如图7-5所示。

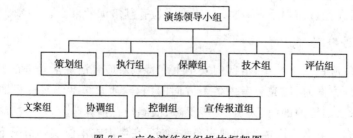

图7-5　应急演练组织机构框架图

1. 演练领导小组

应急演练领导小组负责应急演练活动筹备期间和实施过程全过程的组织领导与指挥工作,确定演练内容、演练形式、演练区域和参演人员,在需要的时候,负责任命演练活动总指挥与现场总指挥,审定演练方案,审批演练重大事项。

演练领导小组组长一般由演练组织单位主要领导担任,副组长一般由演练组织单位或主要协办单位负责人担任,组长、副组长具备调动应急演练筹备工作所需人力和物力资源的权力;小组其他成员一般由各演练参与单位相关负责人担任。在演练实施阶段,演练领导小组组长、副组长可以兼任演练总指挥、现场总指挥。演练总指挥负责演练实施过程的总体指挥与控制,一般由演练领导小组组长或上级领导担任;现场总指挥负责演练现场各项应急行动实施过程的指挥控制。

2. 策划组

应急演练策划组是保证演练过程正常开展所设立的工作组之一。演练策划组最好由熟悉当地应急情况的人员组成,如高级行政官员、负有安全生产监督管理职责的相关部门领导、应急预案中所涉及的应急组织负责人和应急专家。

演练策划组成员应对生产经营单位应急工作开展和应急预案内容有较为全面的认识和了解。一个理想的演练策划组所应具备的素质如下。

(1)演练策划组成员在不同领域各有所长。例如有的成员十分了解演练区域内各类建筑物、道路的布局,有的人则十分熟悉区域内通信网络分布等。

(2)对生产经营单位安全生产应急工作有自己的见解,能够对同一个问题进行反复推敲,而非随波逐流、人云亦云。

(3)思维活跃,有创造性,能承受较大的工作压力。

(4)做事认真细致,能够按照工作进度完成自己的工作。

(5)在演练正式开始前,不向外界透露演练细节。

演练策划组主要负责应急演练策划、演练方案设计、演练实施的组织协调,负责演练前、中、后的宣传报道,编写演练总结报告和后续改进计划。其具体职责包括以下六个方面。

(1)确定演练目的、原则、规模、参演单位;确定演练的性质、方法,选定演练的时间、地点。

(2)与当地行政部门进行沟通,争取他们对演练工作的支持和配合。

(3)协调各参演单位和部门之间的关系。

(4)编制、审定演练实施方案及其他与演练相关的重要文件。

(5)开展演练前对人员的培训工作。

(6)参与演练实施、总结工作;针对演练中发现的问题进行跟进、落实和整改。

策划组设总策划、副总策划,下设文案组、协调组、控制组、宣传报道组等。

(1)总策划、副总策划。总策划是演练准备、演练实施、演练总结等阶段各项工作的主要组织者,一般由演练组织单位具有应急演练组织经验和突发事故应急处置经验的人员担任;副总策划协助总策划开展工作,一般由演练组织单位或参与单位的有关人员担任。

(2)文案组。应急演练文案组在总策划的直接领导下,负责制定演练计划、设计演练方案、编写演练总结报告以及演练文档归档与备案等;由演练参与单位的人员担任,应具有一定的演练组织经验、突发事故应急处置经验。

（3）协调组。主要协调安全生产应急演练所涉及的相关单位以及本单位有关部门之间的沟通，负责向各组传达指挥部负责人指令，负责联系和督促各组工作，报告各组救援工作中的重大问题，负责向上一级应急救援部门报告事故情况及请求援助。其成员一般由演练组织单位及参与单位的行政、人事等部门人员组成。

（4）控制组。在应急演练实施过程中，控制组在总指挥的直接指挥下，负责向演练人员传送各类控制消息，解答演练人员的疑问，解决应急演练过程中出现的问题，引导应急演练进程沿着计划方案进行，以达到演练目标。其组长可以由演练组织单位的负责人或者参演单位的安全主管担任，成员最好有一定的演练经验，也可以从文案组和协调组抽调，称为演练控制人员。

（5）宣传报道组。应急演练宣传报道组主要负责编写、制作宣传教育资料和宣传标语，撰写新闻通稿和组织宣传报道，举行新闻发布会，负责接洽外部媒体工作者，使周围居民及群众及时掌握演练最新动态，减少不必要的恐慌。其组长一般由演练组织单位宣传部门负责人担任，成员涉及演练相关单位的宣传部门人员。

3. 执行组

应急演练执行组在应急演练活动筹备及实施全过程中，负责演练相关单位和工作组内部的联络、协调工作，负责生产安全事故情景事件的要素设置及应急演练过程中的场景布置，负责调度安排参演人员、控制演练进程，确保演练活动的正常进行。

演练执行组组长一般由组织演练单位的安全管理部门领导担任，需要熟悉当地应急情况和生产经营单位应急资源条件，成员一般由演练相关单位具有应急演练经验的人员组成。

4. 保障组

应急演练保障组主要负责应急演练筹备及实施过程中安全保障方案的制定与执行，调集演练所需物资装备，购置和制作演练模型、道具、场景，保障运输车辆、电力、气象、传输、场地布置及通信畅通，维持演练现场秩序，保障人员生命和财产安全，负责应急演练结束后所用物资的清理归库、人力资源管理及演练经费的使用管理，同时提供演练所需的各种相关后勤保障，并根据需要协助应急演练单位接待领导、专家、观摩人员等。

演练保障组组长和副组长一般由当地安全生产管理部门领导或应急救援指挥中心人员或生产经营单位后勤部门负责人担任，其成员一般是演练组织单位及参与单位后勤、财务、办公等部门人员，通常称为后勤保障人员。

5. 技术组

应急演练技术组是根据演练内容、形式，负责监控演练现场环境参数及其变化，预测应急演练过程中可能出现的意外情况并给出相应的应对方法，制定演练过程中应急处置技术方案和安全措施，并保障其正确实施，确保应急演练正常进行。

技术组组长一般由生产经营单位内部负有应急管理职责的相关负责人或外聘应急专家担任，且必须要有丰富的应急演练经验和安全生产应急管理方面专业知识，其成员一般是参演单位具有相关应急技术经验的人员。

6. 评估组

应急演练评估组主要负责应急演练的评估工作，设计演练评估方案，撰写演练评估报告，对演练准备、组织、实施及其安全事项进行全过程、全方位观察,记录收集到的信息,整理评估结果,及时提出具有针对性的改进意见和建议。

评估组成员一般由安全生产应急管理专家、具有一定演练评估经验和突发生产安全事故应急处置经验的专业人员和演练组织主管部门相关人员担任,称为演练评估人员。评估组可由上级部门组织,也可由演练组织单位自行组织。

7. 演练参演队伍和人员

演练参演队伍和人员包括应急预案规定的有关应急管理部门(单位)工作人员、各类专兼职应急救援队伍以及志愿者队伍等。

按照参演人员在演练过程中承担的具体演练任务,针对模拟事件场景作出应急响应行动。有时也可使用模拟人员替代应到现场参加演练的单位人员,或模拟事故的发生过程,如释放烟雾、模拟泄漏等。

二、演练现场规则

演练现场规则,又称演练安全计划,是指为确保演练安全而制定的对有关演练和演练控制、参与人员职责、实际紧急事件、法规符合性、演练结束程序等事项的规定或要求。演练安全既包括演练参与人员的安全,也包括公众和环境的安全。确保演练安全是演练策划过程中一项极其重要的工作,策划小组应制定演练现场规则,该规则中应包括如下方面的内容:

(1)演练过程中所有消息或沟通必须以"这是一次演练"作为开头或结束语,如果事先不通知演练开始日期,那么演练必须有足够的安全监督措施。

(2)参与演练的所有人员不得采取降低保证本人或公众安全条件的行动,不得进入禁止进入的区域,不得接触不必要的危险,也不得使他人遭受危险,无安全管理人员陪同时不得穿越高速公路、铁道或其他危险区域。

(3)演练过程中不得把假想事故、情景事件或模拟条件错当成真的,特别是在可能使用模拟方法来提高演练真实程度的地方,如使用烟雾发生器、虚构伤亡事故和灭火地段等,当计划这种模拟行动时,事先必须考虑可能影响设施安全运行的所有问题。

(4)演练不应要求承受极端的气候条件(如不要达到可以称为自然灾害的水平)、高辐射或污染水平,不应为了演练需要的技巧而污染大气或造成类似危险。

(5)参演的应急响应设施、人员不得预先启动、集结,所有演练人员在演练事件促使其做出响应行动前应处于正常的工作状态。

(6)除演练方案或情景设计中列出的可模拟行动,以及控制人员的指令外,演练人员应将演练事件或信息当作真实事件或信息做出响应,应将模拟的危险条件当作真实情况采取应急行动。

(7)演练的所有人员应当遵守相关法律法规,服从执法人员的指令。控制人员应仅向演练人员提供与其所承担功能有关并由其负责发布的信息,演练人员必须通过现有紧急信息获取渠道了解必要的信息,演练过程中传递的所有信息都必须具有明显标志。

(8)演练过程中不应妨碍发现真正的紧急情况,应同时制定发现真正紧急事件时可立即终止、取消演练的程序,迅速、明确地通知所有响应人员从演练到真正应急的转变。

(9)演练人员没有启动演练方案中的关键行动时,控制人员可发布控制消息,指导演练人员采取相应行动,也可提供现场培训活动,帮助演练人员完成关键行动。

演练过程中,虽然遵守演练现场规则、留意不安全情况是每一名演练参与人员的职责,但为确保演练安全,策划小组最好是指定一名安全管理人员,其唯一职责就是监督演练过程的安全。

三、工作方案的编制

安全生产应急演练工作方案是指根据演练目的和应达到的演练目标,对演练性质、规模、参演单位和人员、假想事故、情景事件及其发展顺序、气象条件、响应行动、评估标准与方法、时间尺度、安全事项等的总体说明。

演练工作方案是组织与实施演练的指导文件,演练方案的设计要详细、具体,必须涵盖演练过程中每一工作细节。

演练工作方案的内容主要包括以下几项。

(1)应急演练目的及要求。

(2)应急演练事故情景设计。

(3)应急演练规模及时间。

(4)参演单位和人员主要任务及职责。

(5)应急演练筹备工作内容。

(6)应急演练主要步骤。

(7)应急演练技术支撑及保障条件。

(8)应急演练评估与总结。

具体的演练说明文件包括演练情景说明书、演练方案说明书、演练情景事件清单、演练控制指南、演练人员手册、演练通信录等,演练文件编写工作由演练策划组下设的文案组成员执笔起草,经演练策划组全体成员开会讨论、修改后定稿。演练工作方案应在演练正式举行前至少两周内发放到参演人员手中,以方便其学习。编写演练工作方案应以演练情景说明书的设计为基础。

1. 演练情景说明书

演练情景说明书是对演练情景事件及其发展做出的详尽阐述,为演练活动提供初始及后续行动场景。演练情景说明书一般用简短的叙述性语言表述,长度为 1～5 个自然段,演练时主要以口头、广播、视频或其他音频方式向演练人员说明。通常包括如下内容。

(1)发生何种生产安全事故。

(2)事故是如何被发现的。

(3)是否预先发出警报。

(4)生产安全事故发生时间与地点。

(5)信息的传递方式。

(6)已造成的人员伤亡和财产损失情况。

(7)采取了哪些应急响应行动。

(8)事故的发展速度、强度与危险性。

(9)生产安全事故的发展过程。

(10)事故发生时的气象条件等与演练情景相关的影响因素。

情景说明书主要作为演练总指挥和主要负责人指导演练实施的重要书面材料,也可供上级机关审查演练活动。情景说明书主要是围绕演练情景事件展开,大致包括模拟事故的发生、发展状况、造成的影响及事故应急处置等内容,其主体内容结构见表7-2。

表7-2 演练情景说明书内容结构

序号	标题	内容要素说明
1	事故情景的启动	事故情景被触发的方式(假想事故是由于人为蓄意破坏、人为失误、自然灾害、设备老化等不可抗因素所引起的)
2	事故情景的描述	事故发生地理位置的选择、确定及描述
		连续情景事件时间表
		连续情景事件触发方式
		气象条件与环境参数
		场景假设条件
3	假想事故可能造成的负面影响	二次事故
		人员伤亡
		财产损失
		环境污染
		公共服务(水、电、煤气等)中断
		对当地经济发展的影响
4	任务描述	基础设施、设备的保护
		应急资源调动
		紧急情况的评估、诊断
		应急管理及响应
		现场抢险减灾措施
		人员的疏散与安置
		受害人员的处置
		事故调查与处理
		现场恢复

2. 演练方案说明书

演练方案说明书是指根据应急预案、演练目的目标、情景事件等要素综合考虑生产经营单位现实情况,对演练内容做出的总体说明。演练方案说明书主要提供给生产经营单位领导、演练组织部门和涉及单位负责人阅读。其主要内容包括以下几项。

(1)演练适用范围、总体思想和原则。

(2)演练假设条件、人为事项和模拟行动。

(3)演练情景。

(4)演练目标、评估准则及评估方法。

(5)演练程序。

(6)控制人员、评估人员任务及职责。

(7)演练必要的保障条件和工作步骤。

3. 演练情景事件清单

应急演练情景事件清单是指按时间顺序排列演练过程中需引入的情景事件（包括主要或次级事件），其内容主要包括情景事件及其控制消息和期望行动，以及传递控制消息的时间或时机。演练情景事件清单主要供控制人员控制演练过程使用，其目的是确保控制人员了解情景事件何时发生、应何时输入控制消息、应在何种状况下提醒演练人员、引导演练人员采取何种行动，使演练活动统一连贯并按计划有序进行。

演练情景事件清单的每一项事件一般应包括如下内容。

（1）情景事件情况的概要说明。

（2）事件发生时间。

（3）控制人员应发出的控制消息。

（4）演练人员采取的期望行动。

4. 演练控制指南

演练控制指南是指有关演练控制、模拟、保障等活动的工作程序和职责的说明书。该指南主要供演练控制人员和模拟人员使用，为了保持演练的真实性，一般不发给演练人员。演练控制指南主要向控制人员和模拟人员提供演练活动的概要说明、演练控制和模拟活动的基本原则、演练情景的总体描述、主要参演人员及其位置分布、通信联系方式、后勤保障、行政管理机构等事项。

演练控制指南有利于控制人员对演练现场的整体把握，控制演练进程和参演人员的行动，有利于模拟人员清楚自身扮演的角色和所承担的任务，是演练安全和顺利进行的保证。

在演练控制指南的设计策划时，应考虑生产经营单位当前实际情况，适当增加或删减部分内容，但要能够保证控制人员和模拟人员的使用需要。应急演练控制指南的主体内容结构参见表7-3。

表 7-3 演练控制指南主体内容结构

序号	标题	说明
1	演练背景	阐述整个演练举办的原因、意义和必要性
2	演练目标	列出演练所需达到的所有预期目标
3	演练时间	明确演练日期和当天具体的开始、结束时间
4	演练地点	明确演练的地点、现场范围
5	演练人员	列出所有参演应急组织、部门、单位及人员
6	事故情景事件介绍	较详细地介绍演练情景事件，包括所模拟的生产事故类型、情景启动的方式及具体时间、连续事件的设置等
7	演练控制及分工	以表格的形式落实演练控制人员、模拟人员名单及他们在演练现场的地理位置分布、每个人所担负的控制保障工作
8	演练前记录检查表	列举出演练前所必须进行的检查工作，需落实到个人和设备，并要求参与该工作的人员在完成检查工作后签字确认
9	演练后恢复检查表	列举出演练结束后所要进行的现场恢复和清理工作，需落实到人，并要求参与该工作的人员在完成恢复工作后签字确认
10	演练现场结构示意图	演练现场结构示意图由两部分组成：首先应给出本区域的电子地图，并在地图上明确标出演练情景发生的地理位置；然后对演练现场要有大致的平面布置图，应包含演练现场各主要建筑物的位置（如罐区、控制室、泵房等）、主要通道设定、应急救援器材设备（如消火栓、灭火器等）分布地点、模拟事故发生地点等信息

5. 演练人员手册

安全生产应急演练人员手册是指向演练人员提供有关演练程序、规则、注意事项等,指导演练人员如何协调分工、如何行动、如何应对紧急情况的详细说明文件。演练人员手册中所包含的信息均是演练人员应当了解的演练相关信息,但不包括应对其保密的信息,如情景事件等。

应急演练开始前,将演练人员手册分发给参演人员,使其熟悉演练的基本情况,明确自己的角色与职责。演练人员手册主体内容和详细结构见表7-4。

表7-4　演练人员手册主体内容和结构

序号	标题	内容说明
1	演练目的	阐述演练举行的原因、意义和希望达到的目标
2	演练时间	演练的日期、演练人员到场就位的时间、演练正式开始及结束的时间
3	演练地点	演练人员到达演练现场后的集散地和演练正式开始的地点
4	演练人员	列出所有参演应急组织、人员及其分工
5	事故情景	简要介绍演练模拟的事故场景的具体情况,如演练现场所模拟的事故类型、情景启动的具体时间、地点等方面的内容,但不应包括对演练人员保密的信息
6	开始演练	明确演练当天演练正式开始前,各参演应急组织"碰头会"举行的时间、地点和参与人员
7	演练过程	给出在演练过程中的演练行动程序,以供演练人员在演练前加强学习和了解
8	演练要求与规则	(1)演练真实性规则:要求演练人员在演练过程中的行为必须与真实事故的应急行为相一致,严格依照预案实施演练。 (2)演练通信要求:规定演练过程中信息的传达方式,在演练过程中所有的报告都必须以"这是一次演练"作为开头和结尾,这对区分演练还是真实事故是十分必要的。 (3)演练文档管理要求:演练时要使用的表格、图表、所有报告、呼叫、传真和信件都必须留档
9	意外情况处理	真实事件的处理总比演练活动优先。主要介绍演练过程中万一发生意外情况,演练人员应采取的应对措施。例如,演练人员要以"这不是演练"结束紧急报告,然后由总指挥决定是否终止演练
10	现场结构示意图	演练现场结构示意图不要求标注具体尺寸,但应包含演练现场各主要建筑的位置结构(如罐区、控制室、办公楼、紧急救护站)、人员集散地、主要通道、应急救援器材(如消火栓、灭火器等)的分布地点、事故发生地点等信息
11	现场清理	演练结束后,参与清理的人员及分工

6. 演练通信录

演练通信录是指记录各参演人员通信方式及其演练时所在位置的说明文件。文件需要提供的信息包括参演人员的姓名、职位、隶属部门、演练过程中所处地理位置、担任职务、主要职能、固定座机号码、移动电话号码、电邮等。

编制演练通信录时,应按照人员对演练的重要性进行排序。一些关键岗位人员的联络方式应出现在演练通信录前端位置,如演练总指挥、现场指挥、各类参演人员的主要负责人、各参演应急组织的负责人等,这样有利于在紧急情况发生时能及时向他们汇报,其他参演人员则根据需要按类别在演练通信录余下的篇幅中列出。演练通信录结构见表7-5。

表 7-5　演练通信录示例

序号	演练职务	姓名	职位	隶属单位	所处位置	电话
1	总指挥	××	总经理	××	指挥中心	××
2	现场总指挥	××	副总经理	××	现场指挥室	××
……	……	……	……	……	……	……

四、演练脚本的编制

脚本是使用一种特定的描述性语言,依据一定的格式编写的可执行文件,又称作宏或批处理文件。应急演练脚本是指将演练全过程编写成剧本形式的文件。

对于重大示范性应急演练,可以依据应急演练方案说明书把应急演练的全过程写成应急演练脚本(分镜头剧本),详细描述应急演练时间、情景事件、预警、应急处置与救援、参与人员的指令与对白、视频画面与字幕、解说词等。

应急演练脚本又称演练实施计划或观摩指南,一般采用表格形式,对演练程序内容进行详细、通俗的阐述说明,使参演人员清楚明白演练过程,确保演练成功举行。

1. 应急演练脚本编制内容与意义

（1）演练脚本内容

演练脚本的框架一般采取剧幕章节方式,即按照情景事件的发展过程分成若干个剧幕章节,每个剧幕章节又包含若干个小节,每个小节都按一个明确的主题内容来编排,演练脚本编制一般包括以下内容。

①演练时间。演练日期、活动持续时间、每一指令和行动的开始和结束时间等。

②场景地点。演练涉及的每一个场景的地点分布,包括控制室、救援现场、医疗救护中心等。

③场景描述。对每一个场景事件情况、人员行动过程、执行人员职务与姓名等进行视频播放以及解说描述。

④指令与对白。通过广播、视频等设备将演练现场的每一项指令、对白及人员行动进行公布。

以上为编写演练脚本时一般应包括的内容,演练脚本编制内容还应根据生产经营单位现有资源条件以及演练实际情况而定,适当增加部分内容。表 7-6 为某危险化学品企业应急演练脚本示例。

表 7-6　演练脚本示例

演练阶段	演练时间	演练情景
演练准备	14:50:00	观摩人员就座（播放迎宾曲）
	15:00:00	情景说明:领导、观摩人员就座后,主持人开始致欢迎词。 主持解说:"各位领导、各位来宾,大家下午好! 热烈欢迎各位参加今天的危险化学品安全生产应急演练。" ……
演习开始	15:03:00	主持解说:"现在,我宣布演练开始!"

续表

演练阶段	演练时间	演练情景
事故发生	15:03:10	情景说明：某厂第一仓库门口，员工 A 在分装天那水时发生意外泄漏，大量天那水倾倒地上。瞬时，空气中弥漫着刺鼻的味道，员工 B 紧急采取措施处理，仓库管理员发现事故已经无法控制，紧急向管理部门汇报事故情况； 管理员（跑步向厂办）："主任，刚才有员工在第一仓库门口分装天那水时，容器突然倒地发生泄漏，大量天那水溢出，现在空气中充满刺鼻的气味，如果不及时处理随时会发生爆炸事故。" 厂办主任："现在有几个员工在现场？" 管理员："目前现场就三个员工。" 厂办主任："好，现在你马上回去，先关闭现场附近 50 米范围内的管道阀门，然后带领其他三个员工在周边把守，不要让任何人走近事发现场。我马上向厂长汇报。" 管理员："知道了，我马上就去。"
	15:05:00	情景说明：厂办主任了解事故情况后，安排采取临时措施，并要求撤离事发现场员工，防止发生人员伤亡事故，并立即向厂长汇报事故情况。 厂办主任（打电话给厂长）："厂长，刚才我们的员工在第一仓库门口分装天那水的时候发生事故，大量天那水溢出，仓库管理员向我汇报说事故比较严重，我已经让他关闭附近管道阀门，带领在场员工暂时撤离事发现场；根据目前情况，我建议立即进入厂区应急状态。" 厂长："好，按照应急预案，全厂进入事故应急状态，你负责通知各部门主管，要求各应急行动组立即集合。由厂办安排组织成立安全警戒组，在现场设立警戒线，不许无关人员进入事发现场。" 厂办主任："好，我立即安排。"
	15:08:00	情景说明：厂长赶到现场应急指挥部后，了解事故动态，并听取技术组勘查现场的情况。 应急总指挥（询问抢险抢修组长）："现场情况怎么样？" 抢险救援组组长："厂长，我们已关闭现场附近的所有管道阀门。但是泄漏很严重，我们建议赶快疏散附近办公和生产人员。" 应急总指挥（略作思考后）："安全警戒组！" 安全警戒组组长："到！" 应急总指挥："立即安排撤离在岗的所有员工，并且负责临时安置工作，清点人数后，向我汇报。" 安全警戒组组长："是。"（接到指挥员命令后，立即安排本组人员撤离员工） 应急总指挥（对所有行动组组长）："各行动组注意了，现在事故比较严重，按照我们厂的应急预案，我已经要求员工疏散撤离。各行动组要做好应对突发事件的准备工作。" 各行动组组长（回答）："是。"（灭火队准备灭火器材、穿好防护服等）；医疗救护组准备担架、医疗用品等）
事故恶化	15:13:00	情景说明：按照预案，应急总指挥命令撤离和疏散工作区域的所有员工。但是，由于事发现场电气短路产生火花，引起燃烧。事故进一步恶化。 抢险救援组组长："总指挥，估计是现场电气短路产生火花。堆积在附近的一些杂物已经开始燃烧。" 应急总指挥："赶快组织灭火队灭火，要切段电源、切断进入火场地点的一切物料，注意队员的个人防护。如果火势不能控制，立即拨打 119 救援。" 抢险救援组组长："是。"（灭火队进入现场灭火） 应急总指挥："安全警戒组！" 安全警戒组组长："到。" 应急总指挥："加快撤离人员的速度，要注意保护员工远离火场，不要受到任何伤害。" 安全管制组组长："是。"（指挥本组应急人员，加快组织员工撤离速度）

续表

演练阶段	演练时间	演练情景
初步控制	15:15:00	情景说明:按照规定,天那水的灭火方法是喷水冷却容器,可能的话将容器从火场移至空旷处。 灭火剂:泡沫、二氧化碳、干粉、砂土。 情景说明:经过抢险抢修组灭火队的奋力扑救,火势得到控制,但在救火过程中有一名队员被轻微烧伤,灭火队已经将这名队员转移出火场。 抢险救援组组长:"总指挥,火势已经控制住了,现在我们组正在抢修倒地泄漏容器。但是有一名队员受伤,已经转移出来了。" 应急总指挥:"快,医疗救护组,立即对伤员进行救治,拨打120请求紧急救援。" 医疗救护组组长:"是。"(医疗救护员跟随抢修组组长跑步赶到伤员身边,察看伤员病情,进行应急救护)
	15:20:00	情景说明:安全警戒组在安置点清点撤离人数后,发现有一名员工未及时撤离,初步判断该员工可能滞留在办公区;安全警戒组组长向应急总指挥汇报情况,请求紧急救援。 安全警戒组组长:"总指挥,在临时安置点清点撤离人员时,发现少了一名员工,初步判断,该员工可能还滞留在办公区,我们正在组织人员营救。" 应急总指挥:"医疗救护组,马上组织医疗救护员,准备抢救伤员。" 医疗救护组组长:"是。"(四名医护人员拿起担架和医疗箱跑步进入办公楼)
	15:22:00	情景说明:医疗救护组在对失踪人员进行搜救的同时,抢险救援组已经扑灭明火,正在对现场进行处理。 ……
事故控制及终止应急响应	15:30:00	情景说明:事故得到有效控制,各应急行动组向总指挥汇报事故处理情况。 …… 应急总指挥:"好,各组行动非常及时,经过我们的努力,有效地遏制了事故进一步恶化,避免了一次重大生产安全事故的发生,各组清点好你们的设施、设备,组织应急人员安全撤回。" 各组组长:"是。"
演练结束	15:32:00	应急总指挥:"通过这次事故,我们要分析事故原因,展开事故调查和评估,总结经验教训,狠抓安全生产管理,提高应急队伍的响应水平和能力。现在我宣布,演练结束。"

(2)演练脚本编制意义

相对演练策划方案说明书而言,演练脚本需要考虑的内容、环节更具体、更细致。由于演练脚本是以某个场所作为活动的固定空间,对此空间内及其周围每个人物所发生的行为或开展的活动进行详细描述,从而使策划人员极易将特定场所内每个相关人员的活动所占用的时间固定下来,从而也就将某个演示活动所需占用的时间总和确定下来。演练脚本这种时间细分性、排他性的特点,对纠正、完善演练策划方案具有非常重要的作用。策划人员在策划全面演练时,应当编制演练脚本。

此外,演练脚本的编制可以使演练人员更清楚地了解演练全过程与自身的职责,从而使演练指挥人员更好地掌握现场动向并下达准确指令,帮助控制人员控制演练进程。

2. 应急演练脚本编制方法

根据生产经营单位安全生产应急演练的实际情况以及演练脚本的功能特点,演练脚本的编制有多种方法,如表格法、图形法、排序法等。表格法是指以表格形式将演练各场景细节及行动时间等进行记录的文本,内容清楚明了,容易阅读了解;图形法是以图形的形式对演练场景细节进行展示与表述,内容形象生动,但是不容易有效地编制;排序法是指按照时间或场景重要性的顺序,将演练过程信息一一列举出来的文本格式,内容简单清晰,但是与表格法相比,显得不易于阅读了解与信息查找。目前,大部分生产经营单位普遍采用表格法编制演练脚本。通常生产经营单位举行演练活动需要编制演练脚本时,均是依据演练策划方案,分析以往演练经验,采取去粗取精、统分结合、分工协作、不断完善的方式,再由演练策划组反复讨论并以表格形式编制。

3. 应急演练脚本编制需注意的问题

演练脚本包括演练全过程各个方面的内容,编制时需要考虑多种因素,保证脚本的有效性和实用性,以确保演练的可控性和顺利实施。演练脚本编制过程中应注意以下六个方面的问题。

(1)将集中活动场所作为剧幕划分依据,尽量使划分的剧幕涵盖所有应急演练活动并且各划分剧幕所包含的演练活动没有交叉现象,以便演练脚本的编制具有条理性和完整性,为演练过程的控制打下较好的基础。

(2)尽量将剧幕内的不同内容进行分割,划分成独立小节,明确每个小节的演练内容,统计其需要占用的时间,对每小节的演练要求、要点、具体行为做出描述,从而更清晰地表达演练重点,使每一项应急演练功能内容更具体、任务更明确。同时,便于演练人员更好地了解演练全貌,据此把握策划人员的演练意图,在演练过程中自觉地加强协调联动,使演练顺利实施。

(3)演练脚本应当配有脚本目录。脚本目录是整个演练过程的总纲,对指导各方进行演练活动具有重要作用。参演单位与参演人员可以通过脚本目录快速地了解演练的整个过程、查询相关的演练内容,也使参演单位与参演人员更容易理解、掌握演练策划人员的意图和要求。

(4)演练脚本场景人物应将承担主要应急任务的领导者、指挥者及核心人员列入其中。场景人物的选择不必面面俱到,但关键环节的应急人员必须在脚本中做出明确的安排,这样可使演练过程的控制重点更突出,使演练的过程控制更易掌握。

(5)演练脚本场景描述力求全面,简明扼要。对各种情况要交代清楚,过程要明确。

(6)演练脚本人物对白设计要突出紧急性、用词要符合实战要求,具有真实效果,最好用军事化语言。

五、演练评估方案的编制

安全生产应急演练评估方案是对演练目标、评估准则、评估程序、评估策略、评估工具及资料、评估组成员在演练准备、实施及总结阶段的职责和任务所做出的详细说明书,是演练评估人员开展工作的指导书。演练评估方案的目的是使评估人员熟悉演练目标,了解评估准则、评估方法及评估程序,保障演练评估工作的顺利进行。

安全生产应急演练评估方案一般包括以下内容。

(1)演练相关信息:演练目标、事故情景、事件进度表等。

(2)评估组的组成、任务和位置:演练现场的地图、评估人员数量与位置分布列表、评估组成员结构图。

(3)评估指标及标准:评估指标是用于评估人员评估的细化对象。这些指标应具有可测量性并力求量化。评估标准是对演练人员各个演练目标、演练行动所达到的状态的描述。

(4)评估人员引导:详细规定评估人员在演练准备、实施和总结阶段的职责与任务以及所遵守的规则与要求。

（5）评估方法：现场记录资料、调查演练相关情况、访谈参演人员、开会讨论等。

（6）评估工具：各种评估分析表格与图纸、评估报告模板、相关评估软件工具等。

演练评估方案主要是对评估人员起引导作用，评估人员据此可以高效、方便地评估演练是否达到预定目标要求，检验预案的可行性及演练人员的应急处置能力。要使演练评估工作起到良好效果，就必须对演练评估方案进行详细考虑与编制。

演练评估方案可采用多种编写样式。"问答式"是较为常见且简单易行的一种评估形式，评估人员在演练过程中根据演练人员的表现对这些问题作答，并以此作为演练的现场记录。在问题的设置上，既要突出重点，又能兼顾演练过程中每项细节。其示例见表7-7。

表 7-7　演练评估问题设计举例

序号	问题类别	问题示例
1	应急预案的质量	应急救援预案是否考虑到了大部分的应急需求，如通信、后勤供给、现场警戒与管制等
		应急预案是否对应急过程中所可能涉及应急组织、人员的功能、职责和行动进行介绍和阐述
		应急预案对紧急状况的处理是否达到有效要求
2	演练人员对应急预案的履行情况	各应急响应人员是否按照应急预案要求及时就位
		在演练过程中，各应急响应人员是否按照应急预案的规定进行分工协作
		应急演练中的整体实施效果如何
3	演练人员完成特定应急行动的速度	从险情被发现到应急中心接警之间的时间是否达到应急预案的要求
		从接警到展开救援之间的时间是否达到应急预案的要求
		应急预案中对其他应急行动的时间约束有哪些
4	演练人员对预案的执行效率	演练过程中是否有应急设备出现故障的情况
		演练过程中信息的传达效率如何？在信息传递过程中是否出现内容自相矛盾的情况
		演练过程中是否出现资源紧缺或者浪费的情况
5	演练人员的技能水平	演练人员在紧急情况下是否能做出正确应对措施
		演练人员能否正确使用各种应急器材及使用的熟练程度如何

六、演练保障方案的编制

针对应急演练活动可能发生的意外情况制定演练保障方案或应急预案，并进行演练，做到相关人员应知应会，熟练掌握。演练保障方案应包括应急演练可能发生的意外情况，应急处置措施及责任部门，应急演练意外情况中止条件与程序等。

应急演练保障方案是防止在应急演练过程中发生意外情况而制定的行动指南，主要保障参演人员、公众、设备设施及环境的安全。安全保障方案的制定是演练策划过程中一项极其重要的工作，由演练策划组负责实施，通常包括四个方面的内容。

（1）演练过程中可能发生的意外情况。由于演练过程中存在许多不确定因素，如人的行为、物的状态、环境的变化等，往往会出现一些突发情况而造成人员意外伤害。因此，应尽可能地将演练过程中可能发生的意外情况一一列举出来并进行记录。

（2）意外情况的应急处置措施。安全保障方案中除了列出各种意外情况，还需给出相应的应急处置措施。对每一意外情况均应给出正常应急处置和备用应急处置两种措施，参演人员应对这些应急措施熟练掌握,在发生意外情况时做到处变不惊,及时实施处置措施,保证演练正常进行和人员安全。

(3)应急演练安全设施与装备。演练过程中主要用到的安全设施和装备有防护服、警戒带、救护车等,完善的安全设施和装备是参演人员免受意外伤害的有效保障。因此,保障方案应列出演练所需的所有安全设施与装备,演练开始前进行充分布置和配备。

(4)应急演练终止条件与程序。安全保障方案还应注明演练出现意外情况而终止的条件和程序。例如,发生突发重大事故并影响演练继续进行时,可立即终止演练,调集参演人员实施应急救援;出现意外情况,短时间内不能妥善处理或解决时,可终止本次演练。演练终止程序如下:由总指挥宣布演练终止,现场指挥人员组织指挥参演人员依次停止演练行动,撤离演练现场等。

为确保演练顺利进行,保证安全保障方案的有效性,保障方案实施过程中应该注意以下九个方面的问题。

(1)演练过程中所有消息或沟通必须以"这是一次演练"作为开头或结束语。

(2)参演人员不得实施降低本人或他人安全的行为,不得接触不必要的危险,不得使他人遭受危险,不得闯入禁止入内的区域,不得穿越危险生产区或其他危险区域。

(3)演练过程中不得把假想事故、情景事件或模拟条件误以为真,特别是在可能使用模拟方法来提高演练真实程度的地方,如使用烟雾发生器、虚构伤亡事故、灭火地段等,当计划这种模拟行动时,事先必须考虑可能影响设施安全运行的所有问题。

(4)演练不应要求承受极端的气候条件(如自然灾害)、高辐射或污染水平,不应为了展示技巧而污染环境或造成类似危险。

(5)参演的应急响应设施、人员不得预先启动、集结,所有演练人员在演练事件促使其做出响应行动前应处于正常的工作状态。

(6)除演练方案或情景设置中列出的可模拟行动及控制人员的指令外,演练人员应将演练事件或信息当作真实事件或信息做出响应,应将模拟的危险条件当作真实情况采取应急行动。

(7)演练的所有人员应当遵守相关法律法规,服从指挥人员的指令。控制人员应仅向演练人员提供与其所承担功能有关并由其负责发布的信息,演练人员必须通过现有紧急信息获取渠道了解必要的信息,演练过程中传递的所有信息都必须具有明显标志。

(8)演练活动不应妨碍发现真正的突发生产事故,当发现真正紧急事故情况时应立即终止演练,迅速通知所有响应人员进行真正的应急行动。

(9)演练人员没有启动演练方案中的关键行动时,控制人员可发布控制消息,指导演练人员采取相应行动,也可提供现场培训活动,帮助演练人员完成关键行动。

应急演练过程中,虽然遵守演练规则、留意不安全情况、了解安全保障措施是每一名演练参与人员的职责,但为确保演练安全,演练策划组在制定安全保障方案时最好指定一名安全管理人员,其唯一职责就是根据保障方案的内容和规定,监督演练过程的安全。

七、演练观摩手册的编制

根据演练规模和观摩需要,可编制演练观摩手册。演练观摩手册通常包括应急演练时间、地点、情景描述、主要环节及演练内容、安全注意事项等。

八、演练参与人员的培训

在应急演练开始之前,要进行演练参与人员的培训,确保所有演练参与人员全面掌握演练规则、演练情景、演练过程及各自在演练中的任务,提高参演人员的演练积极性。

所有演练参与人员都要经过应急基本知识、演练基本概念、演练现场规则等方面的培训。此外,还应按照参演人员在演练过程中扮演的角色和承担的任务,针对不同的参演人员进行内容各异的培训。

1.领导小组的培训

领导小组的培训是针对领导小组的全体成员开展的,培训应重点介绍应急演练计划安排,使领导小组熟悉应急预案和演练方案,做好各项准备工作。演练领导小组培训的主要内容包括以下几项。

(1)应急演练总体计划安排。

(2)本次演练所依据的应急预案相关内容。

(3)演练策划方案内容。

(4)领导小组所负责的演练指挥、人员任命、重大事项审定与决策等工作。

演练领导小组的培训目的主要是使领导小组成员对演练进行全面了解,做好相关准备工作,以便把握演练主要动向,对演练过程做出正确判断和指挥,使演练高效、有序地进行。

2.演练人员的培训

演练人员的培训主要由演练行动实施人员参加,培训前向演练人员分发演练人员手册,但是不得介绍与演练情景事件相关的内容,而是根据演练工作方案及演练人员手册内容,介绍一些演练人员应该知道的信息,如参与演练的应急组织、演练目标、演练人员各自应承担的具体职责、紧急情况下该如何应对处置、采取模拟方式进行演练行动等。演练人员的培训一般应讲解的内容有以下几项。

(1)演练现场规则,有关演练安全保障工作及措施的详细要求。

(2)演练目标和演练范围(应尽量使用通俗语言简要介绍演练目标与演练范围,以避免泄露演练情景)。

(3)演练过程中已批准的模拟行动。

(4)各类参演人员的识别方式。

(5)演练开始的初始条件。

(6)演练过程中有关行政事务、后勤管理和通信联系方式及其特殊要求。

演练人员培训的主要目的是加强演练人员对自身责任的认识,使演练各项行动按照应急预案和演练方案要求安全、顺利地实施,做到真正提高演练人员实际应急处置能力,达到应有的演练效果。

3.控制人员的培训

应急演练控制人员的培训主要由控制人员参加,演练模拟人员和观摩人员也可以参加以便了解相关情况。培训应详细介绍演练情景事件、现场规则、演练进程等情况,控制人员据此全面掌控演练行动,保证演练安全及行动措施连续进行。控制人员培训主要的讲解事项有以下内容。

(1)演练情景事件清单的所有内容。

(2)所有演练控制人员及通信联系方式。

(3)各控制人员工作岗位、任务及其详细要求。

(4)有关演练工作的行政与后勤管理措施。

(5)演练现场规则,有关演练安全保障工作及措施的详细要求。

(6)有关情景事件中复杂和敏感部分的控制细节。

应急演练控制人员培训的主要目的是通过向控制人员讲解与其职责相关的工作,由控制人员保证演练过程始终在可控安全范围内,保证演练能够不间断地按程序进行,保证在出现突发紧急情况时,及时做出有效处理。

4. 评估人员的培训

应急演练评估人员的培训主要由评估组成员参加,培训应详细介绍演练过程、情景事件以及演练评估方法、原则等内容。评估人员通过培训熟悉演练场景,获知有效评估要点。评估人员培训主要讲解的事项有以下内容。

(1)演练情景事件清单的所有内容。

(2)演练目标、评估准则、演示范围及演练协议。

(3)演练现场规则,有关演练安全保障工作及措施的详细要求。

(4)评估组成员组成及通信联系方法。

(5)各评估人员工作岗位、职责及其详细要求。

(6)评估人员承担某项评估任务所要求的特殊约定。

(7)场外应急预案及执行程序的新规定或要求。

(8)评估方法、评估人员应提交的文字资料及提交时间。

(9)演练总结阶段评估人员应参与的会议。

应急演练评估人员培训的主要目的是详细阐述相关评估演练场景、评估人员工作相关内容及要求,使评估人员能够对演练过程、人员表现、安全事项等进行全方位观察,记录收集相关信息并对其进行评估,整理总结出有效的评估报告,以对演练提出有针对性的意见和建议。

第四节　应急演练实施

安全生产应急演练计划、准备工作完成以后,即可开展演练组织实施活动,通过正确的应急演练实施活动使应急演练得到顺利开展并达到需要完成的目的与目标。安全生产应急演练实施过程是组织策划人员在做好前期准备和计划工作以后,将演练计划付诸实践的行为,起到执行检验的作用。应急演练是对应急能力的检验,演练实施过程既包含对参演队伍及人员的动员、演练准备情况的确认与协调,也包含从演练启动到演练结束的一系列过程。

一、组织预演

在综合应急演练前,演练组织单位或策划人员可按照演练方案或脚本组织桌面演练或合成预演,熟悉演练实施过程的各个环节。组织预演的目的是通过预演,使演练参与人员进一步明确各自的职责和演练过程中的注意事项,促进应急体制与应急机制、人及装备诸要素的有机结合。

二、安全检查

安全检查是指在演练开始前对演练准备阶段进行的一系列前期工作进行检查,确认演练所需的工具、设备、设施、技术资料准备是否充分、参演人员是否到位、是否满足演练需要的活动。演练准备是演练能否正常举行的必要保障,安全检查则关系到演练活动能否按期举行、演练过程安全能否得到进一步保障,因此,安全检查工作一定要认真细致地进行。

安全检查一般包含四个方面的内容,具体如图 7-6 所示。

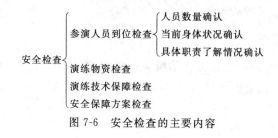

图 7-6　安全检查的主要内容

1. 参演人员到位检查

参演人员到位检查是指通过检查演练涉及人员情况,确认各参演人员是否各就各位并做好相应准备的工作。所需确认的人员包括演练总指挥、副总指挥、现场指挥人员、控制人员、评估人员、演练人员、观摩人员、后勤保障人员等。参演人员检查一般包括三个方面的内容。

(1)参演人员数量的确认。对参演人员准备情况进行检查和确认时,首先应确认参演人员数量,确保各参演人员数量按照演练计划要求全部到位,如果各组织或岗位人员数量未满足计划要求,演练将不能开始。必要时还应确认演练候补人员情况,以代替因特殊原因而不能参加演练的人员。

(2)参演人员当前身体状况的确认。确认参演人员数量后,就需要进一步对参演人员身体状况进行检查,确保各参演人员可以参加演练并顺利坚持到演练结束。参演人员身体情况对演练实施有很大影响,应及时替换当前身体状况不佳或不适合参加演练活动的人员,以免影响演练进程。

(3)参演人员对具体职责了解情况的确认。参演人员对具体职责了解情况的确认是演练准备确认最主要的方面,参演人员对各自所承担的演练职责了解程度直接关系到相关行动能否顺利实施。因此,当某些人员对自身相关行动任务及演练情况的了解不满足演练要求时,应及时对其进行培训、教育或替换为其他能胜任的人员。

2. 演练物资检查

演练物资主要包括演练过程中的通信、医疗、显示器材,交通运输、安全警戒工具,演练涉及人员生活保障设施设备等。演练物资检查主要是对上述物资准备情况的确认。与真实应急情况不同,演练活动是按照应急演练计划进行的,物资需求较为明确,物资确认只需要满足演练计划物资需求清单即可。演练物资检查一般从两个方面进行:演练所需设备设施数量上的确认;设备设施质量方面的确认。

(1)演练物资数量确认。演练物资数量确认即对演练中所需要动用的设施设备类别及数量进行检查，以保证这些应急物资能够满足演练需求。所要确认的物资大到消防车、流动通信站、交通运输车等，小到应急人员所穿的衣服、口罩、佩戴的标志等，将这些物资的检查结果一一书面列出并进行需求确认，对确认数量不足的物资要及时补充，以保证演练所需。

(2)演练物资质量确认。演练物资质量保障是该设施设备能否正常使用的关键，对演练物资质量的检查也是确认其能否投入到演练活动当中。有些器材设备是保障演练安全及演练正常进行必不可少的，如通信器材，一旦在演练过程中失效，将造成演练指挥人员无法下达指令、控制人员不能有效控制现场等，进而导致演练终止。同时，对于某些核心器材及重要设施，如通信器材、广播工具、安全防护设备等，为防止出现意外情况而失效，还需要对它们配置备用品以保证演练持续进行。

3. 演练技术保障检查

演练技术保障检查主要是指对演练通信联络保障、交通运输保障、医疗卫生保障、环境监测等技术能力的确认。涉及演练技术方面行动必须由相关领域专家或经过培训的人员负责，安全检查时要对这些组织或机构的人员进行技术检查，确认其是否具有足够的技术和能力保障相关行动的实施。当检查并确认某些技术保障不满足演练要求时，要及时增加或更换相关人员或设备，以满足演练技术要求。

4. 安全保障方案检查

安全保障方案检查主要是确认演练安全相关保障措施的准备是否充分、演练安全保障方案是否符合要求。其主要目的是为参演人员提供符合要求的安全防护装备，并采取必要的防护措施，确保所有参演人员和现场群众的生命财产安全。因此，要使演练成功举行，就必须对演练安全保障方案进行检查并确保其内容合理有效，当确认该方案不能完全保障演练安全时，就需要及时修正，以确保演练安全。

三、演练实施的过程控制及要点

安全生产应急演练过程控制主要指演练指挥人员和控制人员全面了解演练过程，引导演练进程，指导演练行动，安排演练时间，调配演练资源，并且在可能的情况下鼓励参演人员自己解决出现的问题，使演练过程的方方面面始终处于有效控制之下。应急演练过程控制主要包括总体控制和重点环节控制两个方面，演练过程控制水平与演练过程主要影响因素的准备情况有关。

1. 应急演练过程总体控制

应急演练过程总体控制应注意以下四个方面。

(1)安排好演练过程控制人员。在演练开始前，演练策划人员应当制定一个完整的演练控制计划，设定控制项目，对应每组控制项目安排一组控制人员。如不同组控制人员分别控制事故现场演练活动、救援疏散路线、演练通信系统、指挥信息传递、现场视频、音频信号传输与画面切换、人员安置等。当然，具体分组方式和安排人员数量，可由策划人员根据演练规模和演练功能的需要而定。

(2)演练进展情况早知晓、早通报。在演练过程中，使用两套通信系统，一套用于演练实战,一套用于演练策划人员和演练控制人员之间联系。演练策划人员可专门设计一套演练控制体系,并对演练控制的有关事项进行约定和规定。如应急队伍是否到达、演练的应急功能是否完成、进入到哪一阶段等,演练控制人员提前报告演练策划人员,便于演练策划负责人对演练情况做出判断,决定相应的调整措施。

（3）确定演练控制总负责人,负责整个演练的协调工作。一般这个总负责人都由演练策划的具体负责人担任。但是,演练总指挥最好授予该负责人充分权力。

（4）确定演练现场后勤保障总负责人,负责与演练相关但又与演练过程关联不密切的工作。这样的安排可以减轻演练控制总负责人的许多压力。这些工作主要包括演练准备相关事项的协调、演练场地各种车辆的停放与安排、参加演练观摩相关领导和人员的接待与安排、各类新闻媒体记者的接待与安排、演练场所各类物品的准备、后勤事务的协调等后勤保障工作。

2. 应急演练过程重点环节控制

应急演练过程重点环节控制主要包括以下六个方面。

（1）生产经营单位演练关键衔接点控制。重点控制演练中的报警与勘察环节;重点控制事故信息通报环节;重点控制人员疏散环节等。

（2）各参演队伍到达与初期应急行动控制。重点控制各参演队伍到达后与事故单位应急演练队伍的衔接以及演练初期各项应急演练行动实施相关工作。

（3）气象状况与环境监测行动控制。重点控制监测人员个体安全防护、当地气象状况及周边大气、土壤等环境的监测工作。

（4）人员搜救、抢救、抢险封堵、洗消等演练行动完成所需时间控制。所有搜救、抢救、抢险封堵、洗消等工作时间必须控制在规定时间内。

（5）人员疏散组织控制。重点要控制车辆、疏散人员集结、疏散路线,避免出现场面混乱现象。

（6）应急演练终止与结束控制。当出现意外情况或演练活动完成时,由指挥人员商讨决定后宣布演练终止或结束。

3. 影响应急演练过程的主要因素

应急演练过程控制的好坏与演练过程影响因素情况有关,主要影响因素有以下四个方面。

（1）应急演练策划。不切实际的策划和不完整的应急演练方案都将影响应急演练的效果。如情景事件设定是否符合实际情况,事件处置程序是否正确,参演人员组织是否合理,应急物资和器材是否满足应急需求等,这些问题会导致演练响应程序错误、组织机构不全、人员分工不合理、应急处置方法不正确等问题。

（2）应急演练前期准备。前期准备不充分将直接导致演练延迟举行,无论是人员、物资的准备,还是演练通报、安全保障等的准备不完善,都会影响到演练正常开展。

（3）应急演练参演人员素质。演练人员应急意识,演练队伍应急反应能力,以及各参演单位之间的协调配合能力,都会直接影响到应急演练进程和演练效果。

（4）通信系统的保障。通信器材的型号、规格、数量是否满足要求,通信器材性能是否可靠,事发地点是否配备移动通信接收系统、卫星通信接收装置,这些情况直接影响到演练效果。

演练过程影响因素考虑周全与否是演练控制程度的关键,演练控制是指演练策划人员通过对演练过程中某些关键环节、要点的掌控,充分协调演、练之间的关系,使参演组织和人员尽可能按实际紧急事件发生时的响应要求进行演示,并使演练的每一个重要环节实现良好衔接,力图达到预期演练目的。

4. 应急演练组织实施应注意的关键问题

安全生产应急演练实施内容广泛,实施过程复杂,包含多项行动,涉及从演练开始、预警报警、应急响应、救援处置到演练评估总结等各个方面,为保证演练活动的顺利进行,在演练实施过程中,就必须注意以下的一些关键问题。

(1)演练真实性。应急演练实施各环节力求紧凑、连贯且符合实际情况,尽量反映真实事件下采取预警、应急响应、处置与救援的过程,保证应急行动形象逼真,不能走过场和重形式。

(2)演练灵活性。应急演练应严格遵照应急预案及演练策划方案的内容有序进行,同时又要具有必要的灵活性,善于在应急处置过程中进行变通。对于演练过程中出现的各种情况,在不偏离演练策划方案的前提下,可对演练细节进行适当修改。

(3)演练针对性。安全生产应急演练活动应根据生产经营单位自身特点开展,在现有资源基础上,分析生产过程中存在的最大危险因素及容易发生的突发生产安全事故,针对最需要检验和锻炼的功能进行演练,不但可以很好地提高现有应急处置能力,还可以针对演练功能和程序防范演练过程中出现的一些意外情况。

(4)演练准备落实到位。充分的准备是演练活动成功举行的保证,演练人员、物资等准备不到位有可能影响演练的正常开展,甚至在演练过程中引起意外损伤。因此,演练实施要特别注意演练准备确认工作,确保演练准备完全落实到位。

(5)演练行动协调实施。应急演练过程是由多人参与、多项行动实施组成的整体,演练过程涉及因素多,为保证演练活动顺利进行,就需要演练指挥人员和控制人员全面掌控演练进程,需要演练人员协调各项行动,促使演练过程良好发展。

(6)演练过程记录。应急演练实施过程应做必要的信息记录,包括文字、图片、声像记录等,以便对演练进行评估和总结,通过组织回顾演练信息记录可进一步找出问题和不足。

(7)预案存在问题与缺陷记录。应急预案的完善是一个不断发现问题、持续改进的过程,准确记录演练过程中发现的问题和不足,以便对应急预案和演练策划方案进行不断改进和完善。

(8)重视演练评估与总结。演练结束以后,演练组织单位要特别重视演练评估和总结工作,通过评估和总结过程得出演练的效果、优缺点等,从中吸取经验和教训。

四、应急演练记录

应急演练记录是指在安全生产应急演练实施过程中,通过文本、图片、音像等手段对演练过程情况进行记录的活动。应急演练记录有利于演练结束后,总结和评估演练实施绩效、获取演练经验进行宣传教育。

应急演练记录工作一般由演练策划人员安排专门人员进行,通常情况下,文本记录由文案组负责,图片音像记录由具有相关经验的专业人员负责实施。主要记录:演练实际开始与结束时间、演练过程控制情况、各项演练活动中参演人员表现、意外情况及其处置等。图片和音像记录由演练策划方案安排的相关专业人员负责,图片和音像记录应在不同现场、不同角度进行拍摄和录制,尽可能全方位反映演练实施过程。

1. 应急演练记录基本要求

（1）客观性。必须客观地记录各种基础数据、图表及拍摄和录制音像资料，真实地反映演练当时的场景，不得有虚假的成分。

（2）全面性。必须全面地反映演练的各个流程、各分场景、各专业救援力量的响应情况，不得有疏漏的地方。

2. 应急演练记录方式

（1）图表记录。设计各种图表记录演练各种基础数据，其特点是直观、明了、容易理解。

（2）顺序列举。以记账的方式将演练各程序、各种处置情况按顺序列举出来，其特点是记录全面、细致、条理分明，便于保存。

（3）图片音像。拍摄和录制音像制品记录演练的重要场景、主要应急救援力量、重要响应程序，其特点是可以真实地反映当时的演练情况，便于相关单位或相关人员学习、参考、培训、宣传之用。

3. 应急演练记录分组

应急演练记录人员分工由记录小组负责人根据需要记录的内容和所采取的记录方式进行安排，记录人员分组情况见表7-8。演练准备阶段要注意做好记录人员的培训教育工作，保证记录内容真实全面、客观明朗。

表7-8　应急演练记录人员任务安排表

记录组别	负责人	成员	负责记录内容	联系方式	备注
文本记录组					
图片摄影组					
音像拍摄组					

第五节　应急演练评价与总结

应急演练结束后，进行评价与总结是全面评价演练是否达到演练目标、应急准备水平以及是否需要改进的一个重要步骤，也是演练人员进行自我评价的机会。

应急演练评价是在全面分析演练记录及相关资料的基础上，对比参演人员表现与演练目标要求，对演练准备、策划、实施、应急处置等演练活动及其组织过程工作进行客观评价并形成演练评估报告的过程。安全生产应急演练的根本目的不在于实现演练过程的逼真与生动，一次"完美"的应急演练对于应急能力的提升和应急工作的改进并没有太大的实际意义，安全生产应急演练工作的真正意义在于暴露安全生产应急管理中存在的问题，为进一步加强应急管理工作奠定基础。所有应急演练活动都应进行演练评价。

安全生产应急演练评价工作具有主观性和即时性，一般包括制定评估计划、数据收集、数据分析、编写评估报告四个步骤，需要评估的内容主要有三个方面：应急演练组织过程评估；应急响应与处置情况评估；应急演练绩效评估。通常情况下，应急演练评估可采取现场点评和书面评估两种方式。

一、现场点评

现场点评是指在应急演练的一个或所有阶段结束后,在演练现场,由评估人员或评估组负责人等对演练中发现的问题、不足及取得的成效有针对性地进行口头点评,并提出相关建议等。对于规模较小的应急演练,参演人员较少,演练内容单一,目标明确,演练评估常采用现场点评方式,点评必须在演练活动结束后第一时间进行,一般与演练总结大会一并展开,演练组织单位都应参加,并安排人员做好记录。

现场点评过程尽量避免使用过于专业的词汇,要从实际出发,避免好高骛远,切实指出参演人员和应急程序中存在的不足,并教导其该怎么做,内容简单具体,能及时被参演人员理解并牢记。

二、书面评估

书面评估是指评估人员针对演练中观察、记录以及收集的各种信息资料,依据评估标准对应急演练活动全过程进行科学分析和客观评价,并撰写书面评估报告的过程。

书面评估所形成的评估报告重点对演练活动的组织和实施、演练目标的实现、参演人员的表现以及演练中暴露的问题进行评估,是进行演练总结和后续工作的重要依据。

评估报告适用于所有应急演练,规模较大、程序复杂的功能演练、综合演练、大型现场演练等更应该以撰写评估报告的形式记录演练得失。评估报告的撰写应该以肯定成绩、找出问题、提出建议为出发点和落脚点,没有特别的格式要求,内容要充实具体,清晰明了,切忌浮夸,以便更好地提升应急演练筹办水平和应急能力建设水平。评估报告中除了要介绍演练背景信息外,至少应包括如下内容。

(1)各评估要素的评估结果,重点为介绍演练目标实现情况,将评估过程中发现的问题及存在的不足进行综合整理后写入评估报告。

(2)得出总评估结果,根据各评估要素的评估情况,综合分析讨论得出总的评估结论,对演练开展所带来的得失进行分析。

(3)对加强安全生产应急演练工作和应急能力建设提出建议,对评估要素中存在的问题提出解决办法,如预案改进的建议、应急救援技术与装备改进的建议、人员培训方面的建议、完善演练方案的建议等。

三、应急演练总结

安全生产应急演练总结是参演人员和组织总结成功经验、指出不足之处、分析失败原因、提出解决办法的综合过程,只有认真总结才能真正提升安全生产应急救援能力和应急管理工作水平。应急演练总结是演练过程的收尾工作,是一个深入挖掘和充分利用演练成果的过程,具有挑战性,且意义重大。

根据应急演练的时间发展顺序,应急演练总结有现场总结、事后总结两类,实际过程中通常是两者结合运用,以达到最佳效果。

1. 现场总结

安全生产应急演练现场总结即现场讲评,一个阶段演练工作结束后,由现场领导小组组织开展该阶段工作的总结,所有参演人员都应该参加,主要是针对一个阶段内应急演练工作的成功经验、存在的问题、参演人员的表现等进行自查和反省，并提出合理有效的解决办法。在时间允许范围内和特定安排下，参演人员均可进行自我总结，做好相应记录工作，所有人员共同努力，及时扭转应急演练的不良走势，为下一阶段演练工作的开展奠定基础。开展现场总结工作应该注意以下四个方面的问题。

（1）现场总结不应影响安全生产应急演练总体进程，通常在某阶段工作结束后开展。

（2）现场总结需要针对具体问题进行深入分析，侧重于发现问题和解决问题。

（3）现场总结需要安排人员做出相应记录，为应急演练事后总结提供材料。

（4）现场总结所取得的成果尽可能在下阶段演练中得到运用，实现演练结合。

现场总结的优势在于：在真实氛围中充分利用参演人员短暂清晰的记忆，把握住参演人员的良好状态，在不影响演练总体进程的前提下，能将演练活动中出现的问题最大限度、最准确地挖掘出来并记录下来，与此同时还能找到解决问题的最合适方法。

2. 事后总结

应急演练事后总结是指在演练结束后，由文案组整理演练记录、评估报告、现场总结、策划方案等材料，领导小组参考文本、音像记录材料，结合演练总体情况，对安全生产应急演练工作进行系统、全面总结，并形成演练总结报告。各参演部门、参演单位对本部门、单位在演练过程中的表现情况进行总结，各参演人员可对自身表现情况和感想进行总结。

事后总结一般在演练结束后的一到两天内进行，有助于参演人员全面、清晰地思考演练过程中所遇到的问题，做出深刻分析并提出解决办法，形成一份具有实践意义的总结报告。事后总结工作的一般程序如图 7-7 所示。

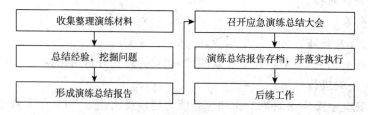

图 7-7 安全生产应急演练总结的一般程序

文案组成员整理安全生产应急演练全过程资料，各部门、各单位整理与之相关材料，以便能够更加全面、深刻地展开演练总结工作，演练总结过程中的核心工作如下。

（1）充分挖掘演练过程中存在的问题，分析内在原因，找到适宜解决办法。

安全生产应急演练领导小组、各参与部门、各参与单位根据演练评估结果、现场记录、自身表现情况等，充分挖掘出演练准备、演练策划、演练实施、应急响应、应急处置、演练评估全过程所存在的不足，逐个详细记录在案。针对演练中存在的问题，演练领导小组、各部门、各单位认真分析内在原因，将问题划分为不足项、整改项、改进项，并通过自身实践找到适宜的解决办法，框架如图 7-8 所示。

①不足项。不足项是指应急演练过程中发现的，在真实事故发生时将严重影响事故处置或致使事故后果难以控制的问题。不足项应在规定的时间内予以纠正，当问题被确定为不足项时，需进行详细说明，给出纠正措施建议和完成期限。如在演练过程中出现的报警不及时、应急资源不足等都属于不足项，需规定期限整改。

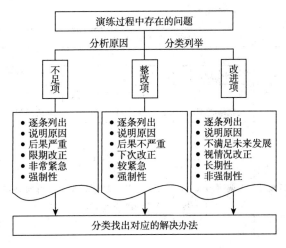

图 7-8 安全生产应急演练过程存在问题分析框架

②整改项。整改项是指演练过程中发现的,单独存在不会严重影响事故处置或致使事故后果难以控制的问题,以及在应急演练时致使演练出现较大缺陷的潜在问题。整改项应在下次演练前给予纠正。两种情形的整改项可成为不足项:某应急组织中存在两个以上整改项,共同作用可构成严重威胁;某应急组织在两次以上演练过程中反复出现前次演练识别出的整改项。如演练过程中个别参演人员不服从调配、参演人员安排不当、演练方案不完善等都属于整改项,需要在下次演练或事故处置之前予以改正。

③改进项。改进项是指应急演练过程中发现的应予以改善的问题,改进项不同于不足项和整改项,该项可能满足当前需求,但不能确定能否满足未来发展需求,还有达到更好效果的提升空间,短时间内难以突破,需制定长期发展计划,不要求强制整改。如应急救援装备科技含量不够高、事态预测不精确等问题属于改进项。

(2)领导小组、各部门、各单位分别组织人员综合讨论,形成应急演练总结报告。

内部综合讨论是形成良好演练总结报告的关键,由领导小组、各部门、各单位组织各自人员开展,一般应在演练结束后立即进行。主持人根据所掌握的材料,既要肯定积极表现,又要明确演练过程中发现的问题,更要严肃指出表现欠佳人员。参与讨论会的人员在会上进行自我总结和反省,最主要的是围绕演练过程中存在的不足项、整改项、改进项等问题进行综合讨论和研究,提出实质性的解决办法,明确操作对象、操作人、操作期限。安排人员对讨论会进行详细记录,讨论会记录格式可参考表 7-9。

表 7-9 演练总结讨论会议记录表样式

演练名称:		总结单位:	
会议时间:		会议地点:	
与会人员:			
演练过程中的优良表现			
序号	表现内容	涉及单位	优秀人员
1	演练人员能够把演练当作真实事件来处理	所有参演人员	×××
2	指挥人员始终沉着指挥,不慌乱,做出正确决策	应急指挥小组	×××
3	……	……	……

演练过程中存在的不足					

一、不足项

序号	内容	内在原因	主要对策	整改单位	整改期限
1	不能与指挥中心取得联系	应急通信线路及联络人不够	增加指挥中心联络线路与联络员	指挥中心与当地电信部门	×××
2	……	……	……	……	……

二、整改项

序号	内容	内在原因	主要对策	整改单位	整改期限
1	广播系统音量不够,比较嘈杂	未调试,无备用设备,无扩音器	增加备用设备与扩音器,使用前先调试	演练策划组、工程部、维修部等	×××
2	……	……	……	……	……

三、改进项

序号	内容	内在原因	主要对策	整改单位	整改期限
1	事故扩展范围及对人员伤害后果难以确定	缺少计算模型和仿真系统	加强技术研究,引进仿真系统	安全部门	×××
2	……	……	……	……	……

四、备注栏

演练总结讨论会结束后,根据讨论记录和相关资料,应急演练领导小组、各参演部门、各参演单位撰写安全生产应急演练总结报告。演练总结报告的内容要符合客观实际,能体现各单位对自身表现的深入思考,在具备高度的同时还要具备较强的可操作性。演练总结报告的内容主要包括以下几项。

①本次演练的背景信息,含演练目的、地点、时间、气象条件等。

②参与演练的应急组织和人员。

③演练情景与演练方案。

④演练目标、演练范围和签订的演练协议。

⑤应急情况的全面评价,含对前次演练不足项在本次演练中表现的描述。

⑥演练发现与纠正措施建议。

⑦对应急预案和有关执行程序的改进建议。

⑧对应急设施、设备维护与更新方面的建议。

⑨对应急组织、应急响应人员能力与培训方面的建议。

(3)召开安全生产应急演练总结大会。

组织召开应急演练总结大会,所有参演单位都应参加,领导小组宣读演练总结报告,各部门或单位宣读各自演练总结报告,表彰在演练中做出突出贡献的部门、单位及个人,处罚或批评在演练中违纪或处置不力的部门、单位及个人。下级部门、单位的应急演练总结报告交由上级部门、单位备案,领导小组撰写的应急演练总结交由当地安全生产监督管理部门备案。

四、资料归档与备案

演练组织单位在应急演练活动结束后,应将涉及演练的所有资料,包括应急演练计划、应急演练方案、应急演练评估报告、应急演练总结报告等文字资料,以及记录演练实施过程的相关图片、视频、音频等资料归档保存。

应急演练资料的归档与备案工作一般由演练文案组负责,其他人员协助开展,保证演练资料的完整归档与备案,归档与备案过程中,按资料内容、性质、形式等进行分类与编号,并制定相关目录及登记文件,再统一装订或密封归档,然后移交给档案部门进行保管。

对于由上级有关部门布置或参与组织的演练,或者法律、法规、规章要求备案的演练,演练组织单位应当将相关资料报有关部门备案。

五、持续改进

1. 应急预案修订完善

根据演练评估报告中对应急预案的改进建议,由应急预案编制部门按程序对预案进行修订完善。

2. 应急管理工作改进

应急演练结束后,组织应急演练的部门(单位)应根据应急演练评估报告、总结报告提出的问题和建议对应急管理工作(包括应急演练工作)进行持续改进。

组织应急演练的部门(单位)应督促相关部门和人员,制定整改计划,明确整改目标,制定整改措施,落实整改资金,并应跟踪督查整改情况。

六、考核与奖惩

应急演练考核与奖惩是指演练组织单位对参演单位、人员进行考核,依据实际表现进行相应奖励和惩罚。对在演练中表现突出的单位及个人,给予表彰和奖励;对不按要求参加演练或影响演练正常开展的,给予批评和惩罚。

演练考核与奖惩制度应由策划人员在编制策划方案时确定,演练组织单位安排人员根据演练记录及考核制度对各参演部门、单位、人员进行考核,演练结束后公布考核结果。考核结果的宣布视情况而定,进程较快情况下,可在应急演练总结大会上当众宣布,后续工作在会后实施;进程较慢情况下,可在总结大会后通过其他方式宣布考核结果并进行后续工作。演练考核和奖惩工作具有一定约束力,将不断加强人们对安全生产应急演练工作的重视程度。

七、演练成果运用

演练成果是指通过演练所取得的成功经验和改进建议,演练成果是安全生产应急演练工作的结晶,也是安全生产应急演练工作的必然要求。演练成果运用工作体现在以下五个方面。

(1)对演练中暴露的各种问题,演练单位应当及时采取相应措施予以改进,消除安全生产应急管理工作中存在的隐患和缺陷。

(2)对演练过程中表现不佳的组织和个人,及时进行针对性教育和培训,加强相关人员应急能力建设。

（3）对应急救援预案中的不足、不合理之处，进行修正和改正，完善应急救援预案。

（4）对应急装备、器材、物资等方面的不足之处，进行有计划的加强。

（5）加强宣传，鼓励其他单位加强演练工作，提高公众防灾意识、自救互救能力等。

在执行过程中，要做好演练成果运用的记录工作，建立任务表格并注明应用时间、内容、效果等，保障演练成果能够真正运用于安全生产实践。对于演练中暴露的问题，应建立完善监督整改机制，进行长期监督和追踪，以保证所有问题都落到实处。

思考题

1. 当前我国各生产经营单位广泛开展安全生产应急演练的目的是什么？

2. 在实施应急演练时，应遵循的基本原则是什么？

3. 常用的应急演练方式有哪些？并简要分析他们的异同点。

4. 应急演练的参与人员都有哪些？

5. 生产经营单位编制应急演练计划的主要依据是什么？

6. 应急演练准备阶段应进行的主要工作有哪些？

7. 应急演练实施过程应着重注意的关键问题有哪些？

8. 简要分析应急演练评估的两种方式的优缺点。

9. 结合实例，分析应急演练总结的一般程序是怎样的。

10. 应急演练总结报告的主要内容包括哪些？

第八章 应急处置及事后恢复

第一节 应急响应

应急响应是指对突发公共事件能快速响应,有效地控制事态,限制对环境的影响,避免或减少次生灾害的发生,保障人民群众生命财产安全,安全地、专业地解决突发事件,并能通过事件分析,总结经验。应急响应属于应急方案准备的一种,是在出现紧急突发事件的情况下所采取的一种紧急避险行动。编制应急方案对人员行动作出规定,按照应急方案有秩序地进行救援,可以减少损失。所以,本单位的人员必须熟悉应急方案。应急方案实际就是一个程序,应符合本地区实际,必须有可操作性和很强的针对性。

突发事件应急救援工作是在预防为主的前提下,贯彻统一指挥、分级负责、属地为主、企业自救和社会救援相结合的原则,及时、准确地控制突发事件的进一步恶化,尽量减少人员伤亡和财产损失。重大事故具有发生突然、发生后迅速扩散以及波及范围广的特点,这决定了应急响应行动必须迅速、准确、有序和有效。各应急组织和人员除了要做好各项突发事件的预防工作,避免和减少突发事件发生外,还要加强落实救援工作的各项准备措施,确保一旦发生事故能及时进行响应。

一、应急响应的基本任务

及时、准确的应急响应,往往对救援工作的顺利开展起到至关重要的作用。应急响应行动是应对突发事件的最关键、最重要的一个环节。如果响应行动缓慢、延误,就增加了突发事件应急救援工作的难度,同时也增加了事故控制的难度。因此,在发生突发紧急事件后,要想有效开展救援工作,就一定要把应急响应工作做好。突发事件应急响应的基本任务主要有以下几个方面。

(1)尽快恢复到正常运行的状态。应急响应的首要任务就是要想办法尽快把这种突发紧急事件恢复到正常运作的状态,避免带来更多的损失。

(2)控制事态的发展。应急响应的第二个任务就是要控制突发事件危险源,同时要控制事态的进一步发展。及时有效地控制造成突发事件的危险源是应急响应的重要任务,只有控制危险源,防止危害的进一步扩大和发展,才能顺利地启动应急响应行动,才能及时有效地实施救援行动。特别是发生在人口密集地区的突发事件,更应及时控制危险源。

(3)及时抢救受害人员使之脱离危险。及时抢救受害人员是应急响应任务的重中之重。在应急响应行动中,及时、准确、有效、科学地实施现场抢救和安全地转送受害人员,对于稳定病情、减少伤亡、避免更大范围的人员受害等具有重要意义。

(4)组织现场受灾人员撤离和疏散。由于突发事件具有突发性、发展快、波及范围广、危害大等特点,应及时指导和组织现场人员采取各种措施进行自身防护,并迅速采取正确的撤离路线,使受灾人员尽快离开危险区域或者可能发生危险的区域。在撤离的过程中,要充分利用自救和互救,尽量避免人员在撤离过程中的混乱和彼此伤害。

二、应急响应的实施

1. 应急响应的实施步骤

（1）接报

接报通常是应急响应救援工作的首要步骤,它对救援工作是否顺利进行起到至关重要的作用。接报人一般应由总值班人担任。接报人应做好以下几项工作。

①问清报告人姓名、单位部门和联系电话。

②问明事故发生的时间、地点、事故单位、事故原因、主要毒物、事故性质（毒物外溢、爆炸、燃烧）、危害波及范围和程度、对救援的要求,同时做好电话记录。

③按应急救援程序,启动应急预案,派出救援队伍。

④向上级有关部门报告。

⑤与应急救援队伍保持联系,并视事故发展状况,必要时派出后继梯队予以增援。

⑥若单位应急救援难以控制事态发展,要及时向上级汇报,请求支援。

（2）设立警戒线

应急救援队伍到达事故现场后首要的任务就是设定危险警戒线,防止非应急救援人员与其他无关人员随意进入事故现场,干扰应急救援工作。尤其是在发生重特大突发事故时,在有外部应急救援队伍支援的情况下,更应该尽早设立警戒线,以便应急队伍顺利开展救援工作。如事故现场范围较大,应从核心现场开始,向外设置多层警戒线。

在事故现场设立警戒线,可起到相当重要的作用:可保证应急救援工作的顺利进行,同时使应急救援人员在心理上有一定的安全感;可避免外来的不可预测的危险危害因素对事故现场的安全构成威胁;可避免事故现场的危险危害因素危及周围无关人员的安全。

（3）设立临时办公场所

应急救援预案启动后,在应急救援队伍到达事故现场的同时,其他一些机构也应陆续进入事故现场,如现场救援指挥部、医疗急救点、环境监测站、消防指挥部等。每个机构都应选择合适的位置,各个应急救援点的位置选择关系到救援工作能否有序地开展。因此在设立现场救援指挥部、医疗急救点的位置时,应考虑以下几个重要因素。

①地点:应选在上风向的非污染区域,或者选在灾害不容易扩张的方向,还要注意不能远离事故现场,以便于指挥和开展救援工作。

②位置:各救援队伍应尽可能在靠近现场救援指挥部的地方设点并随时与指挥部保持联系。

③路段:应选择交通路口,以利于救援人员或转送伤员的车辆通行。

④条件:现场救援指挥部、医疗急救点可设在室内,也可设在室外。所设地点应便于人员行动或伤员的抢救,应尽可能利用原有通信、水、电等资源,应有利于救援工作的实施。

⑤标志:现场救援指挥部、医疗急救点均应设置醒目的标志,方便救援人员和伤员识别。悬挂的旗帜应用轻质面料制作,以便救援人员随时掌握现场风向。

（4）整合资源

应急响应救援工作展开以后，各救援队伍、医疗急救小组到达现场后，需要向现场救援指挥部报到，同时，现场救援指挥部根据其分工分配不同的任务，接受了任务的分队，要迅速到达各自的工作现场了解现场情况，等待命令。指挥部统一整合资源，统一分配任务，统一安排，这样有助于统一实施应急救援工作。

（5）救援工作的开展

进入现场的救援队伍要尽快按照各自的职责和任务开展工作。

①现场救援指挥部：应尽快地开通通信网络；迅速查明事故原因和危害程度；制定救援方案；组织指挥救援行动。

②侦检队：应快速鉴定危险源的性质及危害程度，测定出事故的危害区域，提供有关数据。

③工程救援队：应尽快控制危险；将伤员救离危险区域；协助组织群众撤离和疏散；做好毒物的清消工作。

④现场急救医疗队：应尽快将伤员就地简易分类，按类别进行急救和做好安全转送工作。同时应对救援人员进行医学监护，并为现场救援指挥部提供医学咨询。

（6）撤点

撤点是指因应急救援工作过程中发生意外而临时撤离工作现场或应急救援工作全部结束后离开现场。在救援行动中应随时注意气象和事故发展的变化，一旦发现所处的区域有危险，应立即向安全区转移。在转移过程中应注意安全，保持与现场救援指挥部和各救援队的联系。救援工作结束后，各救援队撤离现场以前应取得现场救援指挥部的同意。撤离前要做好现场的清理工作，并注意安全。

（7）总结

每一次执行救援任务后都应做好救援总结，总结经验与教训，及时发现应急救援中的不足和存在的问题，积极研究改正措施，以备以后再战。

2. 应急响应过程中应注意的问题

（1）应急救援人员的安全问题

在应急救援过程中，首要任务就是要保证应急救援人员的人身安全，只有保证救援人员的安全，才能使其更有效地投入到整个救援工作中。"以人为本，安全第一"是应急救援工作必须遵循的第一原则。救援人员在救援行动中，应佩戴好防护用品，做好各项应急措施，并随时注意事故的发展变化，做好自身防护。进入污染区前，必须戴好防毒面罩，穿好防护服；执行救援任务时，应以2～3人为一组，集体行动，互相照应；带好通信工具，随时保持联系。

（2）工程救援中的注意事项

①工程救援队在抢险过程中，应尽可能地和单位的自救队或技术人员协同作战，以便熟悉现场情况和生产工艺，有利于救援工作的开展。

②在营救伤员、转移危险物品和清消处理化学泄漏物的过程中，应与公安、消防、医疗急救等专业队伍协调行动、互相配合，提高救援的效率。

③救援所用的工具应具备防爆功能。

（3）现场医疗急救中需注意的问题

①重大事故造成的人员伤害具有突发性、群体性、特殊性和紧迫性的特点，现场医务力量和急救的药品、器材相对不足，应合理使用有限的卫生资源，在保证重点伤员得到有效救治的基础上，兼顾一般伤员的处理。在急救方法上可对群体性伤员实行简易分类后的急救处理，即由经验丰富的医生负责对伤员的伤情进行综合评判，按轻、中、重简易分类，对分类后的伤员除了标上醒目的分类识别标志外，在急救措施上按照先重后轻的治疗原则，实行共性处理和个性处理相结合的救治方法，在急救顺序上应优先处理能够获得最大医疗效果的伤病员。

②注意保护伤员的眼睛。

③对救治后的伤员实行一人一卡管理，将处理意见记录在卡上，并别在伤员胸前，以便做好交接工作，有利于伤员的进一步转诊救治。

④合理调用救护车辆。在现场医疗急救过程中，常出现伤员多而车辆不够用的情况，因此，合理调用车辆迅速转送伤员也是一项重要的工作。在救护车辆不足的情况下，危重伤员可以在医务人员的监护下，由监护型救护车护送，而中度伤员可几人合用一辆车，轻伤员可商调公交车或卡车集体护送。

⑤合理选送医院。伤员转送实行就近转送医院的原则。但在医院的选配上，应根据伤员的人数和伤情，以及医院的医疗特点和救治能力，有针对性地合理调配，特别要注意避免危重伤员的多次转院。

⑥妥善处理好伤员的污染衣物。及时清除伤员身上的污染衣物，并对清除下来的污染衣物进行集中处理，防止发生继发性损害。

⑦统计工作。统计工作是现场医疗急救的一项重要内容，特别是在忙乱的急救现场，更应注意统计数据的准确性和可靠性，也为日后总结和分析积累可靠的数据。

（4）组织和指挥群众撤离现场时的注意事项

①组织和指导群众在做好个人防护后再撤离危险区域。发生事故后，应立即组织和指导污染区的群众就地取材，采用简易有效的防护措施保护自己。如用透明的塑料薄膜袋套在头部，用毛巾或布条扎住颈部，在口、鼻处挖出孔口，用湿毛巾或布料捂住口、鼻，同时用雨衣、塑料布、毯子或大衣等物，把暴露的皮肤保护起来免受伤害，并快速转移至安全区域。也可就近进入民防地下工事，关闭防护门，防止受到事故的伤害。

②防止继发伤害。组织群众撤离危险区域时，应选择安全的撤离路线，避免横穿危险区域。进入安全区后，应尽快去除污染衣物，防止继发性伤害。

③发扬互助互救的精神。发扬群众性的互帮互助和自救互救精神，帮助同伴一起撤离，这对做好救援工作、减少人员伤亡起到重要的作用。

三、应急指挥与协调

突发事件应急指挥与协调是指各级政府和相关部门在应急响应与处置阶段，通过设立总指挥部、现场指挥部等机构，按照应急管理法制、机制及预案要求，遵从一定的指挥关系，使用一定的指挥手段对突发事件进行响应与处置的活动。其中心任务是解决响应与处置"做什么"的问题。突发事件应急指挥与协调的基本程序如图 8-1 所示。

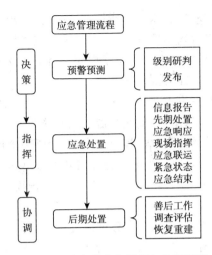

图 8-1　突发事件应急指挥与协调程序

1. 应急指挥与协调的层级、工作要求和指挥方式

突发事件处置中的应急指挥与协调任务,就是指挥者组织指挥参战队伍发挥最佳战斗能力,取得最大的事态控制成效,以最快的速度消除事态影响,最大限度地减少人员伤亡和经济损失。众多案例显示,突发公共事件应急处置的效果,主要取决于指挥员的组织指挥协调能力和现场处置水平。

(1)应急指挥与协调的层级与体系

纵向来看,应急指挥与协调按到场指挥员的最高级别,可分为国家、省级、市级、县级和基层应急指挥与协调五个指挥层次;按横向分自然灾害、安全生产事故等应急指挥与协调。专业力量应急指挥与协调主要有军队公安武警部队指挥与协调、专业救援队的应急指挥与协调等。在应急处置实践中,通常把一线部门指挥员的组织指挥与协调称为基层指挥与协调;把市、县级政府领导或对应部门主管参加的组织指挥与协调称为中层指挥与协调;把国家、省级政府领导参加的组织指挥与协调称为高层指挥与协调。

应急指挥与协调体系主要由政府应急指挥与协调、专业力量应急指挥与协调和社会力量应急指挥与协调三部分组成。一个完善的应急指挥与协调体系应涵盖了国家应急指挥协调机构、省级应急指挥协调机构、市级应急指挥协调机构、县级应急指挥协调机构,从而实现国家、省、市、县四级联动,包括了高层战略指挥、中层战役指挥、基层战术指挥的纵向到底、横向到边的指挥协调层次体系。在突发事件处置过程中,政府应发挥应急管理的主导作用,在指挥协调体系中应处在统领地位,统一指挥,协调各方力量,有效救援。

(2)应急指挥与协调的工作要求

①基层指挥与协调。对于基层指挥与协调来说,在突发事件始发状态,鉴于事态发展性质未明、规模有限,此阶段对于基层指挥者的总体要求就是,打好初战,积极抢占能够控制事件发展态势的有利阵地;及时收集、归纳、总结事件有关信息并按照程序及时上报;在突发事件的处置过程中,应遵从上级指挥部的统一要求,配合、协调处置救援工作;事件结束,按照职责分工,做好善后处理。

②中层指挥与协调。当发生较大及以上规模的突发事件,且事态发展的危害程度呈进一

步恶化趋势。对于中层指挥(县级、市级应急指挥部)的总体要求是:做好会商研判事件发展态势,组织协调各类救援力量、物资技术装备调度,积极采取应对措施控制事件局面,以消除或降低各类危害,并及时将处置结果依法上报。鉴于中层指挥是处置突发事件的重要环节,因此,对参战的指挥员战术意识和指挥能力要求很高。

③高层指挥与协调。当发生重大或特别重大突发事件,且已发生重大危害或即将发生危害,并超出事发地行政指挥处置权限,需要更高层次的指挥部介入(省级、国家级)。对于高层指挥与协调的总体要求是:全局性、宏观性指导工作,会商研判事件发展趋势,统一组织、协调、调度各类应急处置救援资源,制定对应处置措施并高效安排落实,对外统一发布信息。对于高层指挥与协调,更多地表现为决策和指挥过程中的艺术性、指导工作的战略性和前瞻性。

(3)应急指挥与协调的方式

根据突发事件的类别、性质、规模及危害程度的处置方式,按照"高、中、基"三种指挥协调层级,当前我国应急指挥与协调的方式大致包括集中指挥协调与分散指挥协调、逐级指挥协调与越级指挥协调、属地指挥协调、授权指挥协调、参与指挥协调、指令性指挥协调与指导性指挥协调等方式。

2. 应急指挥与协调的工作原则和要求

应急指挥与协调的基本原则就是指挥员和指挥机构实施事件处置行动组织指挥协调的准则和标准。主要用于规范现场指挥员的决策、组织计划、协调控制等应急处置活动,其基本着眼点是充分发挥组织指挥协调机构的最大功能,提高应急处置的速率和质量。

(1)集中统一,靠前指挥

具体工作要求包括:首先是现场成立统一指挥机构,明确指挥关系;其次是明确现场主要问题,统一应急处置行动方案;再次根据事件特点和任务分配,指定相应的指挥人员,深入第一线实施直接指挥;最后实施不间断指挥,加强事件处置全过程整体协调。

(2)掌握情况,把握关键

具体要求包括:一是及时建立和调整事件应急信息中心;二是透过现象看本质,掌握实情;三是保持事件发展信息获取的连续性。

(3)果断决策,及时部署

对于指挥者的要求包括:一是现场指挥员有良好的基本素质、能力和丰富的经验;二是掌握科学的决策方法,充分利用先进的辅助决策手段;三是平时注意加强应急预案的演练与完善工作。

(4)着眼全局,适时调整

首先是注意力放在现场主要问题,着力解决潜在隐患;其次是要随时掌握事态发展和变化;再次是加强事件应急处置全过程的整体协调。

(5)连续不断,机智灵活

首先是要组建精干的指挥班子,能保持现场组织指挥的稳定性和连续性;其次是保持现场通信联络畅通,保证上情下达和下情上知迅速;第三是各级指挥人员明确各自的任务和要求,在突发事件面前能果断行事。

第二节　应急处置现场控制与安排

安全生产突发事件的处置是整个应急管理的核心环节。虽然我们制定了完美的应急预案,也采取了严密的防范措施,但却并不能完全避免突发事件的发生。当安全生产突发事件发生后,我们所能做的工作就是要在事先尽心准备的基础上,根据突发事件的性质、特点以及危害程度,及时组织有关部门,调动各种应急资源,对突发事件进行有效的处置,以降低人员生命健康和财产损失的程度。

一、现场控制与安排应遵循的基本原则

国务院发布的《国家突发事件总体应急预案》中提出了六个"工作原则":"以人为本,减少危害;居安思危,预防为主;统一领导,分级负责;依法规范,加强管理;快速反应,协同应对;依靠科技,提高素质。"这六项共48字的工作原则,是就我国突发事件的预防和处置而言的,同时也是适应我国突发事件的应急处置工作原则。在此基础上,我们就安全生产应急事故处置提出以下几个原则。

(1)以人为本,减轻危害

安全生产突发事件的发生会产生各种各样的威胁,造成各种各样的损失,包括人员的伤亡、财产的损失、设备的损害以及对周围环境造成严重的影响。在突发事件应急处置可能面临多种价值目标选择的时候,我们要始终坚持把人员的生命和健康放在第一位,始终坚持"先救人,后救物"的原则,把保证人员的生命健康、保障人员的基本生存条件放在首要位置。

突发事件具有不确定性和不稳定性的特点,在应急救援过程中,我们必须高度关注和重视应急救援人员的人身安全,有效地保护应急响应者,避免次生、衍生事故的发生。这也是突发事件应急处置"以人为本"的体现。

美国"9·11"事件的应急处置工作有很多值得总结的经验,但同时也给人们留下了许多值得思考的问题。"9·11"事件造成300多名警察与消防人员牺牲,造成牺牲的原因很多,有现场指挥的失误,也有在紧急情况下信息不充分的问题。不过人们思考最多的一个问题是:对于警察、消防人员与其他应急机构等经常参与公共安全危机事件的应急处置的人员来说,不必要的代价是否值得付出?在"9·11"事件之前,人们在价值观念上推崇那些为了人民群众的安全和利益不怕流血牺牲的人,在一些事故的应急现场,也会经常听到一些指挥决策人员发出"不惜任何代价(包括应急参与人员的生命)要……"之类的指令,结果造成更大的伤亡和损失。这种理念在某种情况下是值得提倡和发扬的,但在应急过程中,如果没有科学的方法与态度,这种精神就可能成为一种盲目的、不负责任的冲动。从理性的角度考虑,在事故的应急处置过程中,应当明确的一个基本目标是保证所有人的安全,既包括受害人和潜在的受害人,也包括应急处置参与人员,而且首先要保证应急处置参与人员,不能为了执行一个不负责任的命令而牺牲无辜的应急处置参与人员的安全。现场的应急指挥人员在指导思想上也应当充分地权衡各种利弊得失,尽可能使现场应急的决策科学化、最优化,避免付出不必要的代价。

(2)统一领导,分级负责

突发事件应急处置工作需要跨部门甚至跨地域调动资源,尤其是在突发事件现场处置的过程中,更体现了这种资源调动的重要意义。因而必须形成一种高度集中、统一领导和指挥的

应急管理系统,实现可用资源的有效整合,避免单打独斗、各自为战的局面,确保施令传达畅通。

突发事件的应急处置是一项技术含量很高的具体工作。美国著名管理学学者罗伯特·卡茨(Robert L. Katz)认为,有效的管理者应当具备三种基本技能:技术性技能(业务能力)、人际性技能(处理人际关系的能力)和概念性技能(判断、抽象、概括和决策能力)。三种技能在不同管理层次中的要求不同,概念性技能由高层向低层重要性逐步递减;技术性技能由高层向低层重要性逐步增加;人际性技能对不同管理层的重要程度区别不十分明显,但比较而言对高层要比对低层相对重要一些。因此,在突发事件应急处置的过程中,为了有效地指挥和监督现场的具体工作,领导者的层次越低对技术性技能的要求就越高,领导者的层次越高对概念性技能的要求越高。为此,高层领导一般应做到"帅不离位",对具体的突发事件处置给予方针、原则和决策方面的指示和指导,其他各层次领导应指挥和处置现场的具体工作。在突发事件处置中,各个相关部门之间的应急协调问题是很难解决的,这时,就要由高层领导统一指挥、统一管理,并对各个部门加以协调。

(3)快速反应,属地处置

突发事件的突发性以及不确定性决定了处置突发事件的过程中,任何时间上的延误都会加大事故后果的严重性和应急处置工作的难度,因此,在应急处置过程中必须坚持做到快速反应,力争在最短的时间内到达现场、控制事态、减少损失,以最高的效率和最快的速度救助受害人,并为尽快地恢复正常的工作秩序、社会秩序和生活秩序创造条件。

不论发生哪一级的突发事件,属地应急救援人员都要在第一时间赶到现场,及时展开先期的应急处置工作,以防止突发事件的进一步扩大、恶化、升级,尽可能地减少突发事件给人员生命、财产和健康安全所带来的损失。因为属地应急救援人员对当地情况熟悉,同时也能够在第一时间赶赴突发事件现场,有助于把突发事件消灭在萌芽状态。

(4)协调救助,人员疏散

事故发生后会产生数量和范围不确定的受害者。受害者的范围不仅包括事故中的直接受害人,甚至还包括直接受害人的亲属、朋友以及周围其他利益相关的人员。受害人所需要的救助往往是多方面的,这不仅体现在生理层面上,很多时候也体现在心理和精神层面上。例如,火灾、爆炸、恐怖袭击等灾难性事故的现场往往会有大量的伤亡人员(直接受害者),他们会在生理和心理上承受着双重打击;同时,事故的幸存者和亲历者虽然没有明显的心理创伤,但也会产生各种各样的负面心理反应。因此,事故应急处置的部门和人员在进行现场控制的同时应立即展开对受害者的救助,及时抢救护送危重伤员、救援受困群众、妥善安置死亡人员、安抚在精神与心理上受到严重冲击的受害人。

在大多数事故应急处置的现场控制与安排中,把处于危险境地的受害者尽快疏散到安全地带,避免出现更大伤亡的灾难性后果,是一项极其重要的工作。在很多伤亡惨重的事故中,没有及时进行人员安全疏散是造成群死群伤的主要原因。

无论是自然灾害还是人为事故,或者是其他类型的事故,在决定是否疏散人员的过程中,需要考虑的因素一般有:①是否可能对群众的生命和健康造成危害,特别是要考虑到是否存在潜在危险性;②事故的危害范围是否会扩大或者蔓延;③是否会对环境造成破坏性的影响。

(5)依靠科学,专业处置

在突发事件应急处置过程中,要充分利用和借鉴各种高科技成果,发挥专家的决策智力支撑作用,避免不顾科学地蛮干。在利用高科技成果的同时也要充分利用专业人员的专业装备工具、专业知识、专业能力,实现突发事件的专业处置。但突发事件后果的不确定性也导致在处置方法上的多样性,一定要在尊重科学的基础上,采用专业的处置方法,特殊情况下可采用特殊的处置方法,做到因地制宜、合理处置。

事故应急处置工作由许多环节构成,其中现场控制和安排既是一个重要的环节,也是应急管理工作中内容最复杂、任务最繁重的部分。现场控制和安排在一定程度上决定了应急处置的效率与质量。科学合理的现场控制不仅能大大降低事故造成的损失,也是一个国家和地区的政府部门应急处置能力的重要体现。

二、现场控制的基本方法

现场控制是事故现场处置必不可少的环节。现场控制就是需要做出一系列的应急安排,其目的是防止事故的进一步蔓延扩大,使人员伤亡与财产损失降到最低限度。但由于事故发生的时间、环境和地点不同,因而其现场也有不同的环境与特点,所需要的控制手段及应急资源也不相同。这些差别决定了在不同的事故现场应该采取不同的控制方法。事故现场控制的基本方法可分为以下几种。

1. 警戒线控制法

警戒线控制法是一种特别的保护现场的方法,是指当发生事故时,为防止非应急处置人员与其他无关人员进入事故现场,干扰应急工作顺利进行而采取的控制方法。根据事故的等级、性质、规模、特点等不同情况,在设立警戒线时应该安排不同的警戒人员。一般来讲,应安排警察、保安人员或企业事业单位的保卫人员等应急参与人员实施警戒保护。对于范围较大的事故现场,应从其核心现场开始,向外设立多层警戒线。

在事故现场应急处置过程中设立警戒线具有以下作用:避免外来的未知因素对应急处置人员现场处置过程中的安全构成威胁,同时使应急处置人员在心理上有一种安全感,从而保证处置工作顺利进行。避免现场可能存在的各种危险源危及周围无关人员的安全。

设立警戒线时,应综合考虑多方面的因素,在范围上应坚持宜大不宜小的原则,保证应急处置人员拥有足够的处置空间,同时阻止现场内外人、物、信息的大规模无序流动。在实际的处置过程中,各国普遍的做法是设立两层以上的警戒线。由内向外、由高密度向低密度布置警戒人员。这种警戒线表面上是虚设的,但是,这种虚设的警戒线至少在心理上可以让应急处置人员产生一种安全感,从而使其高效地投入救援工作。警戒线的设立也可以使大部分外部人员或围观群众自觉地远离事故现场,从而为应急处置创造一个较好的外部环境。如在重庆开县的井喷事故中,公安机关就设立了三层封锁线。

2. 区域控制法

区域控制法的适用范围是:在有些事故的应急处置过程中,可能由于点多面广,需要处置的问题比较多,处置工作必然存在优先安排的顺序问题;也可能由于环境等因素的影响,需要对某些局部区域采取不同的控制措施,以控制进入现场的人员数量。区域控制建立在现场概览的基础上,即在不破坏现场的前提下,在现场外围对整个事故发生环境进行总体观察,确定重点区域、重点地带、危险区域、危险地带。现场区域控制遵循的原则是:先重点区域,后一般区域;先危险区域,后安全区域;先外围区域,后中心区域。具体实施区域控制时,一般应当在现场专业处置人员的指导下进行,由事发单位或事发地的公安机关指派专门人员具体实施。

3. 遮盖控制法

遮盖控制法实际上是保护现场与现场证据的一种方法。在事故的处置现场,有些物证的时效性要求往往比较高,天气因素的变化可能会影响取证和检材的真实性;有时由于现场比较复杂,物证破坏比较严重,再加上应急处置人员不足,不能立即对现场进行勘查、处置,因此需要用其他物品对重要现场、重要物证和重要区域进行遮盖,以利于后续工作的开展。遮盖物一般多采用干净的塑料布、帆布、草席等物品,起到防风、防雨、防日晒以及防止无关人员随意触动的作用。应当注意的是,除非万不得已,一般尽量不要使用遮盖控制法,以防止遮盖物沾染某些微量物证或检材,影响取证以及后续的化学物理分析结果。

4. 以物围圈控制法

为了维持现场处置的正常秩序,防止现场重要物证被破坏以及危害扩大,可以用其他物体对现场中心地带周围进行围圈。一般来讲,可以使用一些不污染环境、阻燃隔爆的物体。如果现场比较复杂,还可以采用分区域和分地段的方式进行围圈。

5. 定位控制法

有时候事故现场由于死伤人员较多,物体变动较大,物证分布范围较广,采取上述几种现场控制方法,可能会给事发地的正常生活和工作秩序带来一定的负面影响,这就需要对现场特定死伤人员、特定物体、特定物证、特定方位、特定建筑等采取定点标注的控制方法,使有关现场处置人员对整体事件现场能够一目了然,做到定量和定性相结合,有利于下一步工作的开展。

三、现场事态评估

准确评估现场形势是现场处置工作开展的必要前提,快速反应的原则并不是单纯强调速度快,而是要保证处置工作的高效率。因此,事故的应急处置人员在到达现场后,如果不了解现场基本情况就盲目进行处置是不可取的,这不仅无法实现防止事态蔓延扩大的目的,而且还会造成应急救援人员的伤亡,造成更大的损失。为了有效地进行现场控制,应急处置人员的首要职责是获取准确的现场信息,对所发生的事故进行及时准确的认识与把握。一旦这些信息反馈给指挥决策部门,就可以帮助他们做出正确的决策。

1. 事故性质的评估

通常情况下,重特大事故发生后,所提供的信息往往不充分(或信息随时发生变化),这决定了在进行应急处置工作时,首先要对面临的现场情况进行评估,其中对事故性质的判断又是最重要的,因为不同性质事故的应急处置要求有不同的侧重点。例如,在对有爆炸发生的事件进行现场控制时,要对现场进行评估,判明这是意外事故,还是人为破坏。如果是人为破坏,就需要在处置时对现场进行仔细的勘察,注意发现和搜集证据。在评估中,要注意根据事故发生的原因、时间、地点、所针对的人群、所采取的手段等因素来判明事故性质,以便更有针对性地开展处置工作。

2. 现场潜在危害的监测

在进行应急处置时,必须对现场潜在的危害进行实时监测和评估,避免二次事故的发生。这是因为大多数事故的处置现场都可能会存在各种潜在危险,随时会发生二次事故,造成事态的蔓延和扩大,导致危害加剧,并对应急处置人员的安全构成一定的威胁。因此,对现场潜在危险的监测是十分必要的。例如,在爆炸事故中,由于现场可能存在未爆炸的危险物质,对这些物质的处置决定了处置工作的最终效果。一般应通过搬运、冷却等方法防止其发生爆炸。对无法搬走的危险物品,除采取必要的措施进行保护外,还必须安排有经验的人员对其进行实时监控,一旦发现爆炸征兆,应及时通知所有人员撤离。2005年,吉林石化公司发生爆炸事故,消防人员在控制现场时,一方面组织人员扑救火灾,另一方面随时监控未发生爆炸的油罐,在长达数十小时的救援中,消防人员四进三退,并通知外围警戒线不断外扩,最终在保证人员安全的基础上成功地控制了火势。应急处置人员的重要职责之一是救人,但处置者自身的安全也是必须考虑的。

3. 现场情景与所需的应急资源

事故应急处置稍有不慎就会造成更大的损失,因为现场处置工作头绪多、任务重,而且是在非常紧急的情况下开展的。其中现场情景与应急资源是否匹配,是决定应急处置工作能否取得成功的重要因素之一。应急资源不足,可能会造成对现场的控制不力,导致损失扩大;及时组织足够的应急资源参与现场处置,是处置工作顺利进行的基础;但动用过多的应急资源,也可能造成不必要的浪费。通过对现场情景以及处置难度的评估分析,及时合理地采取各种措施,调动相应的人力资源和物质资源参与现场处置,是应急处置快速、有效应对的重要保证。在实践中,无论最终需要组织多少应急资源,都应特别强调第一出动力量的重要性。有力的第一出动力量可以在处置之初有效地控制事态。如果第一出动力量不足,再调集其他力量增援,则可能失去应急的最佳时机。值得注意的是,由于事件的性质和特点不同,其难度和处置所需的处置力量也不尽相同。例如,同样是针对地铁发生的灾难性事件应急处置,1995年,发生在东京的沙林毒气袭击事件造成了多人死伤,在处置过程中,防化、洗消、医疗急救等力量是必不可少的,但是破拆和消防力量基本上没有用武之地;但是在2005年7月7日,伦敦地铁爆炸事件现场处置中,破拆和消防力量却是必不可少的。因此,评估的意义就在于因时、因地、因事,通过评估调集适当的应急处置力量,达到快速妥善处置的效果。

4. 人员伤亡的情况评估

人员伤亡情况不仅决定着事故的规模和性质,而且是安排现场救护的主要考虑因素。在我国突发公共事件的报告制度中,人员伤亡情况是决定事故报告的时间期限和反应级别的重要指标。当人员伤亡的数量超出地方政府的反应能力时,必须及时请求上一级政府应急资源的支持。应急处置现场对人员伤亡情况的评估包括:确定伤亡人数及种类,伤员主要的伤情,需要采取的措施及需要投入的医疗资源。在事故刚刚发生时,估计人员伤亡的情况一般应以事发时可能在现场的人数作为评估的基准,根据事故的严重程度分析人员伤亡的大致情况。根据应急管理的适度反应原则,对人员伤亡的情况评估应尽量实事求是。如果估计过重,不仅会造成反应资源的浪费,而且会加重事故对社会心理的冲击;反之,则可能由于报告不及时、反应不足而错失救援的良机。在现场医疗救护中,对于已经死亡的人员,要妥善保存和安置尸体,尽可能收集相关证物和遗物,为善后工作和调查工作提供有利条件。对于受伤人员,首先应将其运送出危险区域,随后立即进行院前急救。依据受害者的伤病情况,按轻伤、中度伤、重伤和死亡进行分类,分别以伤病卡作为标志,置于伤病员的左胸部或其他明显部位,这种分类将便于医疗救护人员辨认并采取相应的急救措施,在紧急情况下根据需要把有限的医疗资源运用到最需要的人群身上。

5. 经济损失的估计与可能造成的社会影响

在应急处置初期,对经济损失的估计更侧重于对事故造成的负面社会影响的估计。处置现场对经济损失的评估包括:直接经济损失和间接经济损失,各种财产的损失,以及事故可能带来的对经济的负面影响。例如,"9·11"恐怖袭击事件对纽约相关产业造成了一定冲击,据专家估算,恐怖袭击事件发生后纽约至少损失了 46000 个就业机会;但由于经济损失的估算一般需要技术人员和专业知识,现场处置人员一般只对损失进行观察、计数和登记,为日后进行专业估算提供依据。

6. 周围环境与条件的评估

在应急处置时必须随时注意周围环境和条件对处置工作的影响,因为一些事故在应急处置过程中依然处于积极运动期,随时可能造成新的危害,而周围环境和条件就是其再次爆发的主要因素。对事发现场周围环境与条件的评估包括对空间、气象、处置工作的可用资源及其特点的评估。不同类型事故现场对环境特点的把握应有不同的侧重点。例如,火灾的发展蔓延与火场的气象条件有密切的关系,但即使同是火灾,房屋建筑物火灾和森林火灾的气象特点的重要性也不相同。同样地,如果空难发生在不同的空间位置,其蔓延的可能性和处置工作中可利用的资源也不同。一般来说,设置在临海地区或海面上的机场,一旦发生事故,事故向其他区域蔓延的可能性较小,这就是由其特定的现场环境所决定的。周围环境评估的重要性体现在可以让事故应急处置部门比较清晰地了解处置的具体条件,根据不同的空间、气象等环境条件,合理地配置和使用不同的处置资源,提高处置的效率,达到预期的效果。

四、现场应急处置安排

针对不同的事故,应根据事故的类型、特点和规模,做出不同的紧急现场处置安排。尽管不同的事故所需的安排不尽相同,但大多数事故的现场处置都应包括一些共同方面的内容,主要是设立警戒线、应急反应人力资源组织与协调、应急物资设备的调集、人员安全疏散、现场交通管制、现场以及相关场所的治安秩序维护、对信息和新闻媒介的现场管理等。

1. 设立警戒线

几乎所有的处置现场都要设立不同范围的警戒线,以保证应急处置工作的顺利开展以及事后的原因调查。对于那些规模比较大、影响范围广、人员伤亡严重的事故,在事故处置过程中,往往要根据实际情况设立多层警戒线,以满足不同层次处置工作的要求。一般而言,内围警戒线要圈定事故或事件的核心区域,根据现场的具体情况,划定事件发生和产生破坏影响的集中区域。在核心区域内一般只允许医疗救护人员、警察、消防人员、应急专家或专业的应急人员进入,并成立现场控制小组,组织开展各项控制和救助工作。内围警戒线的范围确定要考虑两个因素:现场危险源的威胁范围和与事故原因调查相关的证据散落的范围。现场可能会发生二次事故,通过内围警戒线的设立,可以尽量减少处于危险范围中的人员,以降低二次伤害的发生概率。外围警戒线的划定以满足救援处置工作的需求为主要考虑因素,为保证安全,大量的应急救援工作是在内围警戒线之外开展的。在事故的现场,参与处置的人员可能成百上千,来自数十个不同的部门和组织,参与处置的各种车辆、设备也需要安排必要的停放位置和足够的活动空间,因此,外围警戒线是处置工作顺利开展的必要空间,无关人员,包括媒体工作人员一般不应进入此区域。在某些事故的处置中还要设立三层警戒线,即在核心区和处置区之间设置缓冲区,作为二线处置力量的集结区域和现场指挥部所在地。

2. 应急反应人力资源组织与协调

通过对现场情况的初步评估,应根据相关应急预案组织应急反应的人力资源。随着我国突发公共事件应急预案体系的建立,我国已逐渐摆脱了过去盲目反应的局面,大大避免了人力资源组织的混乱。根据应急预案,不同事故由不同的部门牵头负责,并由相关部门予以协调和支持。各个部门在处置中分工协作,具有较为明确的任务和职责。在事故发生后,由牵头部门组织各部分应急处置人员赶赴现场并开展工作,并在现场的出入通道设置引导和联络人员安排处置后续人员。各应急处置组织的带队领导应组成现场指挥部,统一协调指挥现场的应急人员与其他应急资源。

3. 应急物资设备的调集

应急处置需要大量的专用设备和工具。专用设备、工具与车辆一般由各专业救援队伍提供,对于一些特殊和所需数量较多而现场数量不足的设备、工具与车辆可以通过媒体向社会征募,同时也可以向有关方面请求支援。各专业部门应根据自身应急救援业务的需求,采取平战结合的原则,配备现场救援和工程抢险装备和器材,建立相应的维护、保养、调用等制度,以保障各种相关事故的抢险和救援。大型现场救援和工程抢险装备,应由政府应急办公室(或类似职能部门)与相关企业签订应急保障服务协议,采取政府资助、合同、委托等方式,每年由政府提供一定的设备维护、保养补助费用,紧急情况下政府应急办公室可代表当地政府直接调用。专用设备、工具与车辆到达现场后,应按照救援工作的优先次序安排停放位置,对于随时需投入使用的设备、车辆应停放于中心现场;对于其他辅助支援车辆应停放于离现场稍远的指定位置,以免影响现场的设备、车辆调度。

4. 人员安全疏散

根据人员疏散原则,在处置现场组织及时有效的人员安全疏散,是避免大量人员伤亡的重要措施。根据疏散的时间要求和距离远近,可将人员安全疏散分为临时紧急疏散和远距离疏散。

(1)临时紧急疏散

临时紧急疏散常见于火灾、爆炸等突发性事件的应急处置过程中。临时紧急疏散的最大特点在于其紧急性,如果在短时间内人员无法及时疏散,就有可能造成严重的人员伤亡。但在紧急疏散过程中,绝不能一味强调疏散的速度,如果疏散过程中秩序混乱,就可能造成人群的相互拥挤和踩踏以及车流的阻塞现象,甚至造成群死群伤。因此,临时紧急疏散必须兼顾疏散的速度和秩序。根据无数次组织人员疏散事故的经验与教训,疏散过程的秩序应成为优先考虑的因素。由于人在紧急情况下会出现各种应急心理反应,进而采取不理智的行为,因此在进行临时紧急疏散时必须考虑处于危险之中的人的心理和行为特点。

（2）远距离疏散

远距离疏散涉及的人员多、疏散距离远、疏散时间长，因此，远距离疏散必须事先进行疏散规划，通过分析危险源的性质和所发生事件的严重程度与危害范围，确定危险区域的范围，并根据区域人口统计数据，确定处于危险状态和需疏散的人员数量。结合危险区域人员的结构与分布情况、可用的疏散时间、可能提供的疏散能力、交通工具、所处的环境条件等因素，制定科学的疏散规划。一般情况下需要考虑的问题有：①疏散人口的统计（包括危害范围扩大之后疏散人口的统计）；②疏散地点的选择；③疏散过程中运输方式的选择；④疏散的出入口与运输路线的确定；⑤被疏散人员和车辆的集结位置；⑥疏散过程中对人员的沿途护送问题；⑦被疏散人员的遗留财产处置问题；⑧疏散过程所需药物、食物、饮用水的准备；⑨庇护场所的准备；⑩宠物的管理。

（3）人员疏散与返回的优先顺序

无论发生何种事故，人员疏散与紧急救助均属于保护性的措施，只要有人员的疏散，特别是在需要全体撤离的情况下，就必须考虑人员疏散与返回的优先顺序。根据国外的经验与研究成果，在全体撤离疏散的情况下，其优先顺序如下。

①疏散顺序：禁止无关人员进入即将疏散撤离的地区与场所——居民与群众——工作人员中的非关键人员（包括媒体人员）——应急关键人员之外的所有人员全部撤离。

②返回顺序：当由事故造成的危险状态结束、对人员的安全威胁解除后，需要安排被疏散的居民或群众返回社区或单位。返回也应当和疏散一样，严格遵循先后顺序：应急处置的参与人员——现场评估人员与由应急人员陪伴的媒体人员——公共设施的维修人员——居民、财产的主人以及其他有关人员——无限制出入。

5. 现场交通管制

现场交通管制是确保处置工作顺利开展的重要前提。通过实行交通管制，封闭可能影响现场处置工作的道路，开辟救援专用路线和停车场，禁止无关车辆进入现场，疏导现场围观人群，保证现场的交通快速畅通；根据情况需要和可能开设应急救援"绿色通道"，在相关道路上实行应急救援车辆优先通行；组织专业队伍，尽快恢复被毁坏的公路、交通干线、地铁、铁路、空港及有关设施，保障交通路线的畅通。必要时，可向社会进行紧急动员，或征用其他部门的交通设施装备。

6. 现场以及相关场所的治安秩序维护

事故发生后，应由当地公安机关负责现场与相关场所的治安秩序维护，为整个应急处置过程提供相关的秩序保障。在公安机关到达现场之前，负有第一反应职责的社区保安人员、企业事业单位的治安保卫人员，或在社区与单位服务的紧急救助员等应立即在现场周围设立警戒区和警戒哨，先期做好现场控制、交通管制、疏散救助群众、维护公共秩序等工作。事故发生地政府及其有关部门、社区组织也要积极发动和组织社会力量开展自救互救，主动维护秩序，以防止有人利用现场混乱之机，实施抢劫、盗窃的犯罪行为。负责组织维护现场治安秩序的公安机关，应当在现场设置的警戒线周围沿线布置警戒人员，严禁无关人员进入现场；同时应在现场周围加强巡逻，预防和制止对现场的各种破坏活动。对肇事者或其他有关的责任人员应采取必要的监控措施，防止其逃逸。

7. 对信息和新闻媒介的现场管理

事故发生后,各种新闻媒介成为现场处置与社会各方沟通的重要渠道。面对蜂拥而至的新闻采访人员,既不能听任其在处置现场进行无限制的采访,也不能简单地对其进行封堵。前者会导致其对正常处置工作的干扰,甚至破坏现场证据;后者易与媒体形成对立局面,甚至导致谣言的传播。因此,在现场处置中,一定要重视对信息和新闻媒介的管理,通过在警戒线外设立新闻联络点、安排专门的新闻发言人、适时召开新闻发布会等方式处理好与媒介的公共关系,利用和引导媒介实现与社会公众、政府有关部门以及不同领域专家之间的良好沟通,以降低事故造成的社会影响。

总之,事故应急处置过程中需要做出的安排是多方面的,参与应急处置的各个部门、组织与人员应在现场指挥协调人员的指挥下,发扬协作精神,本着"以人为本"的指导思想,通过共同努力,将人员的伤亡、财产的损失、环境的破坏和社会心理的冲击减少到最低程度,并积极地为事后的恢复创造条件。

第三节　恢复与善后工作

突发事件的发生干扰了社会生产生活秩序,给社会公众的生命、健康和财产造成了巨大的损失。突发事件事态得到控制后,应急管理从以救援抢险救灾为主的阶段转为以恢复重建为主的阶段。

恢复重建是消除突发事件短期、中期和长期影响的过程。一般而言,恢复重建主要包括以下四种活动:①最大限度地限制灾害结果的升级;②弥合或弥补社会、情感、经济和物理的创伤与损失;③抓住机遇,进行调整,满足人们对社会经济、自然和环境的需要;④减少未来社会所面临的风险。也就是说,恢复重建要尽量减轻灾害的影响,使社会生产生活复原,推动社会进一步发展,提高社会的公共安全度。

一、恢复期间管理的重要性和管理方式

恢复期间的管理具有独特性和挑战性。由于受到破坏,生产不可能立即恢复到正常状况。另外,某些重要工作人员的缺乏可能会造成恢复工作进展缓慢。恢复工作的成功与否,在很大程度上取决于恢复阶段的管理水平,在恢复阶段,需要一位能力突出、具有大局观的人员(恢复主管)来负责管理工作。管理层还需要专门组建一个小组或行动队来执行恢复功能。

在恢复开始阶段,接受委派的恢复主管需要暂时放下其正常工作,集中精力进行恢复建设。恢复主管的主要职责包括协调恢复小组的工作,分配任务和确定责任,督察设备检修和测试,检查使用的清洁方法,与内部(企业、法律、保险)组织和外部机构(管理部门、媒体、公众)的代表进行交流、联络。恢复主管不可能完成一个重大事故恢复工作的全部内容,因此保证一个完全、成功的恢复工作过程必须组建恢复工作组。工作组的组成要根据事故的大小确定,一般应包括以下全部或部分人员:工程人员、维修人员、生产人员、采购人员、环境人员、健康和安全人员、人力资源人员、公共关系人员、法律人员。

恢复工作组也可包括来自工会、承包商和供货商的代表。在预先准备期间,企业应确定并培训有关恢复人员,使他们在事故应急救援结束后迅速发挥作用。如果事前没有确定恢复工

作人员,恢复主管首先要给组员分派工作。在企业最高管理层的支持下,恢复主管应该保证每个组员在恢复期间投入足够的时间,可让其暂时停止正常工作,直到恢复工作结束。

恢复主管在恢复工作进行期间应该定期召开工作会议,了解工作进展,解决新出现的问题。恢复主管的主要职责之一是确定需要恢复的功能的先后顺序并协调它们之间的相互关系。

二、恢复过程中的重要事项

1. 现场警戒和安全

应急救援结束后,由于以下原因可能需要继续隔离事故现场:事故区域还可能造成人员伤害;事故调查组需要查明事故原因,因此不能破坏和干扰现场证据;如果伤亡情况严重,需要政府部门进行调查;其他管理部门也可能要进行调查;保险公司要确定损坏程度;工程技术人员需要检查该区域以确定损坏程度和可抢救的设备。

恢复工作人员应该用鲜艳的彩带或其他设施装置将被隔离的事故现场区域围成警戒区。保安人员应防止无关人员入内。管理层要向保安人员提供授权进入此区域的名单,还要通知保安人员如何应对管理部门的检查。

安全和卫生人员应该确定受破坏区域的污染程度或危险性。如果此区域可能给相关人员带来危险,安全人员要采取一定的安全措施,包括发放个人防护设备、通知所有进入人员接受破坏区的安全限制等。

2. 员工救助

员工是企业最宝贵的财富,在完成恢复过程中对员工进行救助是极其重要的。然而,在事故发生时,大部分人员都在一定程度上受到影响而无法全力投入工作,部分员工在重特大事故过后还可能需要救助。

员工救助主要包括以下几个方面:保证紧急情况发生后向员工提供充分的医疗救助;按企业有关规定,对伤亡人员的家属进行安抚;如果事故影响到员工的住处,应协助员工对个人住处进行恢复;除此之外,还应根据损坏情况考虑向员工提供现金预付、薪水照常发放、削减工作时间、咨询服务等方面的帮助。

3. 损失状况评估

损失状况评估是恢复工作的另一个功能,它的关注点主要集中在事故后如何修复的问题上,这一环节应尽快进行,但也不能干扰事故调查工作。恢复主管一般委派一个专门小组来执行评估任务,组员包括工程、财务、采购和维修人员。只有在完成损坏评估和确定恢复先后顺序后,才可以进行清洁、初步恢复生产等活动。损失评估和初步恢复生产密切相关,因而需要评估小组对评估后的恢复生产活动进行监督。而长期的房屋建设和复杂的重建工程则需转交给企业的正常管理部门进行管理。

损失评估小组可使用损失评估检查表来检查受影响区域。预先制定的检查表不一定适用于某一特别事故,表中所列各项可作为事故后需要考虑问题的参考。评估小组可参考确定哪些设备或区域需进行修理或更换及其先后顺序。

损失评估完成后,评估小组应召开会议进行核对。每个需要立即修理或恢复的项目都应该分派专人或专门部门负责,而采购部门则应该尽快办理所有重要的申请。

在确定恢复、重建的方式和规模时,通常需要做好以下几个方面的工作:确定日程表和造价;雇用承包人或分派人员实施恢复重建工作;确定计划、图纸、签约标准等。恢复工作前期,相关人员应确定有关档案资料的存放工作,包括档案的抢救和保存状况、设备的修理情况、动土工程的实施状况、废墟的清理工作等。在整个恢复阶段要经常进行录像,以便于将来存档。

4. 工艺数据收集

事故后,生产和技术人员的职责之一是收集所有导致事故以及事故期间的工艺数据,这些数据一般包括以下内容:有关物质的存量;事故前的工艺状况(温度、压力、流量);操作人员(或其他人员)观察到的异常情况(噪声、泄漏、天气状况、地震等)。另外,计算机内的记录也必须立刻恢复以免丢失。收集事故工艺数据对于调查事故的原因和预防类似事故发生都是非常重要的。

5. 事故调查

事故调查主要集中在事故如何发生以及为何发生等方面。事故调查的目的是找出操作程序、工作环境或安全管理中需要改进的地方,以避免事故再次发生。一般情况下,需要成立事故调查组。事故调查组应按照《生产安全事故报告和调查处理条例》等规定来调查和分析事故。调查小组要在其事故调查报告中详细记录调查结果和建议。

6. 公共关系和联络

在恢复工作过程中,恢复主管还需要与公众或其他风险承担者进行公开对话。这些风险承担者包括地方应急管理官员、邻近企业和公众、其他社区官员、企业员工、企业所有者、顾客以及供应商等。

公开对话的目的是通知他们恢复行动的进展状况。一般情况下,公开对话可采用新闻发布会、电视、电台广播等手段向公众、员工和其他相关组织介绍情况,也可采用对企业进行参观视察等手段。此外,企业还应该定期向员工和所在社区通报恢复工作的最新进展,其主要目的是采取必要措施避免或减少此类事故再次发生的可能性,并保证公众所有受损财物都会得到妥善赔偿。如果事故造成附近居民财物或人身的损害,企业应考虑立即支付修理费用和个人赔偿。

7. 商业关系

事故发生后相关人员应将有关的事故情况及对他们的影响立即通知顾客和供货商,这样可使事故对顾客和供货商的影响减小到最低限度。

处理商业关系的首要任务是确定目前本企业现有供货量或完成的产品量以及可供调剂的其他企业的供货量或完成的产品量、产品运输的资源、恢复生产的估算时间等。恢复主管在与企业管理层共同确定这些信息的同时还要制定出减少生产损失的计划。恢复主管或企业采购部门的代表应通知供应商把货物发送到其他厂家或及时停止供货。同时,管理人员应该根据现有协议,考虑停止接收供货的法律责任。

销售部门应该将事故对他们的影响通知所有顾客。如果企业不能满足顾客的需求,可能需要临时安排其他厂家向顾客提供产品。在恢复工作进行期间,应定期向顾客和供货商通报恢复进展状况以及预计企业重新投产的时间。

三、应急工作的总结和评估要点

突发公共事件应急工作结束后,为了完善应急预案,提高应急能力,应对各阶段应急工作进行总结和评估,即所谓的应急后评估。

应急后评估可以通过日常的应急演练和培训,或通过对事故应急过程的分析和总结,结合实际情况对预案的统一性、科学性、合理性和有效性以及应急救援过程进行评估,根据评估结果对应急预案以及应急流程等进行定期修订。对前一种方式而言,生产经营单位可以按照有关规定,结合本企业实际通过桌面演练、实战模拟演练等不同形式的预案演练,经过评估后解决企业内部门之间以及企业同地方政府有关部门的协同配合等问题,增强预案的科学性、可行性和针对性,提高快速反应能力、应急救援能力和协同作战能力。

下面以后评估过程中针对应急预案的评估为例进行说明。事故应急救援结束后,结合应急预案的启动和执行情况,可以提出如下问题(表 8-1),通过分析这些问题的答案对应急预案进行后评估。

表 8-1　应急预案后评估情况表

评估内容	评估项目
应急预案内容是否具有科学性和可操作性	应急预案启动条件的设置是否科学;应急组织体系的组织是否合理;各机构的职责定位是否合理、明确;各机构间的协调机制是否完善;应急程序的设置是否科学
应急预案所规定的各种准备工作是否到位	事故预报预警、监测工作是否满足需要;参加救援的人员配置是否合理;参加救援的人员数量是否能够满足需要;参加救援的人员是否能够胜任工作;参加救援的人员是否能够在第一时间到位;应急物资储备是否合理;应急物资数量和质量是否能够满足需要;物资的调拨是否及时、合理;应急装备配置是否合理;应急装备数量和质量是否能够满足需要
是否正确执行应急响应程序和采取合理行动	各类应急响应程序是否及时启动;各相关部门是否有效执行应急预案的既定职责;事故受害人员的转移安置工作是否及时、妥当;事故涉及基础设施是否能够及时恢复;媒体宣传报道是否合理;社会动员工作是否到位

思考题

1. 事故应急响应的基本任务有哪些?

2. 结合实例,分析如何实施应急响应?

3. 应急处置现场控制与安排应遵循哪些基本原则?

4. 应急处置现场控制的基本方法有哪些?

5. 简述应急处置现场事态评估的具体内容。

6. 简述恢复期间管理的重要性。

7. 恢复过程中应注意的重要事项有哪些?

8. 什么是应急后评估?

第九章　应急现场常用个体防护与救助知识

第一节　常用个体防护装备

个体防护装备就是人在生产和生活中为防御物理、化学、生物等有害因素伤害人体而穿戴和配备的各种物品的总称。

一、应急救援个体防护要求

国家对不同的生产作业场所均有佩戴个体防护装备的要求,这些要求同样适用于应急救援人员。具体要求如下:

(1)接触粉尘作业的工作场所需穿戴防尘防护用品,如防尘口罩、防尘眼镜、防尘帽、防尘服等。

(2)接触有毒物质作业的工作场所必须穿戴防毒用品,如防毒口罩、防毒面具等。

(3)有物体打击危险的工作场所必须戴安全帽,穿防护鞋。

(4)层高 2 m 以上作业的场所必须系安全带。

(5)从事可能对眼睛造成伤害的作业,必须戴护目镜或防护面具。

(6)从事有可能被传动机械绞碾、夹卷伤害的作业,必须穿戴全身防护服,女工必须戴防护帽,不能戴防护手套,不能佩戴悬挂露出的饰物。

(7)噪声超过国家标准的工作场所必须戴防噪声耳塞或耳罩。

(8)从事接触酸碱的作业,必须穿戴防酸碱工作服。

(9)水上作业必须穿救生衣,使用救生用具。

(10)易燃易爆场所必须穿戴防静电工作服。

(11)从事电气作业应穿戴绝缘防护用品,从事高压带电作业应穿屏蔽服。

(12)高温、高寒作业时,必须穿戴防高温辐射及防寒护品。

穿戴个人防护用品须注意:

(1)必须穿戴经过认证的合格的防护用品。

(2)须确认穿戴的防护用品对将要工作的场所的有害因素起防护作用的程度,检查外观有无缺陷或损坏,各部件组装是否严密等。

(3)要严格按照防护用品说明书的要求使用,不能超极限使用,不能使用替代品。

(4)穿戴防护用品要规范化、制度化。

(5)使用完防护用品后要进行清洁,防护用品要定期保养。

(6)防护用品要存放在指定地点、指定容器内。

事故应急救援人员的个体防护要求应高于一般作业人员要求,尽管救援时个别情况影响正常穿戴或使用防护用品,但也应有可靠的安全措施。救援人员要增强自我防护意识和自我防护的本领,切不可冒险蛮干。高温、高寒、高尘、高噪声时要及时更换救援人员,使其 TWA 值不超过阈限值。

二、个体防护装备的使用与配备

在事故应急救援过程中,个体防护装备是保护自身安全的最基本的措施,是减轻或保证人体免受伤害的重要物质手段。常用的个体防护装备主要有以下四种。

(1)防护服

在许多情况下,应急人员都必须穿戴合适的防护服。防护服由应急人员穿戴以防护火灾或有毒液体、气体等危险。使用防护服的目的有三个:保护应急人员在营救操作时免受伤害;在危险条件下应急人员能进行恢复工作;逃生。

消防人员执行特殊任务(如在精炼厂救火)时可能穿戴防热辐射的特殊服装。对化学物质有防护性的服装(如防酸服)可在泄漏清除工作时使用,以减少皮肤与有毒物质的接触。气囊状服装可避免环境与服装之间的任何接触,这种服装有救生系统,从整体上把人员封闭起来,可在有极端防护要求时使用。不同的危险环境救援使用的个体防护装备应有不同要求。

(2)眼面防护具

眼面防护具具有防高速粒子冲击和撞击的功能。眼罩对少量液体性喷洒物具有隔离作用,另外还有防各类有害光的眼护具来防结雾、防刮擦等附加要求。若需要隔绝致病微生物等有害物通过眼睛黏膜侵入,应在选择呼吸防护时选用全面罩。

(3)防护手套、鞋(靴)

和防护服类似,各类防护手套和鞋(靴)适用的化学物对象不同。另外,配备时还需要考虑现场环境中是否存在高温、尖锐物、电线或电源等因素,而且要具有一定的耐磨性能。

(4)呼吸防护用品

《呼吸防护用品的选择、使用与维护》(GB/T 18664—2002)是呼吸防护用品选择的基础技术导则。

呼吸防护用品的使用环境分为两类,第一类是 IDLH 环境,IDLH 环境会导致人立即死亡,或丧失逃生能力,或导致永久丧失健康伤害。IDLH 环境包括空气污染物种类和浓度未知的环境;缺氧或缺氧危险环境;有害物浓度达到 IDLH 浓度的环境。可以说应急反应中个体防护的 A 级和 B 级防护都是处理 IDLH 环境的。GB/T 18664—2002 规定,IDLH 环境下应使用全面罩正压型 SCBA。第二类是非 IDLH 环境。

C 级防护所对应的危害类别为非 IDLH 环境,GB/T 18664—2002 对各类呼吸器规定了指定防护因数(APF),用于对防护水平分级,如半面罩 APF=10,全面罩 APF=100,正压式 PA-PR 全面罩 APF=1000。APF=10 的概念是,在呼吸器功能正常、面罩与使用者脸部密合的情况下,预计能够将面罩外有害物浓度降低的倍数为 10。例如,自吸过滤式全面罩一般适合于有害物浓度不超过 100 倍职业接触限值的环境。安全选择呼吸器的原则是:选择 APF 大于危害因数(危害因数=现场有害物浓度/安全接触限值浓度)。

C 级呼吸防护针对各类有害微生物、放射性和核爆物质(核尘埃)以及一般的粉尘、烟和雾等,应使用防颗粒物过滤元件。过滤效率选择原则是,致癌性、放射性和高毒类颗粒物,应选效率最高档;微生物类至少要选效率在 95% 档。滤料类选择原则是:如果是油性颗粒物(如油雾、沥青烟、一些高沸点有机毒剂释放产生油性的颗粒等)应选择防油的过滤元件。作为应急反应配备,P100级过滤元件具有以不变应万变的能力。如果颗粒物还具有挥发性,则应同时配备滤毒元件。对于化学物气体防护,由于种类繁多,在选配过滤元件时,最好选具有综合防护功能的过滤元件并选择尘毒综合防护方式。

呼吸防护用品的有效性主要体现在两个方面:提供洁净呼吸空气的能力;隔绝面罩内洁净空气和面罩外部污染空气的能力。后者依靠防护面罩与使用者面部的密合。判断密合的有效方法是适合性检验,GB/T 18664—2002 附录 E 中介绍了多种适合性检验的方法。每种适合性检验都有适用性和局限性,定性的适合性检验依靠使用者的味觉判断是否适合,只适用于半面罩,或防护有害物浓度不超过 10 倍接触限值的环境,正压模式使用的电动送风全面罩或 SCBA 全面罩也可以使用定性适合性检验。定量适合性检验适用于全面罩,由于不需要密合,开放型面罩或送风头罩的使用不需要做适合性检验。

救援人员要熟悉个体防护用品的性能特点,根据事故情况和事故场所危害性质进行穿戴。个体防护用品的性能要求见表 9-1。

表 9-1 个体防护用品性能要求

防护用品名称	用途	特点
安全帽	一般事故场所	具有冲击吸收性能、耐穿刺
	高温、火源场所	具有冲击吸收性能和阻燃性能
	井下、隧道、地下工程事故	具有冲击吸收性能和侧向刚性
消防头盔	火灾场所	具有冲击吸收性能,防穿刺,防热辐射、火焰电击和侧向挤压(有面罩、披肩)
消防防护服	火灾场所近火救援	避水隔热服(铝箔表面轧花)200℃耐 30 min
		冰水冷却服(外表面镀铝,内衬 44 个隔离冰袋)
		八五防护服(防水阻燃)
	火灾场所	八一防护服(防水不阻燃)
	化学事故火灾场所	防化服(衫连裤套衣,表面光滑,隔热防浸入)
消防防护靴	火灾场所	胶靴(防滑、防刺穿、耐交流电压大于 5000 V)
		皮靴(防滑、防刺穿),分普通型和防寒型
消防防护手套	火灾场所	分耐水耐磨和防水隔热型,浸水 24 h 无渗漏
过滤式呼吸器	不缺氧的环境和低浓度毒污染环境使用	分为过滤式防尘呼吸器和过滤式防毒呼吸器,后者分为自吸式和送风式两类
隔绝式呼吸器	可在缺氧、尘毒严重污染、情况不明的、有生命危险的作业场所使用	供气形式分为供气式和携气式两类。根据气源的不同又分为氧气呼吸器、空气呼吸器和化学氧呼吸器。救援时多用携气式

第二节　个体防护知识

一、应急救援时个体防护的应对程序

为保护好自己,救援人员要在尽可能短的时间内,判断出事故类型,对事故现场的危害因素进行正确的辨识,有针对性地采取个体防护措施,错用个体防护装备则达不到防护的目的。应急救援时个体防护的应对程序如图 9-1 所示。

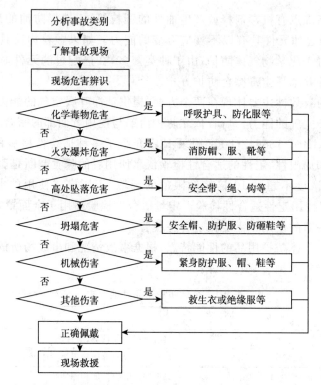

图 9-1　应急救援个体防护应对程序

　　个体防护应对措施应在事故演习时进行演练,个体防护装备的佩戴要进行严格的检查,确保安全屏障的可靠性。

二、应急救援可能遇到的有毒有害物质与防护方法

　　事故应急救援中,可能遇到的伤害因素主要是有害气体、窒息性气体与放射性物质,因此,呼吸道防护和皮肤防护是应急救援防护的重中之重,具体可见表 9-2。

表 9-2　有毒有害物质及其毒害特点和防护方法

毒物类别	典型实例	可能发生的场合	毒性基本特点及染毒方式	所用器材及防护方法
糜烂性毒剂	芥子气、路易氏气等	化学袭击、遗留化学武器泄漏	可造成空气和地面染毒,能多种途径中毒,危害时间长,人员中毒率高,死亡率低	需采用呼吸防护装备及皮肤防护装备进行呼吸道和皮肤防护
含磷毒剂	沙林、维埃克斯等	化学袭击、恐怖活动	可造成空气和地面染毒,毒性大,中毒效应快,能多种途径中毒,死亡率高	需采用呼吸防护装备进行呼吸道防护
毒气和毒物	氢氰酸、光气、氯气、氨气、硫化氢、苯等	工业事故、恐怖爆炸、次生灾害	主要是空气染毒,吸入中毒,但液态工业毒物也可通过皮肤引起中毒	需采用呼吸防护装备进行呼吸道防护,必要时需进行皮肤防护

续表

毒物类别	典型实例	可能发生的场合	毒性基本特点及染毒方式	所用器材及防护方法
刺激剂及失能类毒剂	希埃斯、苯氯乙酮、二苯氯胂等刺激剂、毕兹等失能剂	恐怖活动	烟雾形态,空气染毒,吸入中毒,刺激呼吸道或引起神经失调,中毒效应快,死亡极少	需使用呼吸防护装备进行呼吸道防护
煤气、烟气	一氧化碳、液化气及其他有毒气体	火灾、泄漏事故、次生灾害	有意、无意泄漏或火灾,导致空气染毒,人员吸入中毒	需使用呼吸防护装备进行呼吸道防护(一氧化碳需使用专门的防护装备)
放射性物质	放射性灰尘、放射源等	核事故、恐怖活动、次生灾害	可通过消化道、呼吸道、伤口进入人体引起内照射,也可以导致皮肤灼伤,进而引发一系列病症	需采用呼吸防护装备及皮肤防护装备进行呼吸道和皮肤防护。对于气密性的要求较有毒有害气体和蒸气要低

第三节 现场应急医疗救护知识

突发事件发生时,一般总是伴随着批量伤员的出现,伤员初期的现场救护至关重要。因此必须加强现场急救工作,广泛普及 CPR(心肺复苏)及创伤现场抢救技术,提高救护人员自救、互救的知识、技能。而通信、运输、医疗是院外救援的三大要素,必须充分发挥各个因素的功能与作用。重视 10 min 的"白金"抢救时间、伤后 1 h 的"黄金"抢救时间,使伤员在尽可能短的时间内获得最有效的救护,这样可大大提高抢救成功率,保障人的生命安全。

一、现场评估

1. 事故现场特点

(1)现场混乱

由于事故或灾害发生的突然性,现场一般多为混乱繁杂。

(2)医疗救护等条件不足

事故现场往往通信不畅,救护用品欠缺,交通不便,救护人员急救知识不够,缺电、少水,食物、药品不足,而且发生灾害和事故的现场,环境往往遭到严重破坏,公共设施无法运行。同时,其他危险(火、气、毒、水、地震、泥石流、爆炸等)还随时可能发生,威胁人们的生命。

(3)灾后瞬间出现大批伤员

瞬间出现大批伤员要及时救护和运送,要求救护人员平时训练有素,以便适应灾区的紧张工作。运输工具和专项医疗设备的完善程度,是救灾医疗保障的关键。

(4)人员伤情复杂

因灾害的原因和受灾条件的不同,对人的伤害也不一样,通常以多发伤较多。有统计分析报道,地震和楼房坍塌的受伤人员,平均每人有 3 处以上受伤。受伤人员常因救护不及时,可进一步发生创伤感染,导致伤情变得更为复杂。在特殊情况下还可能出现一些特发病症,如挤压综合征、急性肾功能衰竭、化学烧伤等。尤其在化学和放射事故中,救护伤员除须有特殊技能外,还有自我防护的问题。这就要求救护人员掌握有关基础知识,对危重伤病员进行急救。

（5）交通、通信不畅

许多灾害或事故现场交通不便,通信不畅,造成救援工作不易迅速展开。

（6）同时出现大量伤员而且危重伤员居多

在事故现场需要急救和复苏的伤员较多的情况下,按常规医疗办法往往无法完成抢救。这时可根据伤情,对伤病员进行初步紧急鉴别分类,实行分级救护、运送医疗、紧急疏散灾区内的重伤员。

2. 现场救护评估

紧急情况发生时,对伤病员进行初步紧急鉴别评估是最重要的事情,以便可以采取及时有效的处理。一般的方法是通过实地感受、眼睛观察、耳朵听声、鼻子闻味等对异常情况作出判断,并遵循救护行动的程序,利用现场的人力和物力实施救护。

现场的巡视,首先,应注意可能对救护本人、伤员或旁观者造成的伤害及进入现场的安全性;其次,是对各种疾病和损伤的原因进行判断;最后,确定受伤者人数。在数秒钟以内完成评估,寻求现场可行的医疗帮助。

（1）评估情况

评估时必须迅速,控制情绪,尽快了解情况。检查现场包括现场的安全、引起的原因、受伤人数等,以及自身、伤员及旁观者是否身处险境,伤员是否仍有生命危险存在;然后,判断现场可以使用的资源及需要何种支援、可能采取的救护行动。

（2）保障安全

在进行现场救护时,造成意外的原因可能会对参与救护的人产生危险,所以,应首先确保自身安全。如对触电者现场救护,必须切断电源,然后才能采取救护措施以保障自身安全。

在救护中,不要试图兼顾太多工作,以免使伤员及自身陷入险境,要清楚明了自己能力的极限。在不能消除存在危险的情况下,应尽量确保伤员与自身的距离,保证安全救护。

（3）个体防护装备

第一目击者在现场救护当中,应采用个体防护装备,在可能的情况下,用呼吸面罩、呼吸膜等实施人工呼吸,还应戴上医用手套、眼罩、口罩等个体防护装备。

个体防护装备必须放在容易获取的地方,以便现场急用。另外,个体防护装备的运用,必须参加相关知识的培训或按使用说明正确地使用。

二、现场救护的原则

意外伤害、突发事件,一般都发生在动荡不安全的现场,而专业人员到场需要十多分钟甚至更长时间。因此,作为"第一目击者"首先要评估现场情况,注意安全,对伤员所处的状态进行判断,分清伤情、病情的轻重缓急,不失时机地、尽可能地进行现场救护。

现场救护的目的是挽救生命,减轻伤害。在生命得以挽救,伤病情得以防进一步恶化这一最重要、最基本的前提下,还要注意减少伤残的发生,尽量减轻病痛,对神志清醒者要注意做好心理护理,为日后伤员身心全面康复打下良好基础。总之,要记住现场救护的根本原则是:先救命,后治伤。

——迅速判断致命伤;

——保持呼吸道通畅；

——维持循环稳定；

——呼吸心搏骤停立即实施心肺复苏(CPR)。

无论是在作业场所、家庭或马路等户外，还是在情况复杂、危险的现场，发现危重伤员时，"第一目击者"对伤员的救护要做到：

(1)保持镇定，沉着大胆，细心负责，理智科学地判断。

(2)评估现场，确保自身与伤员的安全。

(3)分清轻重缓急，先救命，后治伤，果断实施救护措施。

(4)在可能的情况下，尽量采取措施减轻伤员的痛苦。

(5)充分利用可支配的人力、物力协助救护。

1. 自救、互救

(1)紧急呼救

当紧急灾害事故发生时，应尽快拨打120、110电话呼叫急救车，或拨打当地担负急救任务医疗部门的电话。

(2)先救命后治伤，先重伤后轻伤

在事故的抢救工作中不要因忙乱而受到干扰，被轻伤员喊叫所迷惑，使危重伤员落在最后抢出，处在奄奄一息状态，或者已经丧命，故一定要本着"先救命后治伤"的总原则。

(3)先抢后救，抢中有救，尽快脱离事故现场

在可能再次发生事故或引发其他事故的现场，如失火可能引起爆炸的现场，应先抢后救，抢中有救，尽快脱离事故现场，以免发生爆炸或有害气体中毒等，确保救护者与伤者的安全。

(4)先分类再运送

不管伤轻伤重，甚至对大出血、严重撕裂伤、内脏损伤、颅脑损伤伤者，如果未经检伤和任何医疗急救处置就急送医院，后果十分严重。因此，必须坚持先进行伤情分类，把伤员集中到标志相同的救护区，有的伤员需等待伤势稳定后方能运送。

(5)医护人员以救为主，其他人员以抢为主

救护人员应各负其责，相互配合，以免延误抢救时机。通常先到现场的医护人员应该担负现场抢救的组织指挥职责。

(6)消除伤员的精神创伤

一切有生命威胁的刺激对人都能引起强烈的心理效应，进而影响行为活动。灾害给伤员造成的精神创伤是明显的，对伤员的救护除现场救护及早期治疗外，应尽可能减轻其精神上的创伤。

(7)创面的救护措施

为应对紧急情况，救护人员和普通民众都应学习和掌握止血、包扎、固定、搬运等技术，以便对伤员进行紧急处理。

(8)正确处理窒息性气体引起的急性中毒

存在窒息性气体的事故现场，引起危害的特点是突发性、快速性、高度致命性，救护人员应戴防护用具，正确施救，以降低死亡率，并防止救护人员中毒。

(9)尽力保护好事故现场

2. 现场伤情、伤员分类和设立救护区标志

救护中为减少抢救的盲目性,节省时间,较准确地按伤情分别进行有组织的救护,快速进入"绿色生命安全通道",有利于最大限度地发挥有限医护人员的作用,把救护力量投入到最需要救护的伤员身上。

(1)伤员分类的等级和处理原则

伤员量大时,必须进行伤情分类,可参考表9-3,在救援预案中明确。伤员分四类验伤,I类伤员尽快转送医院及时进行抢救,可明显降低死亡率。

表9-3　伤情分类

类别	程度	标志	伤情
0	致命伤	黑色	按有关规定对死者进行处理
I	危重伤	红色	严重头部伤、大出血、昏迷、各类休克、严重挤压伤、内脏伤,张力性气胸、颌面部伤、颈部伤、呼吸道烧伤、大面积烧伤(30%以上)
II	中重伤	黄色	胸部伤、开放性骨折、小面积烧伤(30%以下)、长骨闭合性骨折
III	轻伤	绿色	无昏迷、休克的头颅损伤和软组织伤

(2)救护区标志的设置

用彩旗显示救护区位置的方法,对于混乱的救援现场意义非常重要,其目的是便于准确地救护和转运伤员。不同类别的救护区插不同颜色的彩旗,如图9-2所示。

致命伤 (黑色)	危重伤 (红色)
中重伤 (黄色)	轻伤 (绿色)

图9-2　救护区类别的标志

3. 伤员转送

紧急情况发生时,发生人员死亡和受伤难以避免。及时运送伤员到医疗技术条件较好的医院可减少伤亡。要切记:

(1)搬运伤员时要根据具体情况选择合适的搬运方法和搬运工具。

(2)在搬运伤员时,动作要轻巧、敏捷、协调。

(3)对于转运路途较远的伤员,需要寻找合适的轻便且振动较小的交通工具。

(4)途中应严密观察病情变化,必要时进行急救处理。

(5)伤员送到医院后,陪送人应向医务人员交待病情及急救处理经过,便于进一步处理。

4. 复合伤员急救现场救护原则

(1)准确判断伤情。不但应迅速明确损伤部位,还应确定其损伤是否直接危及患者的生命,是否需优先处理。

其救护顺序一般为心胸部外伤——腹部外伤——颅脑损伤——四肢、脊柱损伤等。

(2)迅速而安全地使伤员离开现场。搬运过程中,要保持呼吸道通畅和适当的体位。

(3)心搏和呼吸骤停时,立即进行心肺复苏。

(4)开放性气胸应用大块敷料密封胸壁创口。

三、现场救护基本步骤

事故现场救护应按照紧急呼救、判断伤情和现场急救三大步骤进行,如图9-3所示。

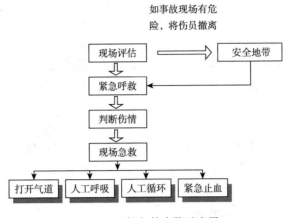

图 9-3　现场急救步骤示意图

1. 紧急呼救

当事故发生，发现了危重伤员，经过现场评估和病情判断后需要立即救护，同时立即向专业急救机构或附近担负院外急救任务的医疗部门、社区卫生单位报告。常用的急救电话为120。由急救机构立即派出专业救护人员、救护车至现场抢救。

（1）救护启动

救护启动也称为呼救系统开始。呼救系统的畅通，在国际上被列为抢救危重伤员的"生命链"中的"第一环"。有效的呼救系统，对保障危重伤员获得及时救治至关重要。可以应用无线电和电话呼救。通常在急救中心配备有经过专门训练的话务员，能够对呼救做出迅速、适当应答，并能把电话接到合适的急救机构。城市呼救网络系统的"通讯指挥中心"，应当接收所有的医疗（包括灾难等意外伤害事故）急救电话，根据伤员所处的位置和病情，指定就近的急救站去救护伤员。这样可以大大节省时间，提高效率，便于伤员救护和转运。

（2）呼救电话须知

紧急事故发生时，须报警呼救，最常使用的是呼救电话。使用呼救电话时必须要用最精炼、准确、清楚的语言说明伤员目前的情况及严重程度，伤员的人数及存在的危险，需要何类急救。如果不清楚身处位置的话，不要惊慌，因为救护医疗服务系统控制室可以通过地球卫星定位系统追踪其正确位置。

一般应简要清楚地说明以下几点：报告人的电话号码与姓名，伤员姓名、性别、年龄和联系电话；伤员所在的确切地点，尽可能指出附近街道的交汇处或其他显著标志；伤员目前最危重的情况，如昏倒、呼吸困难、大出血等；灾害事故、突发事件时，说明伤害性质、严重程度、伤员的人数；现场所采取的救护措施。

注意，不要先放下话筒，要等救护医疗服务系统调度人员先挂断电话。

（3）单人及多人呼救

在专业急救人员尚未到达时，如果有多人在现场，一名救护人员留在伤员身边开展救护，其他人通知医疗急救部门机构。如意外伤害事故发生，要分配好救护人员各自的工作，分秒必争、组织有序地实施伤员的寻找、脱险、医疗救护工作。

在伤员心脏骤停的情况下，为挽救生命，抓住"救命的黄金时刻"，可立即进行心肺复苏，然后迅速拨打电话。如有手机在身，则进行 1～2 min 心肺复苏后，在抢救间隙中打电话。

任何年龄的外伤或呼吸暂停患者,打电话呼救前接受 1 min 的心肺复苏是非常必要的。

2. 判断伤情

在现场巡视后进行对伤员的最初评估。发现伤员,尤其是处在情况复杂的现场,救护人员需要首先确认并立即处理威胁生命的情况,检查伤员的意识、气道、呼吸、循环体征、瞳孔反应等。判断危重伤情的一般步骤和方法如下。

(1)意识

先判断伤员神志是否清醒。在呼唤、轻拍、推动时,伤员会睁眼或有肢体运动等其他反应,表明伤员有意识。如伤员对上述刺激无反应,则表明其意识丧失,已陷入危重状态。伤员突然倒地,然后呼之不应,情况多为严重。

(2)气道

呼吸必要的条件是保持气道畅通。如伤员有反应但不能说话、不能咳嗽、憋气,可能存在气道梗阻,必须立即检查和清除。如进行侧卧位和清除口腔异物等。

(3)呼吸

评估呼吸。正常人每分钟呼吸 12～18 次,危重伤员呼吸变快、变浅乃至不规则,呈叹息状。在气道畅通后,对无反应的伤员进行呼吸检查,如伤员呼吸停止,应保持气道通畅,立即施行人工呼吸。

(4)循环体征

在检查伤员的意识、气道、呼吸之后,应对伤员的循环体征进行检查。可以通过检查循环的体征如呼吸、咳嗽、运动、皮肤颜色、脉搏情况来进行判断。成人正常心跳每分钟 60～80 次。呼吸停止,心跳随之停止;或者心跳停止,呼吸也随之停止。心跳、呼吸几乎同时停止也是常见的。心跳反映在手腕处的桡动脉、颈部的颈动脉,较易触到。心律失常,以及严重的创伤、大失血等危及生命时,心跳或加快,超过每分钟 100 次;或减慢,每分钟 40～50 次;或不规则,忽快忽慢,忽强忽弱,均为心脏呼救的信号,都应引起重视。如伤员面色苍白或青紫,口唇、指甲发绀,皮肤发冷等,说明皮肤循环和氧代谢情况不佳。

(5)瞳孔反应

眼睛的瞳孔又称"瞳仁",位于黑眼球中央。正常时双眼的瞳孔是等大圆形的,遇到强光能迅速缩小,很快又回到原状。用手电筒突然照射一下瞳孔即可观察到瞳孔的反应。当伤员脑部受伤、脑出血、严重药物中毒时,瞳孔可能缩小为针尖大小,也可能扩大到黑眼球边缘,对光线不起反应或反应迟钝。有时因为出现脑水肿或脑疝,使双眼瞳孔一大一小。瞳孔的变化表示脑病变的严重性。

当完成现场评估后,再对伤员的头部、颈部、胸部、腹部、盆腔和脊柱、四肢进行检查,看有无开放性损伤、骨折畸形、触痛、肿胀等体征,有助于对伤员的病情判断。

还要注意伤的总体情况,如表情淡漠不语、冷汗口渴、呼吸急促、肢体不能活动等现象为病情危重的表现;对外伤伤员应观察神志不清程度,呼吸次数和强弱,脉搏次数和强弱;注意检查有无活动性出血,如有立即止血。严重的胸腹部损伤容易引起休克、昏迷甚至死亡。

3. 现场急救

灾害事故现场一般都很混乱,组织指挥特别重要,应快速组成临时现场救护小组,统一指挥,加强灾害事故现场一线救护,这是保证抢救成功的关键措施之一。

避免慌乱,尽可能缩短伤后至抢救的时间,强调提高基本治疗技术是做好灾害事故现场救护的最重要的问题。能善于应用现有的先进科技手段,体现"立体救护、快速反应"的救护原则,提高救护的成功率。

"第一目击者"及所有救护人员,应牢记现场对垂危伤员抢救生命的首要目的是"救命"。为此,实施现场急救的基本步骤可以概括如下。

(1)采取正确的救护体位

对于意识不清者,取仰卧位或侧卧位,便于复苏操作及评估复苏效果,在可能的情况下,翻转为仰卧位(心肺复苏体位)时应放在坚硬的平面上,救护人员需要在检查后,进行心肺复苏。

若伤员没有意识但有呼吸和脉搏,为了防止呼吸道被舌后坠或唾液及呕吐物阻塞引起窒息,对伤员应采用侧卧位(复原卧式位),唾液等容易从口中引流。体位应保持稳定,易于伤员翻转其他体位,保持利于观察和通畅的气道;超过 30 min,翻转伤员到另一侧。

注意不要随意移动伤员,以免造成伤害。如不要用力拖动、拉起伤员,不要搬动和摇动已确定有头部或颈部外伤者等。有颈部外伤者在翻身时,为防止颈椎再次损伤引起截瘫,另一人应保持伤员头、颈部与身体同一轴线翻转,做好头、颈部的固定。其他骨折救护在下面叙述。

①心肺复苏体位(仰卧位)操作方法:救护人员位于伤员的一侧;将伤员的双上肢向头部方向伸直;把伤员远离救护人员一侧的小腿放在另一侧腿上,两腿交叉;救护人员一只手托住伤员的头、颈部,另一只手抓住远离救护人员一侧的伤员腋下或胯部;将伤员呈整体地翻转向救护人员;伤员翻为仰卧位后,再将伤员上肢置于身体两侧。

②复原卧式(侧卧位)操作方法:救护人员位于伤员的一侧;救护人员将靠近自身的伤员手臂上举置于头部侧方,伤员另一手肘弯曲置于胸前;把伤员远离救护人员一侧的腿弯曲;救护人员用一只手扶住伤员肩部,另一只手抓住伤员胯部或膝部,轻轻将伤员侧卧;将伤员上方的手置于面颊下方,以维持头部后仰及防止面部朝下。

③救护人员体位:救护人员在实施心肺复苏技术时,根据现场伤员的周围处境,选择伤员一侧,将两腿自然分开与肩同宽,跪贴于(或立于)伤员的肩、腰部,有利于实施操作。

④其他体位:头部外伤者,取水平仰卧,头部稍稍抬高。如面色发红,则取头高脚低位;如面色青紫,则取头低脚高位。

(2)打开气道

伤员呼吸心跳停止后,全身肌肉松弛。口腔内的舌肌也松弛下坠而阻塞呼吸道。采用开放气道的方法,可使阻塞呼吸道的舌根上提,使呼吸道畅通。

用最短的时间,先将伤员衣领口、领带、围巾等解开,戴上手套迅速清除伤员口鼻内的污泥、土块、痰、呕吐物等异物,以利于呼吸道畅通,再将气道打开。

①仰头举颏法。救护人员用一只手的小鱼际部位置于伤员的前额并稍加用力使头后仰,另一只手的食指、中指置于下颏将下颌骨上提;救护人员手指不要深压颏下软组织,以免阻塞气道。

②仰头抬颈法。救护人员用一只手的小鱼际部位放在伤员前额,向下稍加用力使头后仰,另一只手置于颈部并将颈部上托;无颈部外伤可用此法。

③双下颌上提法。救护人员双手手指放在伤员下颌角,向上或向后方提起下颌;头保持正中位,不能使头后仰,不可左右扭动;适用于怀疑颈椎外伤的伤员。

④手钩异物。如伤员无意识,救护人员用一只手的拇指和其他四指,握住伤员舌和下颌后掰开伤员嘴并上提下颌;用钩取动作,抠出固体异物。

（3）人工呼吸

①判断呼吸。检查呼吸，救护人将伤员气道打开，利用眼看、耳听、皮肤感觉在 5 s 时间内，判断伤员有无呼吸。侧头用耳听伤员口鼻的呼吸声（一听），用眼看胸部或上腹部随呼吸而上下起伏（二看），用面颊感觉呼吸气流（三感觉）。如果胸廓没有起伏，并且没有气体呼出，伤员即不存在呼吸，这一评估过程不超过 10 s。

②人工呼吸。救护人员经检查后，判断伤员呼吸停止，应在现场立即给予口对口（口对鼻、口对口鼻）、口对呼吸面罩等人工呼吸救护措施。

（4）胸外挤压

①检查循环体征。判断心跳（脉搏）应选大动脉测定脉搏有无搏动。触摸颈动脉，应在5～10 s 内较迅速地判断伤员有无心跳。

颈动脉：用一只手食指和中指置于颈中部（甲状软骨）中线，手指从颈中线滑向甲状软骨和胸锁乳突肌之间的凹陷，稍加力度触摸到颈动脉的搏动；

肱动脉：肱动脉位于上臂内侧，肘和肩之间，稍加力度检查是否有搏动；

检查颈动脉不可用力压迫，避免刺激颈动脉窦使得迷走神经兴奋反射性地引起心跳停止，并且不可同时触摸双侧颈动脉，以防阻断脑部血液供应。

2000 年，国际心肺复苏新指南中提出，评估循环体征包括正常的呼吸、咳嗽、运动，对人工呼吸的反应，有以下几点：对无反应、无呼吸伤员提供初始呼吸；救护人员侧头用耳靠近伤员的口、鼻，看、听、感觉有无呼吸或咳嗽；快速掌握伤员任何的运动体征；如果伤员没有呼吸、咳嗽、运动，应立即开始胸外心脏按压。

②人工循环。救护人员判断伤员已无脉搏搏动，或在危急中不能判明心跳是否停止，脉搏也摸不清，不要反复检查耽误时间，而要在现场进行胸外心脏按压等人工循环及时救护。

（5）紧急止血

救护人员要注意检查伤员有无严重出血的伤口，如有出血，要立即采取止血救护措施，避免因大出血造成休克而死亡。

（6）局部检查

对于同一伤员，第一步处理危及生命的全身症状，再注意处理局部。要从头部、颈部、胸部、腹部、背部、骨盆、四肢各部位进行检查，检查出血的部位和程度、骨折部位和程度、渗血、脏器脱出和皮肤感觉丧失等。

首批进入现场的医护人员应对灾害事故伤员及时分类，做好运送前医疗处置，指定运送，救护人员可协助运送，使伤员在最短时间内能获得必要治疗。而且在运送途中要保证对危重伤员进行不间断的抢救。对危重灾害事故伤员尽快送往医院救治，对某些特殊事故伤害的伤员应送专科医院。

思考题

1. 结合实例，具体分析影响应急处置成功与否的关键内容有哪些。

2. 结合实例，分析论述社会公众在应急处置中的作用。

3. 应急救援队伍体系由哪些队伍组成？各自的分工职责是什么？

第十章　典型事故应急管理案例分析

第一节　自然灾害类

一、湖北省神农架林区"8·22"暴雨泥石流灾害案

【案情介绍】

2011 年 8 月 22 日,湖北省神农架林区木鱼镇发生暴雨泥石流灾害。此次灾害破坏性强、受灾面广、灾情急、损失大,属于自然灾害类重大突发事件。

8 月 22 日凌晨至上午 10 时,神农架林区全区持续降雨,平均降雨量 90.1 毫米,其中,木鱼镇红花村达 154.7 毫米。暴雨导致木鱼镇多处出现泥石流、滑坡塌方等地质灾害,209 国道神农架林区与兴山交界处三堆河至木鱼段,多处遭泥石流冲击引发山体滑坡,多处道路受堵,涵洞受损,房屋倒塌,农田损毁,桥梁受损。泥石流灾害导致木鱼中心小学后山坡发生大面积滑坡,学校围墙损毁约 200 米。据统计,灾害导致全区倒塌房屋 103 间,损坏房屋 370 余间,损毁公路 184 千米,损毁河堤 200 米,农作物受灾面积 10380 亩,受灾人口 14500 余人。工农业经济损失 376 万元,交通损失 4870 万元。灾害没有造成人员伤亡。

灾情发生后,林区党委、政府高度重视,迅速启动应急响应。区党委书记钱某、区长周某对抗灾救灾工作提出了明确要求,副区长、防汛指挥部副指挥长杨某率防汛办、水利、交通、教育、民政、电力、消防、武警等相关部门负责人在第一时间赶赴现场指挥抢险救灾工作,查看受灾情况,召开专题会议,制定抢险措施,落实工作部署。

(1)成立抢险救灾指挥部。由副区长杨某任组长,水利、气象、交通、教育、民政、电力、消防、武警等相关部门责任人为成员,根据各部门职责分工,负责组织、协调抓好抢险救灾工作。

(2)迅速投入抢险救援。公安、消防、武警组成应急抢险救援队,出动警力 90 余人,交通部门调遣 13 台挖掘机迅速赶赴灾区清除路障并组织转移安置受灾群众。①将木鱼中心学校的近百名学生紧急疏散到安全区域。②采取亲友寄宿、邻里互助或集中安置的方式,紧急转移受灾群众及学生 2100 人,安全疏散 100 多台车辆和 200 多名游客。③落实专人值班,实行 24 小时监测值班制度和"零"报告制度。

(3)调拨救灾物资和救灾资金。林区政府迅速调拨救灾物资和救灾资金,用于抢险救灾和保障灾民基本生活。民政部门调运帐篷 10 顶、棉被 100 床、大米 300 斤、食用油 20 桶,安抚受灾群众,财政紧急划拨资金 8 万元用于救灾,重点解决受灾群众的转移安置、供水、供电和道路畅通问题。

(4)积极开展自救。一方面迅速修复重要路段的桥梁、公路、河堤、供电、通信等基础设施。另一方面组织防汛办、民政、交通、卫生、电力等部门深入灾情严重的村开展核灾、查灾,指导抗

灾救灾,慰问受灾村民,安置灾民生活。

(5)稳步实施灾后重建。①坚持政府为主导,灾民为主体,公开、公平、公正的原则。木鱼镇政府及村委会作为恢复重建的组织者,做好规划指导和协调相关手续办理;民政部门作为因灾倒房恢复重建的牵头实施者,加强协调和管理。倒房的灾民是恢复重建的主体,充分尊重他们的意愿,帮助其建设美好家园。②以景观建设为契机,开展农村危房改造和重建。结合灾区地形、地貌和新农村建设规划,做到合理选址、科学规划、安全美观、经济实用。③完全倒塌房屋的灾民,恢复重建住房按人均 20 平方米住房安排(自救能力强的除外),政府提供 2 万元补助。若上级另有专项资金,全额追加到灾民补助中。补助资金实行专户管理、统一使用,恢复重建房屋动工后预付 50%,竣工验收合格后,付清余额补助资金。

截至 12 月底,全面完成了河道清理、淤泥清运、村级公路抢修等工作,基本完成倒塌房屋恢复重建工作。

【案例点评】

此次事故的处置为我们提供一些成功的经验。

(1)领导重视、科学决策,为抢险救灾提供了强有力的政策保障。"8·22"暴雨泥石流灾害发生后,林区党委、政府主要领导高度重视,提出了"六个确保",即"确保道路畅通、确保群众安全转移、确保迅速恢复供电、确保抢险后勤保障、确保游客人身安全、确保社会秩序正常"。副区长亲临一线指挥抢险,成立抢险救灾指挥部,科学地制定抢险救援方案,紧急调拨应急物资和资金,为抢险救灾提供了强有力的政策保障和组织保障。

(2)快速响应、协同奋战的应急机制在抢险救灾中发挥了关键性的作用。面对暴雨泥石流灾害,各级、各部门快速响应,齐心协力,密切配合,共同抵御。公安、武警迅速出动警力,奔赴一线抢险救援,转移和安置受灾群众;交通、电力、通信部门抢修公路、供电和通信设施,保证交通运输和供电、通信正常化;农业、林业、建设等部门深入灾区,开展灾情评估,为灾后重建提供了真实可靠的调查资料;民政、扶贫部门迅速调拨救灾物资,保证了受灾群众的基本生活;木鱼镇不等不靠,组织有效力量,迅速开展抢险和自救,维护和稳定受灾群众的生产生活秩序。各级各部门万众一心、众志成城,推动了抢险救援工作的顺利进行。

(3)准确预警、信息畅通确保了政府抢险救灾工作的主动性。灾害发生后,全区加强预警监测,气象、水利部门及时开展天气会商,密切关注天气变化,准确提供气象信息;木鱼镇、防汛指挥部、应急办、总值班室等单位坚持 24 小时值班,执行"零"报告制度,密切关注灾情发展,牢牢把握了抢险救援工作的主动性。

(4)措施得力、强化责任保证了灾后重建工作的稳步实施。林区党委、政府从关注民生、维护稳定的角度出发,协调木鱼镇、住建委、民政局、水利局、交通局等部门,开展灾情调查和评估,制定灾后重建方案,在全区财力有限的情况下,在较短的时间内,基本实现了公路、桥梁、供电设施、受损学校、受损民居的恢复重建和经济补偿,维护了经济发展和社会稳定的大局。

同时,在应对此次暴雨泥石流灾害中存在的主要问题是:①由于山洪泥石流灾害破坏性强,导致木鱼镇受灾面广、程度深,灾后重建任务十分繁重;②受灾害影响,部分道路损毁严重,一时难以恢复,在运送救灾物资方面存在一定困难;③由于区内山大人稀,防汛抗灾形势严峻,一旦发生重大山洪泥石流灾害,就会导致长干线的灾情,道路、桥梁、农田、农作物、通信设施等都会受到不同程度的毁坏,加之财力不足,在应急抢险和应急救援上能力较为薄弱。

总结了以下意见和建议:①加强应急保障能力建设。针对应急抢险和应急救援能力较为薄弱的问题,加大财力投入,整合应急救援资源,加强物资储备,注重防汛防洪演练,提高实战能力。②注重预防,实施有效的隐患排查。认真分析暴雨泥石流灾害的特点,全方位、多渠道地排查隐患,始终把预防工作放在第一位,采取积极措施,有效防御山洪泥石流灾害,降低灾害损失。

此外,此案例也带给我们对于做好类似突发事件提供了一些应急响应的思考。

(1)坚持保护与发展不放松。神农架林区地处山区,地势高,自然条件较为恶劣,每遇汛期就成为暴雨洪水泥石流灾害的高发期。近年来,随着保护与发展的深入及天保工程的有效实施,森林面积和森林覆盖率大大提高,从一定程度上减少了泥石流灾害发生的频率,降低了灾害损失。这是神农架区始终坚持保护与发展大局和"绿色就是财富"理念的成果,为防御和降低此类灾害提供了良好的自然条件。

(2)进一步加强隐患排查可有效预防泥石流灾害的发生。积极开展调查研究,针对山区特点,认真研究泥石流灾害规律。在公路、桥梁、河堤、建筑等基础设施建设上注重质量,提高对暴雨泥石流灾害抗御能力;在灾害易发区域和地段,经常性开展隐患排查,发现问题及时整改,标本兼治,预防为主,从而增强了抵御此类自然灾害的主动性和成效性。

(3)积极开展应急救援队伍建设可以增强抗击自然灾害的能力。加强应急演练,提高实战能力,加大财力投入,配齐应急装备,开展能力评估,确保在关键时刻拉得上、打得出、用得好。

(4)建立完善的灾后重建评估机制是维护灾民利益的保障。灾后重建是一项复杂的工作,如果在一些细节上处理不好,就易诱发灾民抵触情绪,影响恢复重建。因此,必须认真执行政策,建立完善灾后重建机制,将恢复重建作为重要的民生工程来抓,切实为灾民做实事、做好事,维护灾民权益。

二、吉林省"3·4"暴雪灾害案

【案情介绍】

受南方气旋北上和贝加尔湖强冷空气南下的共同影响,从2007年3月4日14时起,吉林省中南部地区普降大到暴雪,其中辽源、通化地区北部降雪达17～22毫米。

3月4日15时15分,吉林省气象台发布雪灾红色及橙色预警信号、道路结冰黄色预警信号、大风和寒潮蓝色预警信号。省、市、县三级相关媒体开始进行立体式的不间断信息发布,特别是通过手机短信向社会发布预警信号,为灾区广大群众有效应对与处置暴雪赢得了宝贵时间。

在接到灾害性天气预警后,全省公安交警全部上岗,确保交通安全和道路畅通。涉及水、电、气、暖等各城市公用事业单位提前做好应急措施,保障市民正常生活。各中心城市的城区及开发区,加强危房及其他可能遭到破坏设施的管理,防止伤亡事故发生。铁路、民航等单位**快速调配**,防止车站、客运中心站和机场出现大规模的旅客滞留现象。邮政、电信、电力、水务、公交、供热、供气、交管、有线电视等部门,第一时间采取应急处置措施,加大保障工作力度,努力降低灾害损失。

3月4日21时,长春有线电视台在中央电视台体育频道、长春电视台等主要频道插播长春市政府的紧急通知,向全体市民发布雪灾预警信息,号召全市各部门、各单位紧急投入到清雪抗灾工作中去。当晚,吉林市经济广播电台停播其他节目,转播市政府会议及有关通知精神。

3月5日晨,吉林省及相关市(州)各大报刊在显著版面对清雪抗灾工作进行了全面报道,全程跟踪采访主要道路清雪工作进展情况,深入报道抗灾工作的先进典型,为推动社会义务清雪提供了良好的舆论氛围。许多灾区群众主动走出家门,清理自家门前和人行步道上的积雪,为出行创造条件。据统计,3月4日、5日两天内,长春市就有近10万市民投入到清雪抗灾工作中;通化市近4万名群众自觉参与清雪;吉林市、延边州、四平市等地居民也自发开展清扫门前雪活动。

截至3月5日8时,吉林全省平均降雪量为22.5毫米,8个市州的34个县(市)降下10毫米以上的暴雪,其中柳河等8个县(市)日降雪量达40毫米以上。受降雪的影响,全省35个县(市)积雪深度达10~60厘米。同时,中西部地区的14个县(市)出现大风天气,瞬时最大风力达7级以上。

3月5日9时35分,吉林省气象局报告全省性降雪明显减弱,吉林省气象台解除4日下午发布的雪灾红色预警信号。

这次特大暴风雪,给吉林省公路、铁路、航空、电力的正常运行和人们的正常生产生活造成极大威胁。据吉林省民政厅等有关部门初步统计,共造成全省直接经济损失4.1亿元。

【案例点评】

本案例充分体现了及时、有效的社会动员在应急处置中的重要作用。雪灾发生后,吉林省相关部门立即启动了社会动员机制,通过大范围报道和及时发布信息,使广大群众理解了政府为百姓服务的目的。灾区群众也积极主动扫雪抗灾,为减少事故损失做出了重要贡献。由此可见,建立完善的社会动员机制是提高突发事件应对能力的重要内容。对于人口密集的特大型城市来说,全面提高市民应急防灾意识,建立完善的社会动员机制更是亟待加强。

三、湖北省鄂州市"7·1"地质塌陷灾害处置案例评析

【案情介绍】

2011年7月1日17时,湖北省鄂州市鄂城区泽林镇泽林村4组(武九铁路84 km+400 m处)发生地质塌陷,严重威胁到周边村民生命财产安全,并给武九铁路造成重大安全隐患。鄂州市委、市政府在地质灾害发生的第一时间,通过社会信息网络及时采集反馈信息,主要领导亲赴现场协调指挥,相关部门快速联动协作,在第一时间转移安置村民,科学地制定应急处置措施,成功地化解了一起危及铁路安全的重大隐患,确保了人民群众生命财产安全。

塌陷坑坑口呈椭圆形,长轴约22米,短轴约15米,可见深度约10米,塌陷未造成人员伤亡。塌陷坑距武九铁路线护栏2米,距其路基5.5米,距运行铁轨7.7米,紧靠居民住宅,对武九铁路线和附近居民安全形成严重威胁。由于塌陷灾害的影响,武九铁路线沿线车次必须采取减速慢行等防范措施,导致该线多数车次晚点,直接和间接经济损失无法估算。如果不及时处置,塌陷进一步扩大,更将直接损坏武九铁路线,造成武九铁路线全面瘫痪,经济社会影响更大。

塌陷发生后,市、区、镇三级政府有关负责人会同武汉铁路局,在省国土资源厅有关专家的指导下,全力开展应急处置工作。7月3日下午,塌陷坑的回填施工基本完成,共动用劳力200余人,运输车10余台,累计回填土方约3600立方米,7月6日,现场处置工作结束。由于处置工作迅速、稳妥,此次地质塌陷灾害未造成人员伤亡。

事件发生后,相关部门采取了积极的处置措施。

(1)快速反应,及时核实上报信息。18时2分,市政府应急办接到市民报告。值班人员立即联系事发地鄂城区政府和市国土资源局,对事件情况进行核实。18时16分,市政府应急办通过市政府应急短信快报平台,将信息发至市委书记、市长、相关市领导和鄂城区、市直有关部门主要负责人,并联系市应急救援支队、武警鄂州支队、市公安局等相关部门派遣应急救援力量迅速赶赴灾害现场参与处置工作。

(2)领导重视,现场组织指挥协调。接到报告后,市委书记范某、市长韩某、常务副市长刘某、市政法委书记李某、市委秘书长熊某、副市长陈某、市政府秘书长陈某带领市公安局、国土资源局、应急救援支队、支铁办等部门和鄂城区负责人于18时30分前赶赴事发现场,召开紧急会议,部署应急处置工作。会后,市政府迅速成立地质灾害治理指挥部,市委常委、常务副市长刘某任组长,副市长陈某,市政府副秘书长尹某,相关单位和部门的负责人以及鄂城区、泽林镇有关负责人为领导小组成员,指挥部下设警戒、巡查、现场监测三个小组,并直接指挥市、区、镇三级应急救援队伍。

(3)以人为本,迅速转移安置群众。由于塌陷坑距离村民居住区较近,该村4组全部村民的房屋安全均受到影响。区、镇工作人员赶到现场后立即开展群众疏散工作,通过采取临时租房、投亲靠友等方式,将受影响的72户共278名居民于7月1日22时前全部转移。

(4)科学应对,积极开展处置工作。①加强现场管控和安全监测。现场警戒组在塌陷坑周围拉起警戒线,在附近的道路上树立警示牌,设置路障,对所有居住人员已转移的民房由指挥部统一上锁;巡查组、监测组在塌陷现场设置值班哨棚,实行三班两倒,对警戒区实行24小时值班巡查,加强监测监管,严防行人和车辆进出,严格进行封闭管理。②及时组织专家鉴定灾情成因。由市国土资源局聘请湖北省地质环境总站黄石站专家对塌陷坑附近地质情况进行实地勘探,督促相关专家迅速拿出公正公平、客观实在的权威报告,为下一步制定治理方案提供科学依据。③科学开展回填工作。7月1日晚,《鄂州市鄂城区泽林镇泽林村4组地面塌陷地质灾害应急治理方案》编制完成,经省、市国土专家和武汉铁路局有关专家会商,就治理方案达成一致后,由鄂城区、市公安局、武汉铁路局负责人和省地质环境总站黄石站、武汉铁路局有关专家成立回填施工现场分指挥部,聘请建筑施工队伍,负责运输回填石料和组织回填施工。在施工过程中,由专家统筹指挥有关人员严格按照安全规范施工;由市应急救援支队负责做好应急救援准备,现场待命,保障施工安全;市武警支队负责维护现场施工秩序,保障顺利施工。截至7月3日17时30分,塌陷坑的回填施工基本完成,累计回填土方约3600立方米,其中片石约1500立方米,碎石约1600立方米,黏土约500立方米。

(5)引导舆论,及时向公众通报情况。塌陷发生后,一些网站、网络论坛出现"鄂州泽林镇泽林街出大事了"等帖子,介绍地质塌陷有关情况,但是许多情况与事实不符,有的对塌陷坑的描述十分夸张,有的说塌陷坑对铁路已经造成损坏等,当地群众一度非常担忧。7月1日21时35分,市政府通过鄂州新闻网、市政府门户网站等主流媒体平台及时发布地质灾害有关情况,同时向其他媒体通报,协调宣传单位和新闻媒体客观实在地报道塌陷有关情况和鄂州市的应急处置工作,澄清了事实,稳定了群众的情绪。

【案例点评】

此案例的成功处置带给我们一些成功的经验。

(1)反应快速,赢得先机。17时,地质塌陷灾害发生。18时2分,市政府应急办接到市民报告情况。18时30分,市委书记范某、市长韩某带领相关市领导和部门负责人赶赴事发现场,召开紧急会议布置应急处置工作。22 时受影响的 72 户共 278 名居民全部疏散完毕。各级领导的高度重视,靠前指挥,正确决策,果断处置,最大限度地减少了人员的伤亡和对社会的负面影响。

快速反应必须建立在畅通信息报送渠道上。2011 年 5 月,为进一步拓宽和畅通突发事件信息来源渠道,市政府应急办制定和下发了《关于鼓励社会公众报送突发事件信息的通知》,率先探索建立了社会公众报送突发事件信息奖励制度。《通知》明确了社会公众报送突发事件信息奖励办法:社会公众在规定时限内(一般、较大突发事件 2 小时,重大、特别重大突发事件 1 小时),以电话或书面方式向市政府应急办报送市域内发生的突发事件信息,经核查属实后,由市政府应急办对首个信息报送人给予 200 元现金奖励。此次塌陷发生后,由于事发地较为偏僻,现场人员稀少,区、镇政府均未能在第一时间获悉突发事件信息。市政府应急办了解信息来自于市民的报告,正是市民积极报告为应急处置工作赢得了宝贵的时间。

(2)协调联动,协作有力。灾害发生后,市、区、镇分别启动各自应急预案,迅速成立了由市、区、镇政府负责人共同组成的现场指挥部,明确划分各自任务:区、镇、村三级负责组织受威胁群众疏散转移,安排其生活,并具体负责塌陷回填工作;市公安部门负责设置警戒区,对附近交通进行管制,防止群众进入塌陷区域;市国土部门负责开展现场监测,并联系省国土专家到现场指导应急处置工作;市应急救援支队在现场待命,准备随时开展应急救援工作;市政府新闻办及时发布新闻通报,引导舆论报道处置工作。各相关单位各司其职,密切配合,形成合力,有效地增强了应急处置的效果。

由于此次塌陷发生在铁路附近,对铁路运行造成了一定的影响,处置工作离不开铁路部门的协助。灾害发生后,我市在上报省政府应急办、国土资源厅的同时,及时将有关情况通报武汉铁路局,并与武汉铁路局负责人共同组建应急指挥部,协调塌陷处置工作。

(3)未雨绸缪,常抓不懈。鄂州辖区内大理岩分布广泛,岩溶发育,地质条件复杂,地下开采矿产众多,是省内容易发生岩溶地面塌陷和采空地面沉陷的地区,特别是近年来,受极端天气、矿山开发、工程建设等因素影响,全市地质灾害呈频发态势,给人民群众生命财产造成了较大威胁。对此,鄂州市始终把地质灾害防治作为应急管理工作的重中之重,坚持做到未雨绸缪,常抓不懈。①每年编制全市年度地质灾害防治方案。在防治方案中明确了全年地质灾害防治重点区域,重要地质灾害监测点和监测工作责任单位。②每年组织开展地质灾害隐患大排查。对全市可能发生地质灾害的区域,投入人力物力进行拉网式排查,及时发现地质灾害隐患,及时采取有效预防措施。③监测值班实现日常化。在全市各重点监测点由基层矿管站、国土资源所人员长期坚持每日 24 小时值班制度。④开展群测群防。开展地质灾害防灾知识宣传活动,并向地质灾害点居民发放地质灾害防灾工作明白卡和受灾避险明白卡。⑤积极进行地质灾害应急处置。灾害发生后,立即聘请专家对地质灾害发生情况开展应急调查,提出防治措施和建议,对地质灾害治理工程进行组织协调和指导。⑥开展工程建设用地地质灾害危险性评估,对城乡各类建设用地预先开展相关评估,确定用地的适宜性,保证用地的地质安全。

(4)领导重视,保障有力。长期以来,市委、市政府对全市地质灾害防治工作高度重视,市委、市政府主要领导多次做出重要批示,要求加强相关地质灾害防治,确保人民群众生命财产安全。当地质灾害发生时,市委、市政府领导总是在第一时间赶赴现场,亲自部署抢险救灾。2007 年,鄂州市成立地质灾害抢险救灾指挥部,由市政府分管副市长任指挥长,分管副秘书长、市国土资源局局长任副指挥长,市直有关单位负责人为成员,直接指挥全市地质灾害的应急处置工作,各区、开发区、街办也成立了相应的地质灾害防治机构,共同形成了较为完善的地质灾害应对指挥体系。

由于各级各相关职能部门高度重视,各级各相关部门高度配合,地质灾害防治各项工作时时刻刻抓在手上,我市地质灾害防治工作位于全省先进行列,近年来各类地质灾害均得到妥善处置,积累了丰富的经验。

同时,此案例也带给我们一些思考和启示。

(1)坚持"以人为本"是有效应对突发地质灾害的原则。最大限度地减少突发事件造成的人员伤亡和危害,保障公众健康和生命财产安全,是政府应急处置的首要任务。"以人为本"的原则还要求应急管理工作必须防重于治,只有尽可能将突发事件在萌芽状态处置,才能尽可能降低公众的生命财产损失。

(2)坚持防治常态化是有效应对突发地质灾害的基础。地质灾害突发性强、危害深、影响范围大,一旦发生,各项应对工作纷繁复杂。因此,只有做好常态化的防治工作,才能保证灾害发生后,应急处置有条不紊,忙而不乱。

(3)把握"第一时间"是有效应对突发地质灾害的关键。"快"是对突发地质灾害应急处置的第一要求,只有把握灾害发生后的"第一时间",才能尽可能减小灾害造成的损失和影响。把握"第一时间"就要建立畅通的信息报送渠道。灾害发生后,如果不能及时掌握事件信息,各项处置工作根本无从谈起。

(4)坚持科学处置是有效应对突发地质灾害的保证。地质灾害往往原因复杂、影响面广,对它的处置涉及多个行业、多个学科、多个领域的知识、技术、经验和方法。作为负责指挥处置此类突发事件的主管领导,即使知识面再宽、经验再丰富,也不可能做到样样精通。地质灾害处置工作只有遵循科学理论,充分发挥专家和专业应急救援力量的作用,才能保证处置工作高效稳妥。

第二节　事故灾难类

一、武汉宏康实业公司服装厂火灾事故案

【案情介绍】

2011年1月17日23时19分,武汉市硚口区宏康实业公司服装厂发生火灾,主体建筑过火面积约900平方米,毗邻建筑过火面积约600平方米,致14人死亡。经消防部门和公安、卫生、民政、水电等部门协调作战,18日1时58分扑灭明火,抢救被困人员21人,疏散毗邻建筑内居民3000余人,有效地避免了火烧连营和更大的人员伤亡。宏康实业公司服装厂地处武汉市硚口区武胜路,属老城区繁华路段。起火建筑共3层,每层约300平方米。1楼为店面,经营副食品,2至3楼加工服装,2楼还用于员工临时性住宿。起火建筑内外结构复杂,通道少,外部地形狭窄,高喷、举高等车辆无法使用。起火建筑与毗邻建筑因雨棚、外挂楼梯连成一体,烟火热气相互串通,形成多个猛烈燃烧区。又因大风暴雪天气,起火建筑内外温差大,热交换速率快,火势发展迅猛。

事故发生后,相关部门采取了积极的应对措施。

(1)加强领导,统一现场指挥。火灾发生后,根据省委书记李某、省长王某、市委书记杨某

和市长阮某指示,省公安厅、省消防总队、市公安局等负责同志第一时间赶赴现场,组成现场指挥部,形成决策核心,统一指挥现场扑救,为成功处置火灾奠定了坚实基础。

(2)调集重兵,增强救援力量。火灾发生后,市、区政府立即启动预案,20分钟内,集结了12个消防中队、1个战勤保障大队、65台消防车、330余名消防官兵赶赴现场扑救,形成强大的灭火力量。同时,市、区政府调集公安、卫生、民政、水电等部门300余人参与应急救援,增强了应急救援力量,为成功处置火灾提供了坚强保障。

(3)灵活作战,急速控火救人。现场作战官兵克服针对周边建筑间距严重不足、建筑内外通道狭窄的不利条件,组织30个尖刀组、150余人,携带热成像仪等装备,设置12个水枪阵地,梯次进攻、交替掩护,纵深推进60余米,延伸水带400余米,实行强攻近战,有效地压制了火势;针对着火建筑与毗邻建筑连成一体,烟火热气相互串通,容易蔓延的情况,组织作战官兵从东南西北四面,用38支水枪,分上、中、下三层立体布防,形成合围之势,有效保护周边大量商铺及居民住宅,避免了火烧连营;通过询问知情人、打电话确定被困人员位置,采用拉梯、单杠梯登高救人、水枪跟进掩护等多种方式方法,深入火场,成功救出21名被困群众。

【案情点评】

宏康实业公司服装厂所属建筑集生产、经营、住宿于一体,是典型的"三合一"场所。此类场所火灾隐患严重,火灾事故频发,而且一旦发生火灾事故,极易引起群死群伤。消除此类场所火灾事故,应做好以下防范应对工作。

(1)彻底清查,摸清底数。各级政府及有关部门要多层面、多渠道开展"三合一"场所排查摸底工作,掌握各建筑、各单位消防安全基本情况,并登记造册,确保防范工作对象明确,有的放矢。

(2)严格执法,强力整治。加强日常监管,发现"三合一"等火灾隐患场所,要责令立即整改,并明确整改责任人、整改措施、整改期限、整改标准和整改要求,确保火灾隐患整改到位。有关部门要依法严格审批涉及消防安全的事项,从源头上杜绝"三合一"等火灾隐患场所。

(3)加强宣传,强化意识。广泛宣传"三合一"场所火灾隐患的严重性和火灾事故的危害性,普及安全防火、逃生自救等消防安全知识,组织针对性消防演练,强化群众防火意识,提高群众防火扑火、逃生自救能力。

二、张家界市"3·28"重大交通事故案

2008年3月28日,在张家界市桑植县两河口乡潭口村省道S305线上发生了一起大型客车翻车坠河并当场造成13人死亡、10人受伤的重大交通事故。事故发生后,市、县两级党委、政府快速反应,科学决策,组织各个部门和人民群众,以最快的速度和最好的办法使其得到了最好的处置。

【案情介绍】

2008年3月28日9时40分左右,一辆牌号为渝AN0818的大型客车,从深圳市龙岗区返回重庆市开县,途经桑植县两河口乡潭口村省道S305线时,由于大型客车驾驶人员违规超车,占道行驶,与该县沙塔坪乡的一辆小型普通客车相撞,加之大型客车驾驶人员临危处置不当,导致大型客车向右侧翻到15米高的坎下并坠入河中。当场造成13人死亡,10人受伤,其中2人重伤。

事故发生后,桑植县委、县政府迅速做出救援部署,要求两河口乡党委、政府迅速组织搜救队伍现场抢救,县政府主要负责人带领公安、交警、安监、卫生、交通、消防、电力、民政等部门工作人员,于第一时间赶赴现场开展施救工作。两河口乡党委书记在10分钟内组织干部职工及附近4个村组干部共100余人迅速赶到事故现场,全力进行抢救,陆续在河道中搜救出20名落水人员并及时组织车辆送往县人民医院、县中医院及陈家河镇卫生院进行抢救。与此同时,县政府迅速同重庆开县人民政府取得联系,通报相关情况,要求派人协同处理。在事故现场,县政府紧急部署抢救工作,迅速成立了现场搜救组、医疗救护组、事故勘查组、善后处理组、综合信息组5个专门工作小组,及时调配了精干的工作人员,明确工作责任,现场开展各项工作,确保抢救工作有条不紊地进行。

张家界市委、市政府接到桑植县委、县政府报告后,一名副市长带领市安监等部门人员和消防、武警赶到事发现场,采取得力措施对受伤人员全力进行抢救。市长赶赴桑植县人民医院看望慰问伤者,指挥抢救工作,召开会议做出重要部署。

(1)做到"四保三调"。"四保"即进院人员做到保医、保命、保吃、保住,不能出现新的死亡情况。"三调"即若医生不够,从市里调借;医务护理人员不够,从市里调配;县医院抢救资金有困难,桑植县财政先调度支持。

(2)所有遇难者遗体全部运往县殡仪馆,妥善安置,派专人看守;公安、交警全力以赴搞好受伤及死亡人员的身份、地址等情况调查,制成表格,并通知开县人民政府派一名负责人,协助调查处理相关事宜。

(3)成立3个工作小组,即医院成立抢救小组,安监、公安、交警成立事故调查小组,县委、县政府成立事故善后处理小组。

湖南省委、省政府接到专报后,副省长刘某带领省政府办公厅、公安、交警、安监、交通等部门人员从长沙直奔事故现场,并逐一对所有受伤人员进行看望慰问,紧急在桑植县主持召开会议,专题研究部署下一步工作。要求做到:①尽力救治伤者,确保不再死人,防止扩大事故;②认真做好善后处理工作;③抓紧做好事故调查;④总结教训,举一反三,防止此类事故再次发生。重庆市政府办公厅副主任王某率领市政府办公厅、安监、交通、交管、财险公司、开县人民政府等相关人员抵达桑植后,湖南省人民政府副秘书长谈某主持召开会议,通报了事故基本情况,双方交流了工作意见,就下一步工作达成了共识。

公安部、交通部、安监总局的工作组也相继抵达桑植县,就事故处理进行指导协调。根据工作情况的不断变化,桑植县及时调整成立了医疗救助组、事故认定理赔组、善后维稳组、后勤接待组、综合信息组5个工作小组,具体工作任务落实到专门的部门和工作人员。3月31日上午,遇难人员、受伤人员的善后事宜基本妥善处理;重庆方同12名遇难者的亲属签订了赔偿协议并现场兑现赔偿金,另外1名遇难者的赔偿遵照其亲属意愿走诉讼程序解决。所有事故受伤人员均得到精心治疗,14人康复出院,其余10人继续留院治疗至康复。

【案例点评】

经过各方全力以赴、团结协作、共同努力,桑植县"3·28"交通事故得到及时、高效、稳妥地处理,其损失降到最低程度,应对处置工作受到国家、省、市有关部门的充分肯定。此次事故处置的成功经验如下。

(1)及时有效地启动应急预案是成功处置此次事故的制度保障。

快速反应、迅速行动是成功处理事故的前提。交通事故发生后,桑植县立即启动道路交通事故应急预案和相关部门应急预案，县委、县政府主要负责同志中断手头的一切工作，立即赶赴现场，迅速组织开展抢救工作，县公安、交警、安监、卫生、民政、电力、消防等有关部门快速反应，组织专门队伍，配备车辆、救援装备在最短时间内到达现场救援。两河口乡政府接到报警电话后，立即组织党政干部和附近村组近百名干部、群众在几分钟内赶到现场施救，为挽救群众生命赢得了宝贵的时间。国家、省、市有关部门接到报告后，立即组织精干队伍赶往桑植县，坚持在现场指挥救助，协调处理各种困难和问题。在整个搜救工作及善后事宜处理过程中，各部门按照应急处置的要求，始终以人为本，坚持群众的生命高于一切，迅速启动运转各个救援环节，不讲条件，不讲困难，各级领导以最快的速度到位，以最有效的办法救助，为整个交通事故的成功处置提供了有力的保证，仅 3 天时间就将此次交通事故妥善处理完毕。

（2）科学高度统筹协调是成功处置此次事故的关键所在。

从事故现场的组织搜救到善后事宜的妥善处理，桑植县始终坚持科学决策，沉着应对，加强协调，保证各项工作有条不紊、高效快捷地进行，当即成立了临时指挥部和各个工作组，组织公安干警、机关干部、乡村干部、医疗队伍等 200 余人参加抢救工作。各项抢救工作分工明确，有序进行，没有出现混乱的现象，没有出现耽误救助的差错，很快确认大、小客车载人数量，搜救打捞 13 具尸体，抢救上来 24 人，并及时分送至县人民医院、县中医院、陈家河镇卫生院救治。在后续的善后事宜处理中，又根据工作要求的不断变化，及时调整成立了五个工作小组，充实了工作人员，具体责任到人到部门。后勤接待组在 3 天时间内周到、热情、细心地接待了 200 多名遇难者亲属，没有出现疏漏情况；善后维稳组逐家逐户地和遇难者亲属进行思想沟通、心灵抚慰，稳定他们的情绪；医疗救助组配备全县最好的医护人员，在医疗上、生活上、精神上给予受伤人员细致入微的关心和帮助，让他们即使远在他乡也能感受家的温暖；事故认定理赔组组织精干人员在最短时间内查清了事故原因，界定此次事故由大型客车驾驶人员负全部责任，本着以人为本、就高不就低、充分尊重遇难者亲属意见的原则，按照有关法律法规，拟定了赔偿协议并配合重庆方面现场将赔偿金兑现到位；综合信息组主动、及时、统一向外公布事故情况，推介救援工作中涌现出的先进典型，正确引导社会舆论。

（3）各方参与形成强大合力是成功处置此次事故的坚实基础。

事故发生后，桑植县广泛动员社会力量积极参与、全力施救，为最大限度地挽回生命、减少损失赢得了宝贵的时间，发挥了极其重要的作用。他们用行动诠释着"一方有难，八方支援"的精神，用行动彰显老区人民善良、无私、淳朴、热心的传统本色。两河口乡政府接到报警电话后，乡党委书记蔡某没有丝毫迟疑，他和乡长曾任务一道，马上组织党政干部和治安联防队员赶往现场施救，并在赶赴现场的途中通知了附近的 4 个村组干部参加救援。该乡三娄子村支部书记易某甩掉衣裤跳进冰冷的河水中，来回在刺骨的水中救起数人，而自己却累倒在现场；退伍军人王某不顾手机掉进水里，上到车顶用石头和撑船篙砸开了车窗玻璃，拉出了一个又一个乘客；乡干部张某年逾五十，不顾在自卫还击战中受伤的小腿，咬牙坚持救人；退伍军人向某在自己负伤的情况下，救起了数人后又默默离开了现场。通过大家的齐心协力，硬是从死神手中抢回了 20 条生命。客车翻下 10 多米布满乱石的高坎又坠入深深的河潭中，仍然有 20 人能生还，这不能说不是个奇迹。实践证明，基层干部群众作为突发事件先期处置的骨干力量发挥着不可替代的作用。

三、四川省九寨沟县危险化学品运输倾翻

【案情介绍】

2006年5月14日,根据四川省阿坝州政府报告,一辆甘肃牌照(驾驶员为甘肃省临洮县人)的东风重型厢式货车于14日凌晨零时行至四川省九寨沟县双河乡甘沟村时,由于司机长时间疲劳驾驶,侧翻于公路边,车内3人均无伤亡。事故造成21桶桶装危险化学品甲苯二氰酸酯倾入汤珠河。

翻车后,货车司机张某明知车上拉运的是危险化学品,却没有向公安机关报案,而是请当地群众打捞。14日11时,张某清点发现部分货物没有打捞出来,为了减少损失,他向保险公司报案索赔。14日下午3时许,双河乡派出所民警在事发现场巡逻时,发现有危险化学品倾入汤珠河,当地警方紧急向上级部门报告险情,而此时距事故发生已有15小时,最佳抢险时机已经错过。

事故发生后,国务院中央领导做出重要指示,对事故处置工作提出明确要求,并派出国务院工作组赶赴四川指导处置工作。四川省委副书记、省长张某当即做出重要批示,要求四川省环保局、省安监局、省卫生厅等部门立即会同阿坝州政府,采取切实有效的措施,确保人民生命安全。

5月15日,四川省政府召开专题会议,进一步研究落实处置措施。位于下游的文县接到九寨沟县紧急电话通知后,当即成立由县长任指挥长的"5·14"事故应急处置指挥部,启动应急预案,并率领相关部门及沿江各乡镇负责人展开应急工作。同时,紧急通知沿江各相关乡镇群众,禁止饮用白水江江水,并对沿江水生动植物、人畜的异常情况进行严密监控,严防一切意外事件的发生。

5月15日接到汇报后,甘肃省省长陆某于当日上午做出重要批示:"由环保局、安监局、卫生厅组成工作组,核实有关情况,协助处理事故。"甘肃省副省长杨某批示:"请省工作组会同陇南市政府及文县县政府,按照应急预案和实际情况紧急处置,做好文县等沿河防范。请省公安厅及交警总队会同省安监局立即协助四川省核实货车情况,并及时反馈四川省有关方面。"随后,甘肃省政府有关负责人于15日召开3次紧急会议,研究处置解决办法。15日下午,省有关部门负责人及相关人员赶赴一线,协调调查处理。

5月17日,四川省环境监测中心对九寨沟县境内10个取样点的6项指标化验分析表明:监测结果均仅略高于分析方法检出限,甲苯二异氰酸酯及其水解物在水中含量均较低,此含量不影响饮用水安全。据专家评估分析,事故地点空气及环境质量基本未受到影响,汤珠河及下游白水江干流河中无水生生物死亡现象,水质无明显受污染的迹象,对九寨沟景区环境无任何影响。

警方调查表明,此次事件中肇事车辆核定载重为9吨,实际载重12吨,属于超载;车辆无运输危险品资质,属超范围运输;驾驶员张某也不具备拉运危险品资格。

【案例点评】

本案例充分体现了加强对危化物品运输人员安全教育的重要性。此次事故发生后,司机没有及时向有关部门报告事故,而是自行组织打捞,导致抢险救援错失最好的时机。灾难事故是天灾与人祸共同作用的结果,相关人员如果具备较强的责任意识,就可以降低事故的发生概率。为此,应该有针对性地加大宣传和教育工作力度,强化安全责任意识;进一步落实责任,依

法监管,加强责任追究,狠抓危化品运输安全工作的落实,切实做到关口前移、重心下移,从源头上预防此类事件的发生。

第三节　公共卫生类

一、吉林省延边朝鲜自治州一氧化碳中毒案

【案情介绍】

2006年2月13日,延边州大部分县市发生散发性一氧化碳中毒事故,共有277名患者到医院就诊,其中死亡16人。事故是由于当地以烧煤取暖为主的平房内气压较低而使得通风不畅造成的。

2月13日至14日,延边大学医院突然接收到大量的一氧化碳中毒患者。确定病因后,该院立即向上级部门进行了汇报。延边州政府随即启动了医疗紧急救助预案,采取110、120联动的方式,建立了绿色救治通道,全力救治中毒患者,并要求全州八个县市对一氧化碳中毒情况进行全面排查。

14日中午,延边州委、州政府下发《关于防止发生一氧化碳中毒事件的紧急通知》,要求州内各县市在最短的时间内,通过广播、电视、报刊、网络、手机短信等一切可以利用的传播渠道,尽快向居民发出预警通报。

随后,相关职能部门对平房区、棚户区及火炕楼居民进行逐户走访和入户提醒,并实地调查,进行一氧化碳检测。延边州环保检测站的工作人员经检测发现,延边州内延吉市、龙井市、图们市以及和龙市等六个县市的很多居民室内的一氧化碳浓度最高达到了45.25 mg/m³,明显高于国家标准(10 mg/m³),这种情况主要发生在市郊和城乡接合部的平房区和棚户区。

2月16日,事故上报到吉林省后,省委书记、省长分别作出批示;副省长李某责成卫生、环保部门组织专家组,指导救治和监测工作;省政府秘书长、省政府应急办主任刘润璞要求各部门联动,协调配合,加强监测,搞好救治和预防工作。

2月18日,延边州政府召开紧急会议,启动民政救助机制,对因死亡或治疗而造成生活困难的一氧化碳中毒患者家庭实施救助。

【案例点评】

本案例充分体现了宣传教育在处置突发事件过程中的重要作用。事故原因确定后,当地政府大力宣传防治一氧化碳中毒的知识,积极进行风险源排查,阻止了事故进一步扩大。同时,当地政府利用电视、网络等传播渠道,及时向居民发出预警通报,让民众更加清楚地了解政府的决定和处置措施,减少了群众不必要的恐慌和猜疑,保护了人民的生命安全,增加了人们对政府的信心。

二、湖南省洞庭湖区鼠害案

【案情介绍】

2007年初,农业部高度重视湖南省鼠害的检测与防控工作,安排部署了全国的灭鼠工作,及时下拨灭鼠专项经费1 000万元,组织有关专家研究防控技术和应对措施,指导当地开展灭鼠工作,并要求湖南省农业部门加大对洞庭湖区东方田鼠的监测。

2007 年 5 月,湖南省植保部门发出"东方田鼠大发生,谨防造成危害"的病虫通报。

6 月下旬至 7 月,洞庭湖区受上游降水影响,水位迅速上升,迫使栖息在洞庭湖区湖洲荒滩上的东方田鼠陆续向大堤迁移。

从 6 月 20 日开始,洞庭湖水位平均每天以 0.5 m 的速度上涨;至 6 月 23 日上午 8 时,湖南省益阳市大通湖外湖水位达 29.48 m,东方田鼠迁移数量也达到最高峰,大堤下东方田鼠成群结队,防鼠沟被填满,形成了一条黑色鼠带。

东方田鼠开始迁移后,沿湖乡镇对大通湖区加高加固了沿堤防鼠墙,并在多处临时砌墙,以堵缺口。沿湖各村每天派 70 多人日夜巡视大堤防鼠墙和防鼠沟。每个码头都有专人看管,由专人巡视和捕杀东方田鼠。

6 月 23 日,仅向东闸 1 个码头的人工捕杀量达 3 吨多。6 月 21 日至 24 日,大通湖区共捕杀 90 多吨老鼠,约 225 万只。

7 月 10 日、11 日,省卫生厅派出多组由病媒生物、传染病防治、卫生监督管理等方面专家组成的专家指导组,深入到鼠害比较严重的岳阳县、君山区进行现场指导。

7 月 11 日,湖南省政府召开新闻发布会,并邀请湖南省农业厅厅长程某、省卫生厅副厅长陈某作为新闻发言人,宣布鼠害势头已经得到基本控制。

卫生部门要求:从 7 月 11 日起,洞庭湖区鼠患重点县市实行疫情日报告和零报告制度,启动应急疫情监测,加大卫生监督执法力度,加强对农药、鼠药等有毒化学物质的管理,严防食物、饮水中毒事故。

2007 年是近 20 年来湖南省洞庭湖区东方田鼠种群密度和危害程度最高的年份,在此次鼠灾中,湖南省仅沅江、岳阳、君山、华容等县的部分沿湖乡镇,就因防鼠设施不完善,导致受灾农作物面积高达 50 多万亩。

据分析,导致此次鼠害的原因如下。

①水位上涨引发田鼠内迁。湖南省植保植检站专家告诉记者:2007 年洞庭湖鼠灾始于 6 月下旬,受长江上游泄洪影响,大通湖区等地洞庭湖水位迅速上涨,迫使栖息在湖州上的东方田鼠陆续内迁。

②生态系统被破坏。湖南人开始大吃口味蛇后,野外蛇的数量急剧下降,失去天敌的田鼠大量繁殖,终成祸患。

另有专家指出,"填湖造田"是导致此次鼠害的深层次原因。

【案例点评】

本案例充分反映了及早预防、严密布控是应对突发事件的重要保证。针对东方田鼠种群每年在洞庭湖区均大规模出现的情况,洞庭湖地区开展了系统的监测预报工作,准确地预测出 2007 年东方田鼠将大暴发的情况,这有利于当地防鼠部门制定对策,控制事态。同时,在湖区大堤开口处设置挡鼠墙,能够保护农作物,防止田鼠进入农田。进入鼠害暴发期后,洞庭湖周边地区安排专人监察每个码头,随时监测鼠情,最终保证了对鼠情的控制。

从洞庭湖鼠灾可以看出,省政府及其相关部门具有保障人民健康的责任意识,同时部门之间的协调配合和联防联控机制是及时控制鼠疫疫情的重要保证。另外,专家在鼠灾发生期间深入基层,向群众宣讲有关预防鼠源性传染病的知识,从而增强了群众的自我保护意识,最终确保了鼠灾结束后没有出现鼠疫传染病情。

三、广东省韶关市某职业学院断肠草中毒案

【案情介绍】

2005年11月28日14时许,广东省韶关市曲江区某职业学院的9名学生把"断肠草"误当作"金银花"食用,结果出现中毒症状,其中2人死亡,另外7人经抢救后脱离危险。

11月28日,该学校3名学生在登山途中采回一丛"断肠草",误以为是"金银花",便与宿舍的同学一起用开水冲泡后饮用,其中1位同学喝了3杯。服用误认的"金银花茶"15分钟后,这9名学生陆续出现了头昏脑涨、恶心欲吐的中毒症状。其中几个学生赶紧用手抠喉咙,将胃里的东西全部呕吐出来。当时9人神志仍然清醒,在同学的协助下赶到曲江区人民医院。

11月28日21时许,9名学生的病情开始迅速恶化,有3名学生呼吸一度停止。曲江区人民医院随即对他们3人进行抢救,但其中1名学生因中毒太深,于当日深夜死亡。另外两人经抢救后情况有所好转,连同其他6名学生被送往粤北医院治疗。因这9名学生属急性中毒,粤北人民医院立即调集各科室专家组成抢救小组,分别对每个中毒学生进行会诊,逐个制定抢救方案,对症进行抢救治疗。

但由于断肠草中毒并没有特效的解药,粤北人民医院只能通过对中毒者的血液持续进行过滤,利用血液透析机吸附血液中的毒素。12月3日中午,又有1人因抢救无效死亡。不过,在医生们的共同努力下,剩下的7名学生病情基本被控制。12月6日中午,这7名学生经医护人员的精心治疗,全部脱离生命危险并顺利康复出院,回到学校恢复正常上课。

本案引起了韶关市委、市政府主要领导的高度重视。事发当天,韶关市委书记、市长分别赶往曲江和粤北人民医院看望中毒的学生,并要求有关单位和部门不惜一切代价全力抢救中毒学生。

针对此事,学校进行了通告,呼吁学生应立即丢弃从山上采摘的类似草药。同时,该校还通过校内广播紧急通报了有关注意事项,并专门印发了有关"断肠草"的宣传单分发到各班。

【案例点评】

本案例的处置过程充分体现了生命优先的紧急救治原则。事发后,曲江医院和粤北人民医院接收中毒学生,把保证中毒人员的生命安全放在首位,全力抢救中毒学生。随后市领导也亲自赶往医院看望学生,要求不惜一切代价救治中毒学生,都很好地说明了这一点。针对此种中毒事件,应急管理部门应坚持应急预防与处置并重的原则,减少中毒事件发生的概率,一旦发生中毒情况,必须把人民的生命安全放在首位,不惜代价及时救治伤员。

第四节　社会安全类

一、247省道"11·29"交通事故引发群体上访案

【案情介绍】

2011年11月28日,何水德持B2照驾驶逾期未审验(无保险)的鄂R-15928号"王牌"小型货车装载精石灰(核载1.5吨,实载12吨),由天门出发至潜江。29日凌晨经247省道潜江段,在总口管理区移民村将货车横置于道路上掉头时,遇胡某驾驶的鄂N-62046号桑塔纳小车载李某、杨某、马某、颜某行驶至此。鄂N-62046号桑塔纳小车避让不及,撞在鄂R-15928号

货车右侧前后轮中间,致胡某、李某、杨某、马某死亡,颜某重伤,两车受损。伤亡人员均为潜江市老新镇人。

事故发生后,死者家属以索要巨额赔偿为由,持续上访并围堵市政府,引发了群体性事件(以下简称"11·29"事故)。随着事态的不断升级,12月5日,死者家属再次封堵市政府大门,强行闯入市政府办公大楼,严重干扰了市委市政府正常的办公秩序,造成了不良的社会影响。在市委市政府的高度重视和正确领导下,市公安部门采取果断措施,迅速将上访的死者家属进行疏散,并对违法上访的骨干分子进行依法处理,事件得到了有效平息。

2011年11月29日,市公安局110报警服务台接到报警:247省道总口管理区路段有一辆桑塔纳2000与一辆货车相撞,桑塔纳起火,内有4名人员被卡在车内。指挥中心迅速调派消防中队和事故大队赶往现场进行处置,并将有关情况及时上报市应急办。

市委市政府高度重视,一方面以市政府应急办名义迅速将有关情况向省应急办进行了书面汇报,另一方面,市领导先后做出明确指示,要求医院全力抢救伤员;公安交警部门依法办案,迅速查明事故原因,全力做好伤亡人员家属的维稳工作。

11月29日,老新镇在第一时间成立了由镇主要领导为组长,分管领导为副组长,相关单位责任人为成员的维稳应急专班,并安排专人及时了解情况,启动应急预案,全力做好死者家属的安抚工作。

11月30日下午,因事故大队尚未出具事故鉴定结果,死者家属约100余人陆续聚集在市公安局交警支队事故大队,且部分家属情绪较激动,并商议次日赴市聚众上访。老新镇专班人员一方面积极做好安抚工作,另一方引导其通过正常渠道和合法程序解决。部分家属被劝回,但仍有部分家属滞留市区,且情绪比较激动。

12月1日上午,死者家属约50余人赴市上访并围堵市政府大门。常务副市长罗茂文迅速召开专班碰头会议,研究部署相关工作。经市公安、信访、老新镇等共同做工作,当天下午死者家属全部返回。

12月2日、3日,老新镇维稳专班连续分头入户做死者家属工作,积极引导家属通过正常途径解决问题,并告知家属市政府正在督办相关部门协调解决有关问题。

12月4日,四家死者家属形成"同盟"(以杨姓、马姓为主),准备组织人员次日进行聚众游行上访。得知该情况后,老新镇连夜召开专班碰头会议,将工作专班分成四个小组,由镇党委班子成员带队,所有工作人员全部上阵,并协同派出所民警、相关村干部于5日凌晨4时30分分别于四个主要路口设置临检站,一旦发生紧急情况及时应对,力争将事态控制在当地。同时,安排涉及的三个村支部书记24小时不间断掌握家属动态,要求第一时间向维稳专班报告。

12月5日上午,经老新镇专班彻夜全力劝阻无效后,上午9时,死者家属约100人再次围堵市政府,并在大门前拉横幅,阻挠公务车辆正常通行。市公安局维稳专班按程序进行了取证、喊话,同时,信访局、老新镇等单位也全力做好劝解工作。10时许,部分情绪激动家属闯入市政府大院内,在院内焚烧纸钱等,同时冲向办公大楼大厅内。10时30分,市委市政府做出紧急部署,同时由市公安局迅速抽调特警及周边派出所民警近百名进行现场维稳,防止死者家属采取偏激行为。11时,市公安局下达了限时撤离的通知,并对部分煽动、唆使、闹事人员进行了强制隔离。12时许,所有上访死者家属全部撤离市政府大楼,事态基本平息。

12月6日,经过全力劝解工作,死者家属同意按法律程序解决问题,也认识到违规上访的错误行为。截至12月12日,死者遗体全部火化安葬,事态完全平息。

【案例点评】

"11·29"事故最终得以迅速平息,也有值得总结的经验。

(1)领导重视,决策果断,靠前指挥。事件发生后,市委市政府高度重视,市长、常务副市长分别在第一时间内做出重要指示,常务副市长、市委政法委书记及市公安局主要负责人亲临一线,坐镇指挥,并在关键节点采取果断措施,为成功处理此事起到了决定性作用。

(2)快速反应、扬威造势、形成强大威慑力。12月5日,在死者家属冲击政府办公大楼事件发生后,面对园林城区警力不够的态势,市公安局迅速部署,紧急调配特警及周边派出所民警近百余人赶赴现场,并按照处置战术要求,有效控制和稳定了局势。

(3)上下联动、合力攻坚、全力做好安抚工作。"11·29"事故发生后,老新镇迅速成立了工作专班,采取了走访慰问、促膝座谈、政策宣传等方式,为事件的平息起到了基础性作用。市公安、信访等相关部门也紧密配合、各负其责,形成强大工作合力,为事件的成功处置起到了关键性的作用。

不过虽然"11·29"事故起因简单,案情也不复杂,但由于在事件前期处置过程中,工作不够细致,导致了事件的进一步扩大。反思处置过程,不足之处有以下几点。

(1)对事态发展的严重程度估计不足。12月5日,百名死者家属围堵市政府,市公安、信访、老新镇政府采取了相应的措施,但对事态发展的严重性估计不够,应急处置措施不到位,警力部署也严重不足,致使事态进一步扩大,导致死者家属冲击市政府办公大楼。

(2)基层组织发挥作用不够。虽然前期老新镇专班做了大量安抚工作,也采取了部分相应措施,但没有有效地对重点人员做好稳控工作,没有在事发有效时间内对有关人员采取果断的劝阻措施,在某种程度上加剧了预防和处置工作的难度。

(3)应对群体性违法上访的预案还需要完善。"11·29"事故引发的群体性事件虽然最终得到平息,但针对类似违法恶性上访事件,总体上还是有预案准备不足的问题。为此,相关预案还有待加强和完善。

为有效防范、应对类似事件的发生,通过回顾"11·29"交通事故的处置经过,提出如下建议供参考。

(1)群体性事件应急预案还需进一步细化和完善。在预案的完善过程中,要切实增强预案的针对性和可操作性,在进行群体性事件处置时,既要依靠预案,又不能盲从预案,要根据现场发展情况进一步优化处置方案,防止简单套用而导致难以操作。同时,处置结束后要及时总结经验教训,进一步完善预案。

(2)进一步强化基层党政干部应对突发事件的能力。突发事件的起因都有必然性和偶然性,再小的事件也要及时对其进行风险评估,以做到未雨绸缪、防患于未然。建议有组织、有计划地加强对地方各级党政干部进行应急管理培训,以提高其对突发事件的预防和应急处置能力。

二、北京市中青旅外籍游客食物中毒案

【案情介绍】

2006年10月25日14时10分,北京市朝阳区卫生监督所值班人员接到北京国际救援中心急诊科电话报告:中青旅2006-4502团的10名客人(澳大利亚人)于10月24日晚饭后大约20时30分到北京国际救援中心就诊,主要症状为:恶心、呕吐、腹痛、腹泻、发热。

经调查,中青旅 2006-4502 团共 15 人,均为澳大利亚籍。10 月 24 日中午在昌平区南口镇龙虎滩北京金殿国际餐厅有限公司餐厅就餐,当日 18 时至 19 时有 5 人出现呕吐。19 时在中国全聚德(集团)股份有限公司北京全聚德和平门店就餐,在吃晚饭期间又有 1 人呕吐。六位病人均由旅行社于 20 时 30 分开始陆续送到北京国际救援中心治疗。至 25 日 15 时共有 10 人发病,医院初步诊断为急性肠胃炎。

接到报告后,朝阳区卫生监督所监督员协同区疾病预防控制中心工作人员于 25 日 14 时 30 分到达北京国际救援中心,对患者进行流行病学调查,并采集了 3 个病人血液、4 个病人的排泄物、1 个剩余冰激凌,共 8 个样品进行检测。同时,朝阳区疾病预防控制中心对珠江帝景豪庭酒店、金殿酒店、北京红墙红荷轩的厨房工作间物品和厨师的手进行涂抹采样。采样结果均未见异常。

由于上报迅速,市应急办、区应急办及时了解到事件情况,主管副区长和值班人员迅速赶往现场指挥应急处置工作。对于此次涉外突发事件,市、区两级领导高度重视,立即组织成立专案小组,紧急分赴各用餐地点进行调查。

该澳大利亚团跨区旅游,涉及进餐及食品消费情况复杂,外籍人员对中国饮食文化知识欠缺,对旅游行程中所有进餐食品以及与食品有关的消费情况描述不清,加上客观存在的语言交流问题等,给卫生机构查找食物中毒的证据带来了极大的困难。

为进一步查明此次食物中毒的原因,区卫生监督所两次组织召开事故调查人员及食品卫生、微生物检验专家、教授参与讨论会、鉴定会来分析查找发病的原因。限于病人用餐时间、潜伏期等的原因,参照实验室检验数据,依据食物中毒标准判断,专家组认为此次事件为细菌感染引起的细菌性食物中毒。

【案例点评】

本案例是涉外突发卫生事件的典型案例,充分体现了信息报告应坚持的"三敏感"原则。由于本次食物中毒事件涉及的全部是外籍人员,一旦处置不当,不仅会遭到国际舆论的谴责,还会影响外交关系。在本案的应急处置过程中,信息上报迅速及时,最终使事件得以妥善处置。食品安全问题一直是对我们工作的一项重大考验,卫生部门应建立并完善涉外食物中毒突发事件应急预案,特别是要针对此类事件可能产生的国际影响,在新闻发布和信息报告环节,加强工作,完善机制,要能够主动、有效地面对国内媒体,为应急处置提供全力保障。

三、云南省香格里拉县哈巴雪山山难案

【案情介绍】

哈巴雪山距云南省香格里拉县城 140 千米,海拔 5396 米,是云南众多终年积雪的雪山中最容易登顶的雪山之一。哈巴雪山南与玉龙雪山遥遥相望,山下是世界著名的大峡谷——虎跳峡。因为难度较低和易于登顶,近年来越来越多的旅游者把这座山峰视为攀登其他高峰的前站和训练适应基地。

2006 年 11 月 26 日,7 名来自上海的男性登山爱好者来到哈巴村。三坝乡哈巴村是登哈巴雪山的必经之地。当晚他们住在村民开的"四门客栈"。27 日,7 名登山爱好者没有请当地的向导,带着从虎跳峡请来的向导开始登山。29 日 14 时 30 分左右,由于 7 人和向导对雪山情况不熟,导致一名登山爱好者在海拔 5300 米高处坠崖遇难。事发后,当地立即组织了上百名村民上山进行搜救。

11 月 30 日晚 7 时,遇难者遗体被参与救援的村民搬下山。经医务人员确认已经死亡。

与此同时,当地政府及香格里拉县警方等相关部门赶到现场,进行善后工作的安排和协助。

此遇难者为上海"白浪户外"俱乐部创始人"老古董"(网名)。据目击者描述,他是在登顶后铺设下降保护时发生滑坠,而滑坠300米制动后遭遇高空风,导致第二次滑坠而丧生。

12月1日,当地相关人员到香格里拉县城开具了死亡证明,死者家属及组织这次登山活动的上海"白浪户外"俱乐部负责人也赶到丽江。

哈巴地区没有专业救援队伍,一般由当地村民充当登山向导,但他们未受过专业救援训练,也没有相关的组织,更无足够的资金来购买高山救援器材。如出现任何意外灾难,他们都无法及时有效地开展救援。

【案例点评】

本案例体现了专业救援队伍在应急管理中的重要地位。哈巴雪山山难应引起"驴友"们的重视和思考:如何才能避免类似的事故再次发生?显然,专业向导和专业救援队伍是必备的。不管是未开发区,还是那些旅游路线已经很成熟的风景区,都需要在专业人士的带领下才能游玩。户外自助游,在组队时应考虑到队员们是否具备必需的专业技能,以便在遇到突发情况时协作互救。风景区专业救援队伍的配备也是必需的。在发生灾难后,需要高效的救援队伍及时赶赴现场营救受难人员。本案中,实施救援的多位村民,专业技术不够强,容易延误救援时机,遇险人员的生命安全得不到有效保障。

附　录

安全生产应急管理人员培训大纲及考核规范
（AQ/T 9008—2012）

1　范围

本标准规定了安全生产应急管理人员的培训要求、培训内容、考核要求及考核要点。

本标准适用于政府部门安全生产应急管理人员的培训。生产经营单位应急管理人员培训及考核工作参照本标准执行。

2　规范性引用文件

下列文件对于本文件的应用是必不可少的.凡是注日期的引用文件,仅注日期的版本适用于本文件。凡是不注明日期的引用文件,其最新版本(包括所有的修改单)适用于本文件。

GB/T 15236 职业安全卫生术语

GB 18218 危险化学品重大危险源辨识

AQ/T 9002 生产经营单位安全生产事故应急预案编制导则

AQ/T 9007 生产安全事故应急演练指南

3　术语与定义

GB/T 15236、AQ/T 9002 和 AQ/T 9007 界定的以及下列术语和定义适用于本文件,为了便于使用,以下重复列出了 GB/T 15236 和 AQ/T 9002 中的某些术语和定义。

3.1　应急管理 emergency management

为了迅速、有效地应对可能发生的事故,控制或降低其可能造成的后果和影响,而进行的一系列有计划、有组织的管理,包括预防、准备、响应及恢复四个阶段。

3.2　应急响应 emergency response

事故发生后,有关组织或人员采取的应急行动。

［GB/T 15236,应急与防护措施6.3］

3.3　恢复 recovery

事故的影响得到初步控制后,为使生产、工作、生活和生态环境尽快恢复到正常状态而采取的措施或行动。

［AQ/T 9002,术语和定义2.5］

3.4　应急预案 emergency plan

针对可能发生的事故,为迅速、有序地开展应急行动而预先制定的行动方案。

［GB/T 15236，应急与防护措施 6.1］

4　培训要求

4.1　安全生产应急管理人员的培训应纳入安全生产应急管理培训计划,统筹组织实施。

4.2　安全生产应急管理人员的培训应由具备安全生产培训资质的机构承担。

4.3　安全生产应急管理培训应创新培训方式,坚持理论与实践相结合,注重培训效果。

5　培训内容

5.1　应急管理概论

5.1.1　应急管理概念与术语。

5.1.2　突发事件应急管理应包括下列内容:

——突发事件的特征、分类和分级;

——突发事件应急管理的概念、内涵和原则;

——突发事件应急管理工作的指导思想、目标和主要内容。

5.1.3　安全生产应急管理应包括下列内容:

——安全生产应急管理的特点和意义;

——安全生产应急管理的基本任务;

——安全生产应急管理的现状;

——安全生产应急管理的发展趋势。

5.2　安全生产应急管理法律法规

5.2.1　应急管理法制建设概述。

5.2.2　应急管理法制的原则和功能。

5.2.3　应急管理法律法规层级框架。

5.2.4　应急管理相关法律、法规、规章、标准的主要内容。

5.3　安全生产应急体系

5.3.1　安全生产应急体系概述。

5.3.2　安全生产应急组织体系应包括下列内容:

——领导机构;

——管理部门;

——职能部门;

——救援队伍;

——民间组织及志愿者。

5.3.3　安全生产应急体系运行机制应包括下列内容:

——日常管理机制;

——预测预警机制;

——应急响应机制;

——信息发布机制;

——经费保障机制。

5.3.4　安全生产应急体系支持保障系统应包括下列内容：

——通信信息系统；

——技术支持系统；

——物资与装备保障系统；

——培训演练系统。

5.4　安全生产应急预案

5.4.1　应急预案的概念、目的和作用。

5.4.2　应急预案体系框架应包括下列内容：

——突发事件应急预案体系；

——突发事件总体应急预案；

——突发事件专项应急预案；

——突发事件部门应急预案。

5.4.3　生产安全事故应急预案应包括下列内容：

——应急预案体系的组成；

——综合应急预案；

——专项应急预案；

——现场处置方案。

5.4.4　应急预案编制应包括下列内容：

——应急预案编制的基本要求；

——应急预案编制的步骤；

——应急预案的主要内容；

——应急预案的相互衔接。

5.4.5　应急预案管理应包括下列内容：

——应急预案评审与发布；

——应急预案备案；

——应急预案修订与更新。

5.5　危险分析

5.5.1　危险分析基本过程。

5.5.2　危险源辨识与评价。

5.5.3　常用危险分析技术方法。

5.6　应急能力评估

5.6.1　评估方法。

5.6.2　评估指标。

5.6.3　评估过程。

5.7　应急演练

5.7.1　应急演练概述

应急演练概述应包括下列内容：

——应急演练的目的与原则；

——应急演练类型；

——应急演练内容；

——应急演练参与人员。

5.7.2　应急演练计划

应急演练计划应包括下列内容：

——演练需求与演练范围的确定；

——演练计划的编制。

5.7.3　应急演练准备

应急演练准备应包括下列内容：

——演练组织机构及人员的确定；

——演练现场规则；

——工作方案的编制；

——演练脚本的编制；

——演练评估方案的编制；

——演练保障方案的编制；

——演练观摩手册的编制；

——演练参与人员的培训。

5.7.4　应急演练实施

应急演练实施应包括下列内容：

——组织预演；

——安全检查；

——演练实施的过程控制及要点；

——演练记录。

5.7.5　应急演练评价与总结

应急演练评价与总结应包括下列内容：

——现场点评；

——书面评估；

——应急演练总结。

5.8　应急处置及事后恢复

5.8.1　应急响应

应急响应应包括下列内容：

——应急响应的基本任务；

——应急响应的实施；

——应急指挥与协调。

5.8.2　应急处置现场控制与安排

应急处置现场控制与安排应包括下列内容：

——现场控制与安排应遵循的基本原则；

——现场控制的基本方法；

——现场事态评估；

——现场应急处置安排。

5.8.3　恢复与善后工作

恢复与善后工作应包括下列内容：

——恢复期间管理的重要性和管理方式；

——恢复过程中的重要事项；

——应急工作的总结和评估要点。

5.9　应急现场常用个体防护与救助知识

5.9.1　常用个体防护装备。

5.9.2　个体防护知识。

5.9.3　现场应急医疗救护知识。

5.10　典型事故应急管理案例分析

5.10.1　典型事故应急管理成功经验。

5.10.2　典型事故应急管理教训。

5.10.3　典型事故案例思考与启示。

6　考核要求

6.1　安全生产应急管理人员的培训考核应纳入安全生产应急管理培训考核计划，统筹组织实施。

6.2　考核采用笔试方式。

6.3　考试题型分为单项选择题、多项选择题、简答题和论述题。

7　考核要点

7.1　应急管理概论

7.1.1　应急管理概念与术语

熟悉并能规范使用应急管理概念与术语。

7.1.2　突发事件应急管理

突发事件应急管理应包括下列内容：

——了解突发事件的概念、特征、分类和分级；

——熟悉突发事件应急管理的概念、内涵、基本原则。

7.1.3　安全生产应急管理

安全生产应急管理应包括下列内容：

——了解安全生产应急管理的特点和意义；

——掌握安全生产应急管理的基本任务；

——了解安全生产应急管理现状及发展趋势。

7.2　安全生产应急管理法律法规

安全生产应急管理法律法规应包括下列内容：

——了解应急管理法制原则和功能；

——掌握安全生产应急管理相关法律、法规、规章、标准的主要内容；

——掌握《中华人民共和国安全生产法》及《中华人民共和国突发事件应对法》对应急管理工作的要求。

7.3 安全生产应急体系

7.3.1 安全生产应急体系概述

安全生产应急体系概述应包括下列内容：

——了解安全生产应急体系建设的必要性与重要意义；

——熟悉安全生产应急体系建设的指导思想和原则；

——掌握安全生产应急体系结构。

7.3.2 安全生产应急组织体系

熟悉领导决策层、管理部门、职能部门、应急救援队伍、民间组织及志愿者的主要应急管理职责与任务。

7.3.3 安全生产应急体系运行机制

安全生产应急体系运行机制应包括下列内容：

——熟悉日常管理机制、经费保障机制；

——掌握预测预警机制、应急响应机制、信息发布机制。

7.3.4 安全生产应急体系支持保障系统

熟悉通信信息系统、技术支持系统、物资与装备保障系统、培训演练系统。

7.4 安全生产应急预案

7.4.1 应急预案

应急预案应包括下列内容：

——了解应急预案的概念、目的和作用；

——掌握应急预案的基本内容。

7.4.2 应急预案体系框架

应急预案体系框架应包括下列内容：

——了解突发事件应急预案体系框架、国家突发公共事件总体应急预案和专项应急预案；

——熟悉国家安全生产事故灾难应急预案的主要内容。

7.4.3 生产安全事故应急预案

生产安全事故应急预案应包括下列内容：

——了解生产安全事故应急预案体系组成；

——熟悉综合应急预案、专项应急预案和现场处置方案的基本要求。

7.4.4 应急预案编制

掌握 AQ/T 9002 的主要内容。

7.4.5 应急预案管理

应急预案管理应包括下列内容：

——熟悉应急预案评审的类型及内容；

——了解应急预案的备案要求。

7.5 危险分析

危险分析应包括下列内容：

——了解危险分析的基本过程；

——熟悉危险源辨识与评价方法；

——掌握 GB 18218 及其他重大危险源辨识与评价的主要内容。

7.6 应急能力评估

熟悉应急能力评估方法、评估指标及评估过程。

7.7 应急演练

7.7.1 应急演练概述

应急演练概述应包括下列内容：

——了解应急演练的目的和原则；

——掌握应急演练的类型和演练内容。

7.7.2 应急演练计划

应急演练计划应包括下列内容：

——熟悉演练需求和演练范围的确定；

——掌握演练计划的编制方法。

7.7.3 应急演练准备

应急演练准备应包括下列内容：

——掌握演练情景和流程设计的要点、演练工作方案、演练脚本、演练评估方案的编写方法；

——熟悉演练现场规则的制订、演练参与人员的培训内容。

7.7.4 应急演练实施

应急演练实施应包括下列内容：

——熟悉预演方式和安全检查方法；

——掌握应急演练实施的过程控制及要点。

7.7.5 应急演练评价与总结

应急演练评价与总结应包括下列内容：

——熟悉现场点评、书面评估等应急演练评价方法；

——掌握应急演练报告的编制。

7.8 应急处置及事后恢复

7.8.1 应急响应

应急响应应包括下列内容：

——熟悉应急响应的基本任务；

——掌握事故报警、应急响应行动过程的基本要求；

——掌握应急指挥与协调的职能分工、程序、方法。

7.8.2 应急处置现场控制与安排

应急处置现场控制与安排应包括下列内容：

——熟悉现场控制与安排应遵循的基本原则；

——掌握现场控制的基本方法；

——掌握现场事态评估的内容及方法；

——掌握现场应急处置安排的主要内容。

7.8.3 恢复与善后工作

恢复与善后工作应包括下列内容：

——了解恢复期间管理的重要性；

——熟悉恢复期间的管理方式,以及各阶段应急工作的总结和评估重点;

——掌握恢复过程中的重要事项。

7.9　应急现场常用个体防护与救助知识

7.9.1　掌握常用个体防护装备的使用方法。

7.9.2　掌握常用个体防护知识。

7.9.3　熟悉现场应急医疗救护知识。

7.10　应急管理典型案例分析

了解典型事故应急管理的经验与教训。

参考文献

《应急救援系列丛书》编委会. 2007. 企业、政府应急预案编制实务[M]. 北京：中国石化出版社.

陈安，陈宁，倪慧荟，等. 2009. 现代应急管理理论与方法[M]. 北京：科学出版社.

陈芳，方欢. 2006. 灾难性事故与事件应急处置的物质条件——物资与器材储备[J]. 中国公共安全（学术版），**12**(4)：37-39.

陈国华，张新梅，金强. 2008. 区域应急管理实务——预案、演练及绩效[M]. 北京：化学工业出版社.

陈国华，张新梅. 2007. 重大危险源区域风险评价及监管对策[J]. 安全与环境学报，**7**(3)：132-136.

樊晓华，韩雪萍. 2007. 企业危险化学品事故应急工作手册[M]. 北京：中国劳动社会保障出版社.

樊运晓. 2006. 应急救援预案编制实务——理论·实践·实例[M]. 北京：化学工业出版社.

顾林生，陈小丽. 2006. 国家应急体系构建及发展[J]. 中国应急救援(1)：4-5.

广东省安全生产监督管理局. 2009. 安全生产应急管理实务[M]. 北京：中国人民大学出版社.

广东省安全生产应急救援指挥中心. 2011. 安全生产应急演练实务[M]. 北京：科学出版社.

广东省安全生产应急救援指挥中心. 2013. 企业安全生产应急预案管理[M]. 北京：清华大学出版社.

郭济等. 2004. 政府应急管理实务[M]. 北京：中共中央党校出版社.

国家安全生产监督管理总局宣传教育中心. 2011. 安全生产应急管理强制规划与工作指南[M]. 北京：团结出版社.

国家安全生产监督管理总局宣传教育中心. 2011. 事故现场自救与互救知识读本[M]. 北京：团结出版社.

国家安全生产监督管理总局宣传教育中心. 2011. 《企业安全生产标准化基本规范》解读与实施指南[M]. 北京：团结出版社.

国家安全生产应急救援指挥中心. 2007. 安全生产应急管理[M]. 北京：煤炭工业出版社.

胡福静. 2006. 企业应急预案编制要点[J]. 中国安全生产科学技术，**2**(4)：120-122.

胡忆沩. 2009. 危险化学品应急处置[M]. 北京：化学工业出版社.

黄典剑，李传贵. 2008. 化学工业区应急管理体系建设模式研究[J]. 安全(12)：3-11.

黄金印，巩玉斌. 2007. 消防部队化学事故应急救援预案的制定与演练[J]. 武警学院学报，**17**(5)：15-19.

计雷，池宏，陈安，等. 2006. 突发事件应急救援管理[M]. 北京：高等教育出版社.

姜威. 2009. 城市危险化学品事故应急管理[M]. 北京：化学工业出版社.

焦宇，熊艳. 2007. 化工企业生产安全事故应急工作手册[M]. 北京：中国劳动社会保障出版社.

李红臣，邓云峰，刘艳军. 2006. 应急预案的形式化描述[J]. 中国安全生产科学技术，**2**(4)：29-34.

李建华，黄郑华. 2010. 事故现场应急救援[M]. 北京：化学工业出版社.

李美庆，等. 2008. 生产经营企业事故应急救援管理指南[M]. 北京：化学工业出版社.

李尧远. 2013. 应急预案管理[M]. 北京：北京大学出版社.

李志超，陈研文. 2006. 企业事故应急救援预案编制的探讨[J]. 中国安全生产科学技术，**2**(4)：123-125.

苗兴状. 2006. 超越无常：突发事件应急静态系统建构[M]. 北京：人民出版社.

莫华广. 2006. 浅谈事故应急处理预案的培训和演练[J]. 中国科技论坛(4)：143-145.

彭斯震. 2006. 化学工业区应急响应系统指南[M]. 北京：化学工业出版社.

齐文启，孙宗光，汪志国. 2007. 环境污染事故应急预案与处理处置案例[M]. 北京：中国环境科学出版社.

闪淳昌,周玲. 2008.从SARS到大雪灾——中国应急管理体系建设的发展脉络及经验反思[J].甘肃社会科学(5):40-44.

史秋实. 2007.落后国外几十年——我国应急救援技术亟待突破[J].中国高新技术产业导报(6):45.

孙维生. 2008.化学事故应急救援[M].北京:化学工业出版社.

孙玉叶,夏登友. 2008.危险化学品事故应急救援与处置[M].北京:化学工业出版社.

王波,魏克俊,费树岷. 2006.城市应急救援指挥系统信息平台研究[J].中共公共安全(学术版)(5):33-36.

王宏伟. 2009.突发事件应急管理:预防、处置与恢复重建[M].北京:中国广播电视大学出版社.

王军. 2009.突发事件应急管理读本[M].北京:中共中央党校出版社.

王世彤,毛华斌,窦艳芬. 2006.地方政府及组织突发事件应急预案制定原则分析[J].社会科学家(3):142-145.

吴林. 2006.企业应急预案编制与实施的几个问题[J].安全健康(1):40-42.

吴宗之,刘茂. 2004.重大事故应急救援及预案导论[M].北京:冶金工业出版社.

吴宗之,刘茂. 2003.重大事故应急救援系统及预案导论[M].北京:冶金工业出版社.

刑娟娟. 2006.事故应急救护与应急自救[M].北京:航空工业出版社.

邢娟娟,等. 2005.企业重大事故应急管理与预案编制[M].北京:航空工业出版社.

许卫红,苏云兰. 2006.浅析突发公共事件应急体系中县市财政的职责[J].地方财政研究(1):43-45.

杨立兵,程运财,等. 2008.企业应急管理脆弱性分析[J].中国安全科学学报,8(4):76-81.

应急救援系列丛书编委会. 2007.应急救援案例精选与点评[M].北京:中国石化出版社.

于殿宝. 2008.事故管理与应急处置[M].北京:化学工业出版社.

岳茂兴. 2006.灾害事故现场急救[M].北京:化学工业出版社.

张文生,等. 2006.城市突发公共卫生事件的特点及应对策略[J].现代预防医学,33(4).

郑双忠,李克荣,时训先. 2007.事故应急预案相互衔接技术探讨[J].中国安全生产科学技术,3(4):29-32.

郑双忠. 2006.科学完整编制应急预案[J].中国石油和化工(2):12-15.

中国就业培训技术指导中心. 2008.安全评价师(国家职业资格一级)[M].北京:中国劳动社会保障出版社.